中外室内设计简史

第2版

郭承波　马丽敏　编著

随着室内设计学科及行业的日益发展和不断成熟，其理论建树愈显重要。室内设计史是该学科的基础理论之一，近年来对它的探索和研究越来越受到我国学界和业界的重视。此次修订《中外室内设计简史》，在这方面做出了进一步的探索。

本书采用上、下篇的结构形式，尽量以简洁平实的语言、图文配合的形式，讲述从史前文明直至近现代关于个人和公共室内空间的历史。其篇幅较为适中，内容涵盖了中外室内设计的基本发展进程，可使读者在对比阅读中产生更深刻的认识。本书既可供高等院校室内设计专业师生使用，也适合建筑与室内设计从业者阅读。

图书在版编目（CIP）数据

中外室内设计简史 /郭承波，马丽敏编著. —2版. —北京：机械工业出版社，2022.3（2024.8重印）
ISBN 978-7-111-69998-9

Ⅰ. ①中…　Ⅱ. ①郭…②马…　Ⅲ. ①室内设计—建筑史—世界
Ⅳ. ①TU238-091

中国版本图书馆CIP数据核字（2022）第007573号

机械工业出版社（北京市百万庄大街22号　邮政编码100037）
策划编辑：宋晓磊　　责任编辑：宋晓磊　李宣敏
责任校对：张　力　贾立萍　封面设计：鞠　杨
责任印制：张　博
北京建宏印刷有限公司印刷
2024年8月第2版第2次印刷
210mm × 285mm · 16印张 · 437千字
标准书号：ISBN 978-7-111-69998-9
定价：49.00元

电话服务
客服电话：010-88361066
010-88379833
010-68326294

网络服务
机　工　官　网：www.cmpbook.com
机　工　官　博：weibo.com/cmp1952
金　书　网：www.golden-book.com
机工教育服务网：www.cmpedu.com

序

在人类文明的进化史上，居所是人类历史上重要的创造之一。茹毛饮血的远古时期，人类追逐食物而居，奔波于大地之上的人类祖先需要一个能遮风挡雨、取暖御寒的地方，以保证他们能更好地生存下去，人类的居住史便从“穴居时代”拉开了帷幕。随着人类社会形态的变迁和生产技术的不断发展，居住空间的建造技艺也越来越成熟，一部建造史也是人类重要的文明发展史。

本书主要以上、下篇的方式将室内设计史分为中国和外国两个部分进行阐述。需要说明的是，“室内设计”这一概念直到近现代才真正开始出现，早期的室内空间基本是由建筑本身直接生成，跟室内设计比较贴近的，更多表现为一种内部装饰手法的呈现，所以谈到“室内设计史”，不可避免地要从建筑建造设计史开始切入。甚至直到今天，建筑依然是室内空间的依托和基础，其基本形态和发展趋向依然在根本上影响着室内设计的形态和发展。

中国建筑是中华民族伟大民族精神和优秀传统文化的重要载体之一，中国建筑及室内设计在形式语汇上拥有别具一格的独特体系，体现了中华民族的性格、思想及富有特色的美学观念，可独立于世界建筑艺术之林。

原始社会早期，我国境内的原始人群利用天然崖洞作为居住之所。到距今约一万年的新石器时期，黄河中游的氏族部落，用木架和草泥建造简单的穴居，逐步发展为地面上的房屋。该时期由于生产力水平低下，人们由穴居或巢居而发展为矮小的草泥住屋，虽条件极其简陋，却不失对室内功能的改进及对美的向往与追求，我国原始社会人类的这种要求与创造显现于对居住布局及初始的装饰之中。

前21世纪，我国的奴隶社会从夏朝开始形成和发展，到商朝后期创造了灿烂的青铜文化，经过西周到春秋战国，前后约计一千八百年。商朝已有较成熟的建筑技术，商周时期建造了规模很大的宫室和陵墓，伴生着的室内设计活动也已广泛开展。春秋战国时期，由于生产力的发展，以宫室为中心的大小城市纷纷出现，在房屋建造上，原来简单的木构架得以不断改进，成为中国建筑的主要方式。战国时期，铁器的广泛使用促进了当时的工农业、商业和文化的发展，城市规模扩大，建筑更为发达，出现了砖和彩画，主要宫室、房屋内部的标准尺度已有相应的规制。

秦汉时期，中央集权的封建王朝出现，由于生产力的提高及对统治者歌功颂德的需要，建筑与装修体现出一种宏大的气势。此时期的建筑、装修、家具、陈设等都有了很大的发展。至汉朝，中国古代建筑及装修、装饰作为一个独特的体系已基本形成。

三国、晋、南北朝时期，是我国历史上民族大融合的时期。该时期初期黄河流域战争频繁，但在其他一些较安定的地区，建筑及室内设计活动仍有不少新的发展，此时已有覆斗式藻井等复杂美观的天花装饰，新型家具有长几、曲几和多折屏风等，尤其是椅子、方凳及束腰凳等高坐具的出现，对室内空间和陈设布局产生了较大的影响，也为逐步改变席地而坐的习俗做了准备。此时由于统治阶级的倡导，宗教建筑特别是佛教建筑大量兴建，出现了许多巨大的寺、塔、石窟和精美的雕塑与壁画。

隋朝统一全国后，开凿贯通南北的大运河，极大促进了南北地区物质文化的交流与发展。唐朝以长安为西京，洛阳为东京，在隋大兴城的基础上继续发展的长安成为当时世界上最大的城市。该时期的建筑遗存显示唐朝建筑和室内设计为我国封建社会早期的高峰并发展到成熟的阶段。与大唐盛世相对应，唐朝的建筑和室内设计表现为规模宏大，装修精美，富丽而厚实。

唐朝衰亡，五代迭起，但兵戈扰攘五十余年，中原建筑受到较大的破坏。五代后期，后周定都东京开封府，商业发展，逐渐市肆繁盛，邑居庞杂，沿汴河两岸市坊等商业建筑规模盛大。北宋亦以东京（今开封）为首都，沿街设店，商业繁荣。商业建筑及宫殿寺庙等建筑及装饰上风格趋向柔和秀丽，装修、彩画和家具经过改进已基本定型，室内布置也开辟了新途径。宋时高足家具日益普遍，跪坐习俗转为垂足而坐。这时期的木、砖、石结构也有不少新发展，《营造法式》的颁布就是对封建社会中国建筑成熟时期各类建筑设计、结构、用料等经验的总结暨规制、规范，影响着以后元、明、清的建筑。

元朝的都城及许多重要建筑虽然是按着汉族传统模式建造的，但随着多民族的文化交流，藏传佛教和伊斯兰教的建筑与室内装修、装饰艺术也逐步影响到全国各地，中亚各族的工匠也为室内设计及工艺美术带来了很多外来的元素。

明清建筑及室内设计是继汉、唐、宋之后我国封建社会古典建筑最后一个高潮。明清时期专制制度更加严密，但从明朝后期起资本主义开始萌芽，到清朝逐步有所发展，我国封建制度由停滞逐步走向解体。明朝建筑与室内设计的基本特点是造型浑厚，色彩浓重，简洁大方。其中，结构精巧、造型洗练的明式家具最富代表性。明清时期官式建筑已完全程式化，定型化。清朝建筑及室内设计继承了明朝传统，古典的设计手法尤为完善，但宫廷建筑、家具、陈设及装修日趋琐碎繁缛，清中后期渐受外域尤其是西方文化的影响。

民国时期，西风东渐，我国建筑和室内设计受西方文化影响日盛，在风格上折衷主义盛行，为由古典向现代转变的承上启下的发展过渡时期。

1949年，中华人民共和国成立，我国的建筑及室内设计从此进入了现代时期（也有学者认为我国建筑与室内设计从1920年进入现代时期，1978年进入当代时期），其发展历程大致可以分为探索时期（1949—1965年）、动荡时期（1966—1978年）和开放时期（1979—2000年）三个时期。新中国的建筑及室内设计是在近代建筑的基础上发展起来的，很大程度上表现出继承与革新的面貌，尤其是改革开放以来，室内设计学科与室内设计业日新月异，呈现出健康、快速的发展趋势。

外国建筑与室内设计涉及地域宽泛，时间跨度漫长，受不同地域气候条件、风俗习惯和天然建造材料的差异影响，不同地区的空间建造呈现出非常多样化的形态，基于目前各地建造遗存和相关研究的全面性和深入度，本书谈到外国范畴的空间类建造设计史，通常更多指向欧洲地区。外国室内设计史的阐述在地域性上主要针对古代几大文明发源地、1500年左右跨度的欧洲和近现代的美国，在阶段性上主要针对建筑成就独树一帜的中世纪、人类思想文明蓬勃发展的文艺复兴时期和多元文化交汇碰撞的约400年。

原始时期，人类的居住行为具有极大的相似性，他们在洞穴或用树枝简易搭建而成的“茅屋”中生活时并没有多少室内空间的概念，有的只是对“庇护”的基本需求，一些洞穴里发现的岩画记录了他们的生活，同时也呈现出明显的装饰特征，显露出对美的追求和萌芽。

古代时期，人类生活已具备明确的社会属性，以四大文明为代表的人类文明之火已呈蔓延之势，人类的建造能力大大提升，出现了很多规模宏大的建筑群，时至今日，即便遗存大多为断壁残垣，依然可以窥见当初的恢宏气势。因相互间地域相距甚远，各地建筑与室内空间都呈现出独特的地域文化特点，它们是后来各地区建筑和室内空间发展最初的起点，决定了这些地区整个建筑建造及空间设计史的基础和走向。

中世纪一直被认为是西方文明的蒙昧时期，受神权思想和教会统治，人们的个性被束缚控制，创造力大打折扣，但也正因为对宗教的无上信仰，宗教建筑得到了前所未有的重视和投入，使得建筑空间的营造在这一时期获得了一个高峰段。哥特式教堂建筑是这一时期最突出的代表，教堂建筑逐渐从体量转而进一步追求高度，加之在技术层面上利用骨架券、尖券、飞扶壁等使得结构问题得到了很好的解决，建筑的形式整体上变得轻盈高耸起来，室内不仅获得了前所未有的高度，还得到了空间的自然采光，彩色玻璃的应用更是让室内形成了丰富的光氛围，细部装饰精致细腻，各种室内陈设和家具也都呈现出直立型和细致度上的统一。

14世纪初，资本主义生产方式的萌芽推动了欧洲各国的日渐强大，中世纪的社会形态慢慢被改变，个人价值和现实生活的意义再次得到了重视，人文主义精神由此抬头，催生了轰轰烈烈的文艺复兴运动，建筑与室内设计领域深受影响，同时也是人文思想在社会生活中得以体现的重要阵营。这一时期的建筑类型逐渐多元，大型世俗建筑大量出现，宫廷建筑得到大力发展，资产阶级的房屋也变得考究，古典柱式再一次成为建筑空间造型中的重要手段，“美观”成了建筑空间设计中的重要考虑因素。同期，出现了大量艺术家和建筑师，他们不再只是拥有简单身份的工匠，而是成为可以表达自己个性特点和审美思想的职业人。人在建筑空间中的感知体验也开始得到重视，于是有了专门针对室内空间舒适度、便捷性等方面的营造考量，室内设计的理念初现端倪。

进入17世纪和18世纪之后，文艺复兴运动的影响依然在延续，个性化程度更为突出，地区差异也表现得越发明显，随着贵族享乐主义的盛行，建筑空间设计开始走向浪漫、运动和激情的方向。巴洛克和洛可可风格先后风靡一时，尤其在意大利、法国、西班牙、德国、英国等欧洲各国表现突出，教堂、宫殿、府邸等空间中到处弥漫着恣意延展的线条，而不同国家又有着自成一体的特征。与此同时，随着欧洲对美洲大陆的殖民入侵，这片曾经的蛮荒之地开始急剧转变，在受到欧洲文化冲击的同时，也酝酿着未来的引领之势。室内设计至此也开始走向一个独立的体系。

19世纪时期，工业革命的影响逐渐席卷了整个欧洲地区，带动了生产方式的巨大转型，也导致了建筑建造手段的转变，铁、玻璃和钢筋混凝土的应用使建筑形式发生了翻天覆地的变化，照明、取暖、供水等新的生活系统也随之而来，室内设计成为独立行业，开始出现专业且成功的室内设计师。此时的建筑空间设计风潮一方面趋于历史回顾，出现了各种对从前空间形态进行模仿和再现的复古思潮，有时这些形式呈现出一种混合的折衷主义；另一方面趋于未来发展，受各种新科技、新艺术运动的影响，建筑空间形态日趋简洁、创新，其设计理念已为走向现代主义奠定了坚实的基础。

20世纪伊始，两次世界大战的发生重塑了全球的社会秩序，工业和科技的发展越发突飞猛进，各种新思潮、新流派百花齐放。现代主义正是在这样的社会环境中应运而生的，简洁、实用、高效、经济、新颖成为建筑空间审美的新趋向，现代主义的先驱们不断实践着这样的理念，留下大量作品，影响至今。至20世纪晚期，在建筑空间形态中的艺术和技术性尝试越发多元，室内设计的发展业已成熟。

进入21世纪以后，随着全球化的不断深化，地域与国家之间在建筑与室内设计方面的壁垒已被逐渐打破，理念的交融、技术的互通和从业人员的流动已然在设计界形成了一个“世界大同”的格局。

前 言

改革开放以来，我国经济飞速发展，促进了室内设计学科及行业的快速进步，全国高校室内设计专业学生及社会从业人员剧增。随着该学科、行业的日益发展和不断成熟，室内设计理论的研究愈显重要。

室内设计史是室内设计学科的基础理论之一，近年来我国学界在这方面的探索和研究逐渐增加。《中外室内设计简史》上一版的编写、出版较早，疏漏在所难免。出版至今，行业本身又有了新的发展，各类出版物及公共网络平台上也有了更多、更翔实的资料。此次修订，本书作者根据该学科、行业的发展对内容做了适当增删和调整，发现的误漏之处亦作了修改。

本修订版仍采用上、下篇的结构形式，尽量以简洁平实的语言，图文配合的形式，讲述从史前文明直至近现代关于个人和公共室内空间的历史，内容上涵盖了中外室内设计的基本发展进程，在篇幅上力求适中，尽量不拖沓赘述，使读者能在对比阅读中产生更深刻的认识。

由于室内设计学科的理论与实践始终在不断向前发展，有些术语的称谓与内涵也有所改变，因此，尽管修订版在原来的基础上有较大的改进，但仍会存在一些问题与不足，真诚希望各位专家、学者和广大读者给予批评指正。

编 者

目　录

上篇 中国部分

第1章　原始社会时期

我国是人类文明的发祥地之一，我国的史前时代即考古学家所称的旧石器时期和新石器时期，属社会发展史上的原始社会。在旧石器时期，人们从事采集和狩猎活动，主要的劳动工具是打制的石器，当时人类的栖身形式为树居、岩下居和岩洞居。漫长的旧石器时期，我们的祖先在打制石器的过程中，逐步培养起造型技能，萌发出审美观念。从距今约一万年前开始，人类社会进入新石器时期，其主要劳动工具是造型规整的磨制石器，在工艺领域的突出成就是发明了陶器，此外还出现了编织、纺织、牙雕等工艺门类。在经济生活方面，除继续从事直接向自然索取的采集、狩猎、捕鱼等活动之外，还产生了生产性的原始农业和畜牧业，人类改造自然、支配自然的能力显著增强。这时，可以称为原始建筑的居所有两类，就是巢居和穴居。

1.1　最初居住形式的演变

原始人为了避风雨、御寒暑和防止其他灾害或野兽的侵袭，需要一个赖以栖身的场所——空间，于是，建筑活动或建筑就开始了。

旧石器时期初期，在树上建巢或以天然洞穴作为栖身之所是一种较普遍的居住方式，原始人居住的岩洞在辽宁、北京、贵州、广东、河南、湖北、浙江等地都有发现。以定居农业为基础的新石器时期，我国古代建筑活动有了一定的发展。由于自然条件的不同，黄河流域及北方地区，流行穴居、半穴居及地面建筑；长江（中下游）流域及南方地区，流行由巢居演化而来的干栏式建筑。

早期的穴居，是先在地下挖一个坑，再在上面搭一个简易的窝棚（图1-1）。坑有深有浅，浅者称为半穴居，坑底逐渐提高后，便演化成后来的地面建筑和高台建筑。早期穴居的平面形式都是圆的，平面直径为2.5~3m，结构形式有两种：一种是坑沿插木棍，向中心集中，搭成圆锥形的骨架，再在其上横架树枝，于表面盖草或抹草泥；另一种是在上述结构中，于坑的中间架立柱。稍后，有了矩形平面及圆形和矩形平面杂处的穴居以及房屋，单体面积在20~140m^2之间。

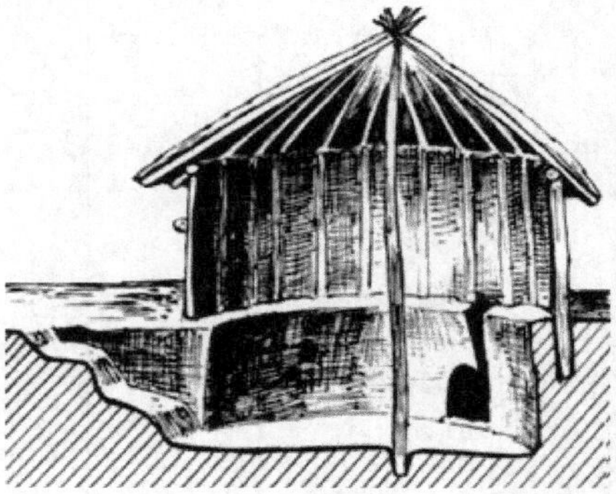

图1-1　半穴居建筑复原图

黄河流域有广阔而丰厚的黄土层，其土质均匀且富含石灰质，有壁立不易倒塌的特点，便于挖作洞穴，因此在原始社会晚期，竖穴上覆盖草顶的穴居成为这一区域氏族部落广泛采用的一种居住方式。

黄河中游原始社会晚期的文化先后是仰韶文化和龙山文化。仰韶时期房屋的平面有长方形和圆形两种，墙体多采用木骨架上扎结枝条后再涂泥的做法，屋顶往往也是在树枝扎结的骨架上涂泥而成。为了承托屋顶中部的重量，常在室内用木柱作支撑，柱数由一根至三根、四根不等，柱子与屋顶承重构件的连接，可能是采用绑扎法。室内地面、墙面往往有细泥抹面或烧烤表面使之陶化，以避潮湿，也有铺设木材、芦苇等作为地面防水层的。室内备有烧火的坑穴，屋顶设有排烟口。到仰韶末期，出现了柱子排列整齐、木构架和外墙分工明确、建筑面积达150m^2的房屋实例，就构造技术而言，这表明原始人在长期定居条件下积累了相当的经验，木架建筑技术水平达到一个新的高度。

西安半坡村仰韶文化住房有两种形式，圆形和方形。一般房门口均有斜阶通之室内地面（图1-2），门阶道上有雨篷，前面有土坎，以防雨水流入室内。入口部分的两侧有短墙，隔出一个小门厅，成为内外空间的过渡，短墙也有引导气流的作用。房屋中央稍稍靠前的部分挖有弧形浅坑作火塘，它是室内空间的中心，也是生活的中心。火塘位置靠近入口，使流入的空气得以加热，也便于燃料、灰烬进出。火塘两侧分别是睡觉、做饭和储藏物品的地方，有时以适当的高差加以划分。室内的柱子，则以火塘为中心对称地布置（图1-3）。可见当时的人们已有对房屋室内空间进行功能划分并合理利用的意识了。

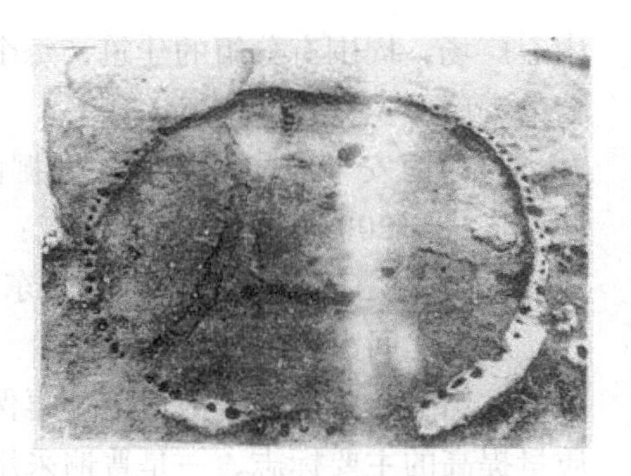

图1-2　西安半坡圆形屋遗址

龙山文化遗址中的房屋已有家庭私有的痕迹，出现了双室相连的套间式半穴居，平面成“吕”字形（图1-4）。内室与外室均有烧火面，是煮食与烤火的地方。外室设有窖穴，供家庭储藏之用，这与仰韶时期窖穴设在室外的布置方式不同。套间的布置也反映了以家庭为单位的生活。龙山时期在建筑技术方面的发展是广泛地在室内地面上涂抹光洁坚硬的白灰面层，使地面有了防潮、清洁和明亮的效果。白灰面出现在仰韶中期，但普遍采用是在龙山时期。

a）

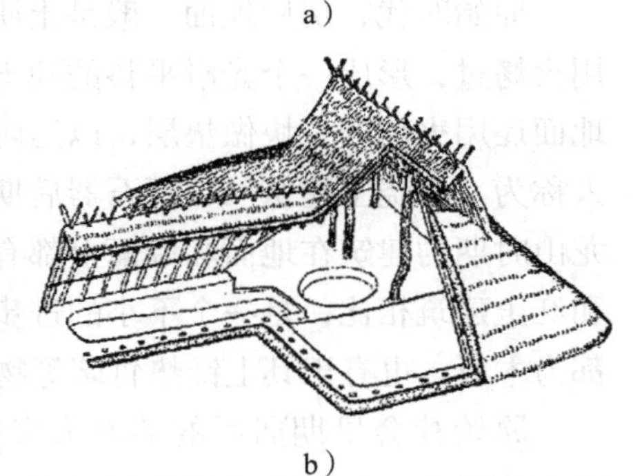

b）

图1-3　西安半坡圆形屋和方形屋遗址复原图

a）半坡圆形屋遗址复原图

b）半坡方形屋遗址复原图

我国的南方地区，由于土质多为黏土，含水量大，一般采用两种建筑方式，一种是位于平坦的岗地上建造窝棚式住房；另一种是于平原、湖泊或河流附近，地势低洼和地下水位较高的地点，采用下部架空的干栏式结构搭建房屋，也就是在密集的木桩上建造长方形或椭圆形平面的房屋。在浙江余姚河姆渡遗址（距今约六七千年），发现一座长度大于20m，基础用四列平行桩柱，进深约8m，居住面地板高出地表约1m（图1-5）的典型的干栏式建筑，建筑平面呈矩形，技术上已有榫卯、企口板和直棂栏杆等（图1-6）。

图1-4　龙山文化遗址

图1-5　河姆渡遗址方形屋复原图

图1-6　河姆渡遗址出土的榫卯构件

1.2　村落和宗教建筑

原始社会晚期，出现了与精神生活有更多关系的建筑。仰韶文化聚落遗址表明，每个村落都有中心广场，周围有分组的建筑，每个建筑都包括一座氏族成员集会的大房子。

图1-7 牛河梁遗址

陕西西安半坡村遗址，已发掘面积南北方向大于300m，东西方向大于200m，分为三个区域：南面是居住区，包括有46座房屋；北端是墓葬区；居住区的东面是制陶窑场。居住区与窑场、墓地之间由一道壕沟隔开。

龙山文化阶段，一般村落不再保留中心广场。作为当时建筑质量提高的主要标志，一是普遍采用白灰面，即用白灰涂抹的地面与墙裙；二是出现了夯土台基。

祭坛和神庙这两种祭祀建筑也在各地原始社会文化遗存中被发现。我国最古老的神庙遗址是发现于辽宁西部建平县境内的牛河梁神庙（图1-7），这是一座距今约5000年前红山文化时期建于山丘顶部的大型坛、庙、冢群址，其布局和性质与北京的天坛、太庙和十三陵相似。神庙有多重空间组合，其房屋是在基址上开挖成平坦的室内地面后再用木骨泥墙的构筑方法建造壁体和屋盖。

1.3 建筑装饰与室内空间

原始时代，房屋地面一般是土质的，大都经过夯实，有的还用火烤过，形成一个光滑平整的硬土层；新石器中期，有些室内地面还用火烧的土块做垫层，以达防潮防水的目的，这些房屋有人称为“红烧土建筑”；新石器后期，先民们已知道使用石灰。龙山时期的建筑在地面和墙面上都有一层白灰面，与以前的硬土和红土建筑相比，是一个不小的进步。南方干栏式房屋的地面大都为木板，也有于其上铺垫竹席等物的。

图1-8 河姆渡遗址的苇编残片

原始社会早期居所的墙面大多是用树枝编成的，然后在内壁上抹泥土。与地面的演化相对应，相继出现的是火烤的土墙面和白灰墙面；新石器晚期，有了土坯墙，河南龙山文化的许多遗址，都有土坯墙房，土坯尺寸不一，大都比现在的尺寸大，具有较大的强度、耐久性和保温性。与土坯墙同时存在的还有垒土墙。它流行于黄河流域，是利用当地的黄土层层夯实筑成的。干栏式建筑的墙体是竹、木的，河姆渡遗址就发现了许多圆柱、方柱、桩木等遗迹，以及一些芦苇的编织残片（图1-8）。

原始时代的建筑已有简单的装饰。半坡遗址中的房屋有锥刺纹样，陕西姜寨和北首岭遗址中的住屋墙上，有两方连续的几何形泥塑，还有刻画的平行线和压印的圆点图案。新石器中晚期的山西襄汾陶寺龙山文化遗址中的白灰墙面上也刻画有几何形图案；山西石楼、陕西武功等遗址的白灰墙面上还有用红色颜料画的墙裙等。这些遗迹为我国已知最古老的居室装饰。

红山文化时期牛河梁神庙遗址中的建筑室内已用彩画和线脚来装饰墙面。彩画是在压平后经过烧烤的泥面上用赭红色和白色描绘的几何图案，线脚的做法是在泥面上做成凸出的扁平线或半圆线。这是新石器中晚期我国原始人以精神为主的公共建筑，他们为了表示对神的敬仰之心，创造出一种沿轴展开的多重空间组合建筑和建筑装饰艺术。这是中国建筑发展史上的一次飞跃，从此，建筑不再仅仅是物质生活手段，同时也成为思想观念的一种表达方式与物化形态。

第2章　夏、商、周及春秋战国时期

在我国古代的文献记载中，前21世纪标志着奴隶社会开始的夏朝建立。从夏朝起经商朝、西周而达到奴隶社会的鼎盛时期，春秋、战国逐步转向封建社会。

甲骨文是先秦文明最确凿的证据，这些象形文字形象地反映了中国早期建筑的基本形态。如“高”可以看出人字形屋顶、基本的梁柱结构，以及房屋下方高大的土台（图2-1）。有些甲骨文还反映了建筑的装修形态和城市的形态。

图2-1　甲骨文中的象形字

2.1　建筑空间的发展状况

夏朝的活动区域主要在黄河中下游一带，而中心在河南西北部与山西西南部。彼时人们不再消极地适应自然，而是积极地整治河道、防止洪水、保障生命、加强农业发展并不断扩大人类活动范围。夏朝曾修筑了城郭沟池、宫室台榭甚至监狱。前16世纪建立的商朝是我国历史上第二个朝代，是我国第一个有直接的同时期文字记载的王朝，为奴隶社会的大发展时期。商朝以河南中部及北部的黄河流域为统治中心，由于生产工具的进步及大量奴隶的集中劳动，建筑技术水平也有了明显的提高。春秋战国时期，宫殿建筑的新风尚是大量建造台榭——在高大的夯土台上再分层建造，这种土木结合的方法，外观宏伟，位置高敞，非常适合宫殿建筑的目的要求。

2.1.1　宫殿和庙宇

1959年人们在河南偃师二里头发现了规模较大的宫殿遗址，许多考古学家认为是夏末都城——斟鄩。在该遗址中发现了大型宫殿和中小型建筑数十座。其中一号宫殿规模最大，经过复原，它是一座建于夯土台基之上、坐北朝南的大型木构建筑，屋顶为重檐四坡式，殿内可能按“前朝后寝”的方式进行划分；宫殿四周有廊庑环绕（图2-2）。夯土台高约0.8m，东西方向长约108m，南北方向长约100m，台上有面阔8间、进深3间的殿堂一座，周围有回廊环绕，南面有门，殿前柱列整齐，前后左右互相对应，开间较统一，可见当时的木构技术已有了较大提高，这座建筑遗址是迄今发现的我国最早的规模较大的木架夯土建筑和庭院实例。该遗址随后还发现了类似的更为规整的廊院式建筑群，它们说明在夏朝至商朝早期，中国传统的院落式建筑组合群已逐步定型。商朝早期郑州商城及湖北黄陂盘龙城遗址均有宫殿、庙宇建筑。著名的安阳殷墟遗址的小屯村及花园庄一带，是商朝晚期商王处理政务和居住的场所，为殷墟最重要的遗址与组成部分，发掘出宫殿、宗庙建筑基址80余座及大量的甲骨文窖穴，在宫殿、宗庙遗址的西、南两面，一条人工挖掘的防御壕沟将宫殿、庙宇环抱其中，起到类似宫城的作用，可见商朝晚期宫殿、宗庙建筑已有相当的发展且规模宏大。

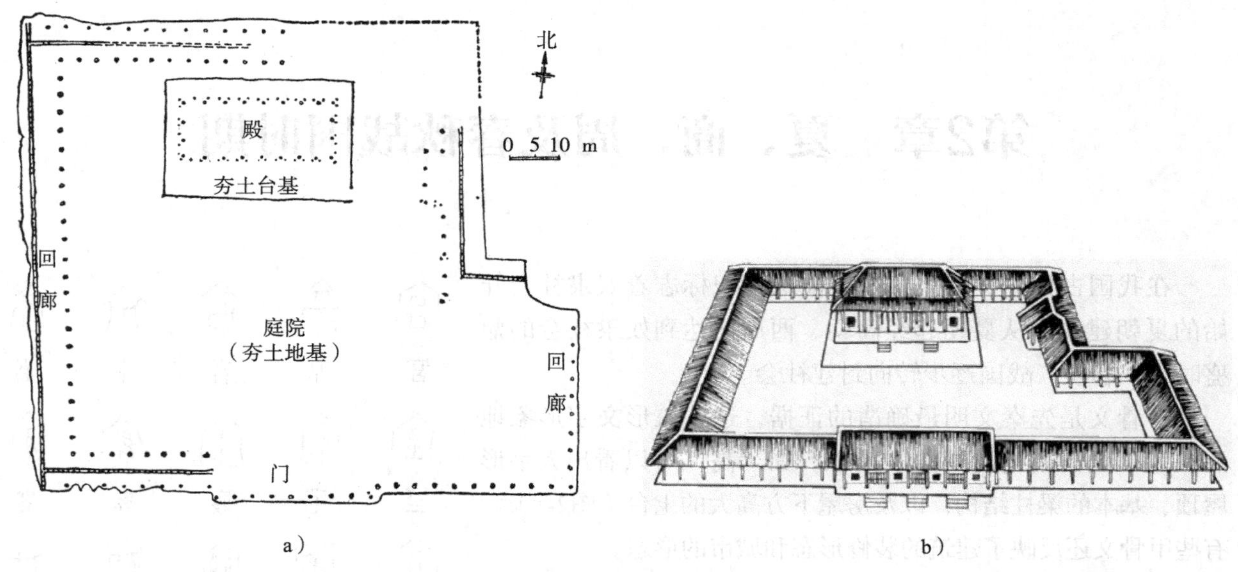

a） b）

图2-2 二里头宫殿遗址

a）二里头宫殿遗址平面图 b）二里头宫殿遗址复原图

西周时，建筑技术进步很大，开始用瓦盖屋顶。20世纪70年代后期在陕西凤雏村发现的西周早期宫殿（或宗庙）遗址，全部房基建在夯土台基上，建筑组群以影壁、门道、前堂、过廊和后室为中轴线，东西两侧配置门房、厢房，左右对称，布局严谨，院落四周有檐廊环绕。墙体皆夯土板筑而成，北墙较厚，墙面和室内地面皆抹三合土，坚硬光滑。房顶盖茅草，屋脊及天沟处已用少量的瓦（图2-3）。房屋基址下设有排水陶管和卵石叠筑的排水暗沟。这组建筑南北方向通深45.2m，东西方向通宽32.5m，是我国已知最早的最严整的四合院实例。从内部空间组织角度来看，这组建筑的功能划分更加明确，开敞式空间和封闭式空间运用合理且空间比例良好；堂大室小，既显主次分明又切合功能需要。此外，该院落回廊设置合理，不仅是必要的交通空间，又可保护墙面，并作为内外空间的过渡。

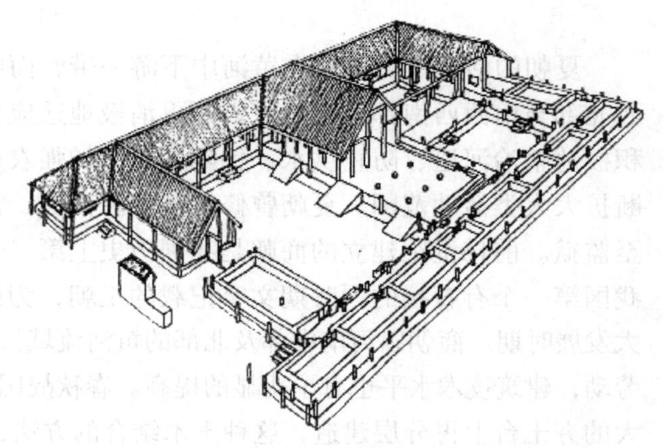

图2-3 凤雏村宫殿遗址复原图

春秋时期（前770—前476年），由于铁器的使用，社会生产力水平有很大的提高，封建社会生产关系开始萌发，手工业和商业也相应发展。建筑上重要的发展是砖的出现、瓦的普遍使用和高台建筑（又称台榭）应用于诸侯宫室。至战国时期（前475—前221年），生产关系的变革促进了封建社会经济的发展，出现了一个城市建设的高潮，如齐的临淄、赵的邯郸、楚的鄢郢、魏的大梁等，均为诸侯统治的据点，同时也是工商业大城市。在宫殿建筑方面，战国时期高台建筑仍然很盛行，从陕西秦国咸阳一号宫殿遗址的情况来看（图2-4），这座60m×45m的长方形夯土台，高6m，台上建筑物由殿堂、过厅、浴室、回廊、仓库和地窖等组成，高低错落，形成一组复杂壮观的建筑群。其中殿堂为二层，寝室中设有火炕，居室和浴室都有取暖的壁炉。地窖系冷藏食物之用，此外宫殿里还设置了具有陶漏斗和管道的排水系统，可见战国时期建筑技术水平高，室内设计的功能已兼备取暖、排水、冷藏、洗浴等多个方面。

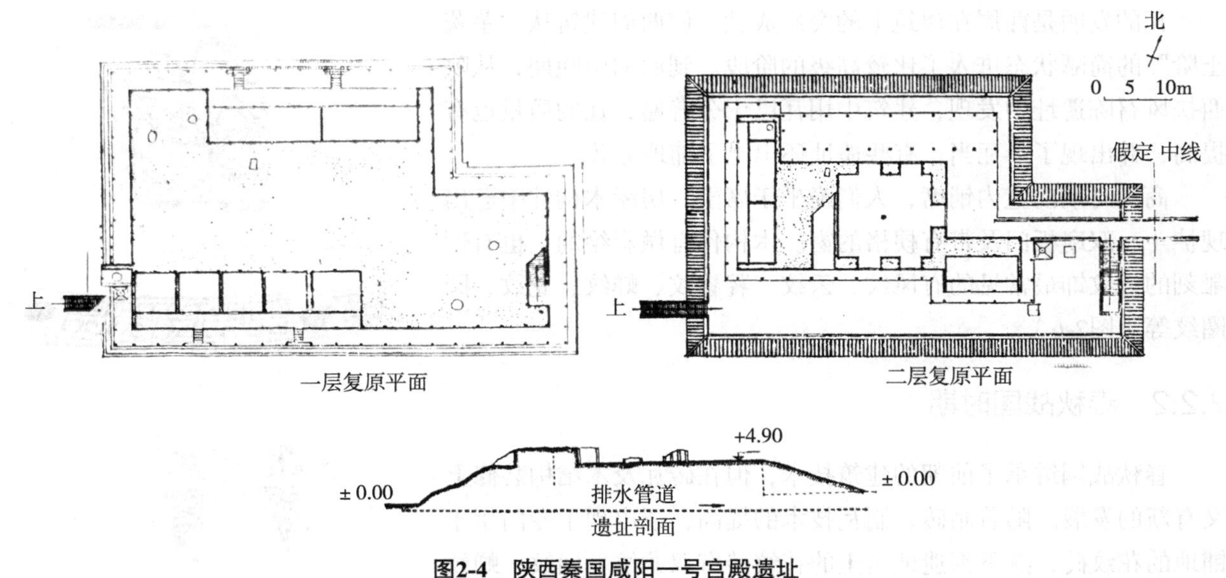

图2-4　陕西秦国咸阳一号宫殿遗址

2.1.2　陵墓

商周陵墓，地下以木椁室为主，其东、南、西、北四向有斜坡道由地面通至椁室，称“羡道”，天子级用四出“羡道”，诸侯只可用两出“羡道”。

图2-5　中山王陵享堂复原图

战国时期的高级墓葬，除结构上仍继承商、周两朝以来的木椁室和深葬制度，一般有高大的封土台，墓上有祭祀建筑。至今发现的战国墓遗址有河南辉县固围村的魏国王墓和河北平山县的中山国王墓群（图2-5）。战国时期装修用的砖已出现，常使用在地下所筑墓室中，一般用长约1m、宽约0.3~0.4m的大块空心砖作墓壁与墓底，墓顶仍用木料作盖。虽然制砖水平较高，但当时的统治阶级大都仍用木材作墓室（木椁），河南及长沙等地出土的战国木椁用厚木板组成内外数层，棺椁的榫卯制作精准，形式多样，呈现了很高的木工技术水平。

2.2　建筑装饰与室内空间

2.2.1　夏、商、周时期

考古学上对夏朝文化仍在探索之中，从一些夏朝遗址中了解到，我国早期封闭庭院已出现，至商朝则基本定型。当时重要的建筑一般分为台基、屋身及顶层三大段，此后的中国建筑基本上延续了这种形态和特征。另外，我国封建时期宫殿建筑常用的前殿后寝和纵深对称式布局形状，在商周时期已具雏形。

商、周时期，为保护与装饰土墙或土坯墙，往往在墙上涂以草泥，称作涂墁。高等级墙面或地面则用三合土进行涂饰，不少墙面还以彩绘做美化，简单的墙裙与线脚也已出现。

瓦的发明是西周在建筑上的突出成就，使西周建筑从“茅茨土阶”的简陋状态进入了比较高级的阶段。到西周中晚期，从陕西扶风召陈遗址中发现，建筑中用瓦已十分普遍，瓦的质量也有提高，并出现了半瓦当，有些遗址还出土了铺地方砖。

商周时期的室内铺席，人们跪坐于席上。房屋木构件中已出现栌斗、双扇板门及带有棂格的窗。木构件有做彩绘的，也有做雕刻的，纹饰最常见的有凤纹、云纹、饕餮纹、蝉纹、龙纹、圆圈纹等（图2-6）。

a）

b）

图2-6 商周常见纹饰

a）商周凤纹、云纹 b）商周蝉纹、饕餮纹

2.2.2 春秋战国时期

春秋战国继承了前朝的建筑技术，但在砖瓦及木结构装修上又有新的发展。随着制砖、制瓦技术的提高，还出现了专门用于铺地的花纹砖，燕下都遗址出土的花纹砖有双龙纹、回纹、蝉纹等纹饰。

木结构的装修装饰逐渐丰富，贵族士大夫的宫室“丹楹刻桷”“山节藻棁”，即将柱子漆成红色，椽子雕着花纹，将斗拱刻成山形，梁上短柱画上藻纹，极尽彩绘装修之能事。此时的彩饰已经不是简单的平涂，应是初始的彩画了。到战国时期，当时的宫室殿宇均“高台榭，美宫室”，刻镂绮文、朱漆丹画，美轮美奂。春秋战国时期的斗拱比此前的更完美，在河北平山县中山王墓出土的一座错金银四龙四凤铜方案（图2-7）为战国中期的器物，支撑处有斗拱，形式已经很完整，是我国最早的反映斗拱造型面貌的实物。

2.3 家具与陈设

2.3.1 家具

夏朝为我国历史上第一个有阶级差别的奴隶制国家，当时人们已经知道用油漆涂抹家具，初步掌握了漆器工艺，并且开始用雕刻来美化家具。从陵墓中所发现的随葬品看，不难想象当时宫室内部的陈设相当华丽，当时的木架上可能有某些雕饰，表面涂有红色的颜料，宫内建筑及家具陈设应极尽奢华。

春秋时期铁制工具出现，大大促进了家具的进步和发展。此时先民已经掌握了木材干燥和涂胶技术，还创造了许多榫卯形式，使家具有了更加坚实合理的结构。

战国时候的家具更丰富。战国时期青铜工具逐渐为铁器所代替，铁斧、铁锯、铁凿、铁铲、铁刨等工具的应用，为家具的发展和提高创造了极好的条件。建筑构架中的燕尾榫、凹凸榫、割

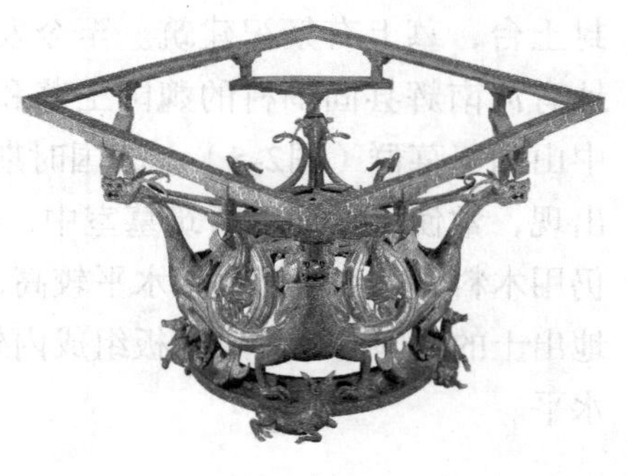

a）

b）

图2-7 战国错金银四龙四凤铜方案

a）铜方案全貌 b）铜方案支撑处斗拱

肩榫工艺也用于家具制作。随着手工业的发展，在木制家具的表面进行漆绘的工艺已达到相当高的水平（图2-8）。

图2-8　曾侯乙墓出土的彩绘衣箱

战国时期是我国低型家具的形成期，依据当时人们席地而坐的生活习惯，几、案、衣架和睡眠的床都很矮。此时家具的总体特点是造型古朴、用料粗硕、漆饰单纯而粗犷（图2-9）。

图2-9　战国彩绘漆案

战国时期的木床周围绕以栏杆，形式最为特殊。在河南信阳楚墓出土的战国彩绘漆木床（图2-10），长2.18m，宽1.39m，足高0.19m，通高0.44m，周围设有栏杆，两侧栏杆留有上下床的地方。床体施黑漆，装饰红色方形云纹，六个床足雕成长方卷云纹。床框有两根横档，一根竖档，上面铺着竹条编的床屉，床上有竹枕。

此外，屏风最早用于西周初期，战国时期的屏具有了很大的发展，极尽雕刻、髹漆之美。屏具原是作为挡风和遮蔽视线所用，但后来却有了观赏的意义，并成了室内空间的重要分隔物。

2.3.2　室内陈设

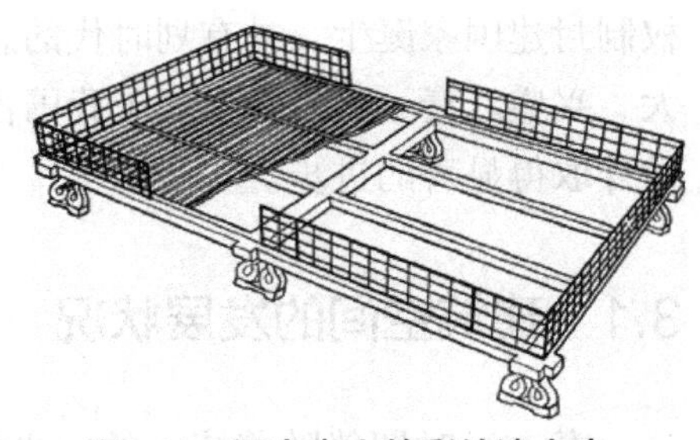

图2-10　河南出土的彩绘漆木床

进入奴隶社会以后，青铜器的发展给社会生产和人们的生活带来了巨大的变化。昔日具有时代标志意义的陶器已经逐渐失去了原有的光辉。商朝的陶器仍有一些灰陶、黑陶好作品，此外，还有两项应该提及的成就：一是出现了原始瓷；二是出现了刻纹白陶。

随着手工业的发展，特别是制铜技术的成熟，青铜器成为人们生活当中不可缺少的器物。这些青铜器被制作得相当精美，上面布满了美丽的花纹。它们不仅是生活中的器皿，而且也是重要的室内装饰品（图2-11）。商朝是我国青铜器文化高度发展的时期，不但有青铜制的农业生产工具，还有青铜制的手工工具、武器及供奴隶主使用的日用器皿、装饰品和乐器等。这些青铜器造型奇特、装饰绚丽、气氛神秘，在世界文化艺术史上占有重要的地位，对当时的室内设计也有深刻的影响。

a）

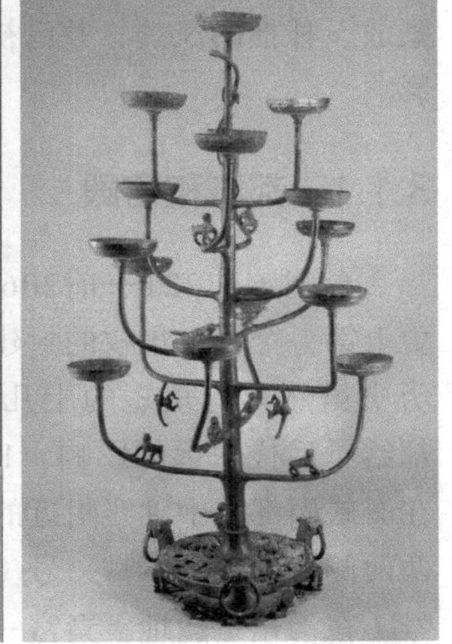

b）

图2-11　青铜器

a）战国凤鸟衔环熏炉　b）战国十五连盏铜灯

我国是世界上最早应用蚕丝的国家，传说中，有黄帝的妻子嫘祖教民蚕桑的情节。出土文物中，也有新石器时期的蚕茧和丝织残片可佐证。商周时期的丝织品有绢、纱、罗、锦缎和刺绣。在洛阳发掘的商墓中还发现了布制画幔上有黑色、白色、红色、黄色绘制的几何纹。早期周墓中出土的丝织品中仅有常见的平纹织品，还有机织的提花织品，图案为简单的菱形纹。

此外，楚国墓葬出土的雕花板和其他纹样的构图相当秀丽，线条也趋于流畅。

第3章　秦、汉时期

秦、西汉（含新莽）、东汉三个朝代，是我国统一的多民族封建国家建立与巩固时期，也是我国民族艺术风格形成与发展的重要时期。前221年，秦始皇嬴政统一六国，定都咸阳，建立了我国历史上第一个中央集权制国家，在政治、经济、文化等领域，进行了一系列改革，高度重视造型艺术，在建筑、雕塑、绘画等方面，都取得了极其辉煌的成就。秦朝历时十五年，代之而起的是西汉王朝的建立。西汉初期的统治者鉴于秦王朝覆灭的教训，采取了轻徭薄赋、安济百姓等措施，使社会经济获得恢复和发展，并先后开辟通往西域及南海的道路，扩大了疆域，促进了与周围民族的融合，和中、外经济文化的交流。自公元前206~公元220年，两汉合计427年。

秦、汉时期处在我国封建社会的上升时期。秦朝的建立标志着我国历史上第一个统一的中央集权制封建国家诞生，具有划时代的意义；两汉将秦朝的封建统治与统一局势巩固与扩大，使得国力强大、兴盛。秦、汉时期形成了我国古代建筑史上又一个繁荣时期，社会生产力的发展促使建筑及室内设计取得显著的进步。

3.1　建筑空间的发展状况

秦、汉时期伴随着统一的中央集权制封建国家的建立与巩固，国力增强，都城、宫苑、陵园等各类建筑的规模急剧扩大，建筑艺术也日趋成熟。秦汉建筑规模宏大、类型繁多，充分体现了雄浑、豪放、朴拙的风韵，并已初步具备中国传统建筑的特征，其独特的风格与艺术成就对后世具有深远影响。

3.1.1　都城和宫殿

秦朝（前221—前206），是我国历史上第一个中央集权的封建大帝国，它的历史虽然只有短短的十几年，很多措施却给予后代深远的影响。1974~1975年，在秦咸阳都城中轴线附近的“牛羊沟”东西两侧，发现了秦宫一号（在沟西）、二号（在沟东）遗址。秦宫一号遗址做了发掘，证明它是一处台榭式建筑（图3-1），台高约6m，平面成曲尺形，有殿堂、过厅、居室、卧室、浴室、回廊、仓库、地窖等功能分区。南部卧室曾发现壁画残片；台顶主体宫室之厅堂部分，有压磨光洁的朱红色地面，即当时的“丹地”；厅堂东侧连接卧室，内有壁炉设备；高台西侧还有大卧室、大浴室和储藏室，可能是妃嫔、宫娥居住区。

图3-1　秦宫一号宫殿复原模型

西汉都城长安，是商周以来规模最大的城市，面积约为4世纪罗马城的2.5倍，遗址在今西安市西北方向约3km处（图3-2）。调查发掘结果表明，长安城的形制布局，基本上符合《周礼·考工记》中

"面朝后市"的规制：城市平面大体上近似方形，由于城址北临渭水，南部长乐、未央两宫东西错列，故而平面形状不算规整，除东城墙比较端直外，其余三边均有转折。经实测，长安城总面积约为36km^2，每面城墙约长6km，12个城门平均分布在四面，每个城门有3个门道。

未央宫（图3-3）在建筑及室内的功能设计及用材方面极富特色。如温室殿，汉武帝建，冬天住着十分温暖。《西京杂记》曰："温室以椒涂壁，被之文绣，香桂为柱，设火齐屏风，鸿羽帐，规地以罽宾氍毹。""以椒涂壁"，是用椒和泥涂墙壁，取其温暖而有香气。"被之文绣，香桂为柱"，是在门窗及墙壁上披挂绣花的锦帛以便遮风，用桂木做柱。"设火齐屏风"，是屏风中有控制火候的装备，以保持殿内的恒温。"鸿羽帐"，是用鸿雁羽毛做的帷帐。"规地以罽宾氍毹"，是室内地面铺罽宾产的地毯；罽宾，在今喀布尔河下游及克什米尔一带，所产毛织地毯、壁毯最为西汉宫廷所喜用。清凉殿中，夏日用玉石作床，用琉璃做帷帐，并且用晶莹剔透的玉盘盛冰以降暑温。

汉武帝时期，又大兴土木，在长安西营造建章宫，为苑囿性质的离宫，故其宫殿布局比较灵活自由。南门称阊阖门，意即用建章宫比拟天宫。建章宫前殿高过未央宫前殿，置凤阙，脊饰铜凤。宫内还有河流、山冈与辽阔的太液池。

东汉的洛阳宫室根据西汉旧宫建造南北二宫，其间联以阁道，仍是西汉宫殿的布局特点。该时期高台建筑风格开始减退（图3-4）。

从长乐宫、未央宫和建章宫等的文献与遗迹来看，汉朝"宫"的设计概念是大宫中套有小宫的建筑群，而小宫在大宫（宫城）之中各成一区，自立门户，并十分注意室内外环境的设计。室内空间布局合理，装修用材考究，功能追求人性化，室外则充分结合自然景物。这些宫殿的规模宏大，说明汉朝统治者的奢华享受，其庄严的格局与宏伟的气魄又是为了彰显皇权专制的威严。

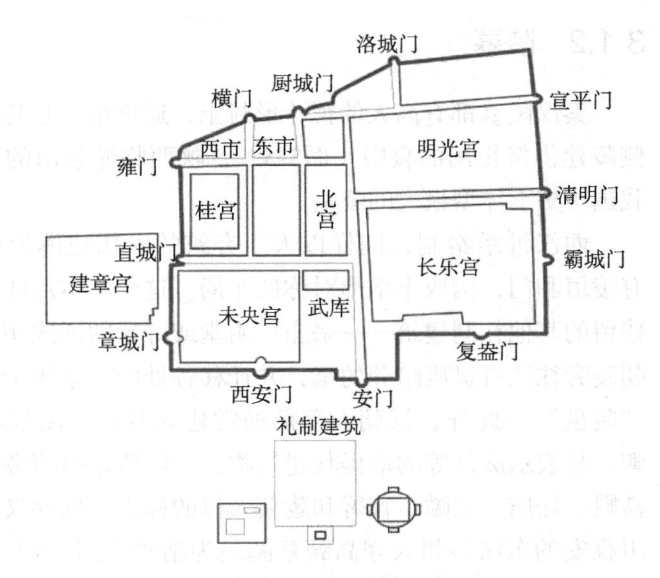

图3-2 西汉长安遗址平面图

图3-3 未央宫复原图

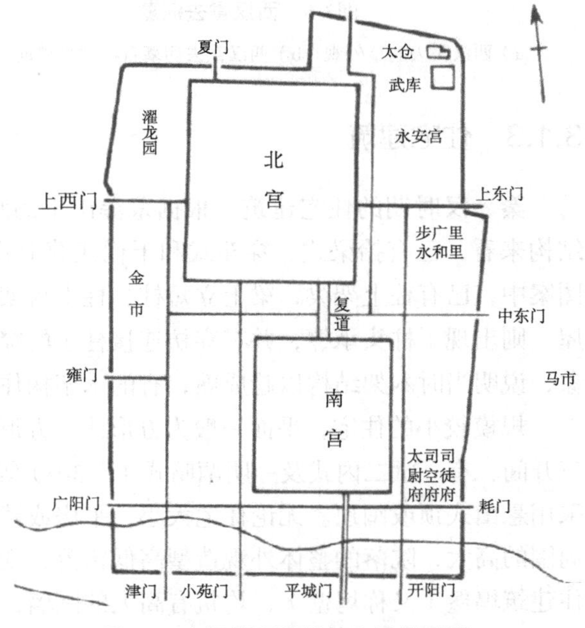

图3-4 东汉洛阳遗址核心区平面图

3.1.2 陵墓

秦汉陵墓都有高大的覆斗形封土，通常情况是陵前建享堂，侧陵建供祭祀用的寝殿（图3-5），陕西临潼骊山的秦始皇陵是我国历史上体型最大的陵墓。

西汉继承秦制，同样以人工夯筑的宏伟陵体为中心，四向有陵垣和门，构成十字形对称的布局。这个基本形体，是和西汉残留的其他礼制建筑——宗庙、明堂或辟雍的形式相一致的。汉朝陵旁往往有贵族陪葬的墓，并迁移各处的富豪居于附近，号称“陵邑”。此外，汉朝大墓前通常建立双阙。阙最早出现于周朝，是表示威仪等的塔楼状建筑物，一般置道路两旁作为城市、宫殿、坛庙、关隘、官署和陵墓入口的标志。现存汉朝墓阙以四川雅安的东汉益州太守高颐墓阙最为精妙（图3-5）。此外陵区还设置石兽、墓碑、墓表等，将建筑、雕塑融为一体，以加强陵墓的纪念气氛，对后世陵区的设计产生了深刻的影响（图3-6）。

图3-5　东汉益州太守高颐墓阙

秦朝及西汉初期仍广泛使用木椁墓，由于制砖技术及拱券结构的巨大进步，砖墓、崖墓和石墓快速发展（图3-7），木椁墓的使用逐步减少，到东汉末年及三国间几乎绝迹。

a）　　b）

图3-6　西汉霍去病墓

a）西汉霍去病墓外观　b）西汉霍去病墓石雕“马踏匈奴”

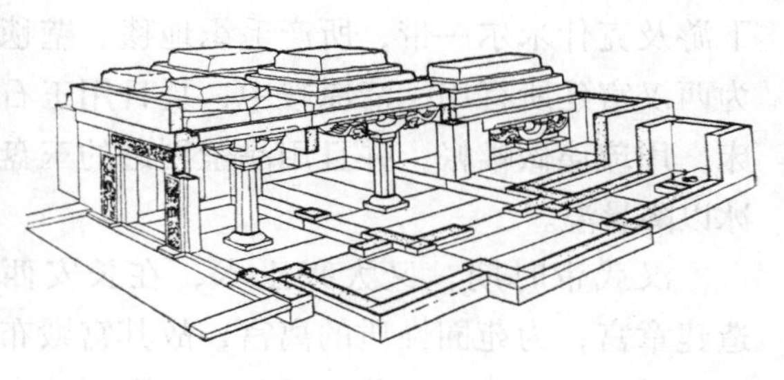

图3-7　山东沂南汉代石墓

（刘敦桢主编《中国古代建筑史》）

3.1.3 住宅建筑

秦、汉时期的住宅建筑，根据墓葬出土的画像石、画像砖、明器陶屋及各种文献记载，从建筑结构来看，已有抬梁式、穿斗式和干栏式等形式（图3-8）。在河南及四川出土的陶屋造型与画像砖图案中，已有柱上架梁，梁上立短柱，柱上再架梁的抬梁式木架结构形象。长沙和广州出土的东汉陶屋，则出现了柱头承檩，并有穿枋连接柱子的穿斗式木架结构及底层架空的干栏式木架结构的住宅形象，说明当时木架结构以趋成熟，有的木架构住宅已是达四到五层楼的建筑。

规模较小的住宅，平面一般为方形或长方形，房门开在中央或一侧。房屋的平面设计较典型的为三开间，有一堂二内式及一明两暗式（图3-9）等。窗的形式有方形、横长方形及圆形等多种。屋顶多采用悬山式顶或囤顶。无论住宅大小，平房或楼房，都以墙垣构成一个或两个院落，其中央的建筑较周围的高大，院落的整体外观造型高低错落，变化丰富。此外，明器中还有地方豪强带有防卫性的居住建筑坞堡（又称坞壁），均筑有高大的围墙，正面或前、后两面开门，上建门楼，墙院四隅设有角楼，或在院内建高楼，上有部曲家兵手持弓弩或执刀警卫，院内有多种功能的单体建筑（图3-10）。

a）

b）

图3-8 汉朝房屋结构形式

a）汉朝画像砖中的房屋结构形式（抬梁式）

b）汉朝明器中的房屋结构形式（穿斗式）

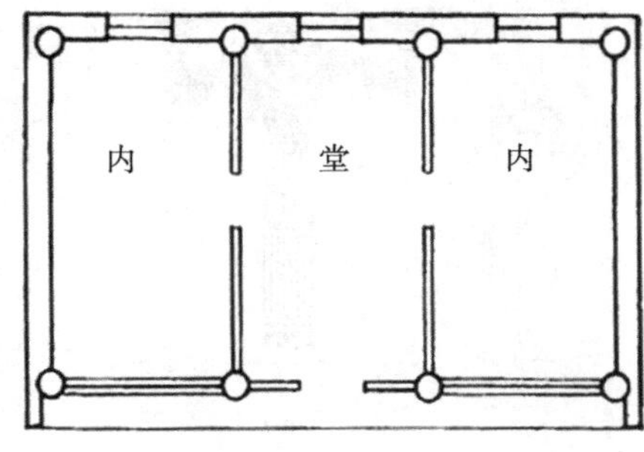

图3-9 一明两暗平面图

两汉时期，王侯外戚、达官显贵及地方豪强们竞相建造宅第园囿，尤以东汉末叶为甚。贵族的大型宅第，外有正门，旁设小门，便于出入。大门内又有中门，它和正门都可通行车马。门旁还有附属房间可以居留宾客，称为门庑。院内以前堂为主要建筑，堂后以墙、门分隔内外，门内有居住的房屋，也有在前堂之后建的用于餐饮歌乐的后堂。此外，还建有车房、马厩、厨房、库房及奴婢的住处等附属建筑。

3.2 建筑装饰

秦汉时期的建筑装饰，主要体现在屋身（包括墙面）、屋顶、立柱及木构架、门窗等多个方面。该时期立柱的功能一方面是承受梁架，分隔空间；另一方面也具有装饰美化空间的作用。当时柱的形状有八角形、圆形、方形和长方形四种，八角柱的柱身短而肥，具有显著的收分，其上置栌斗。墓表中的柱，有在柱身表面刻束竹纹和凹槽纹加以装饰的（图3-11）。从实物遗存看，汉朝的木架建筑渐趋成熟，斗拱也已普遍应用，至东汉时期，斗拱已发展到较为成熟的阶段。斗拱是中国古建筑中独特的结构构件，除具有结构功能外，也是建筑形象的重要组成部分，有极强的装饰效果。斗拱在汉朝得到了极大的发展，它的种类十分繁多，在各种阙、墓葬及画像砖中都可以见到它的形象（图3-12）。斗拱形式，除流行“一斗二升” 外，在四川新津出土院落画像砖的门阙形象上，还可以看到“一斗三升”的形式（图3-13）。此时的斗拱虽已能做得比较复杂，但各地做法很不统一。后世中成熟的斗拱，便是经过了实践的检验，从这些斗拱中脱颖而出的。

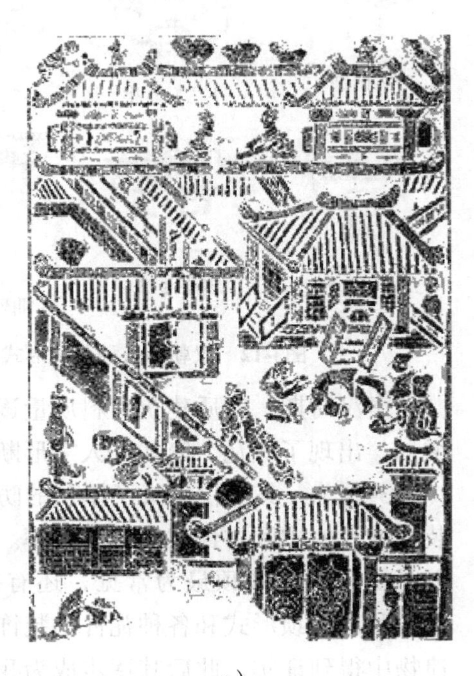

a）

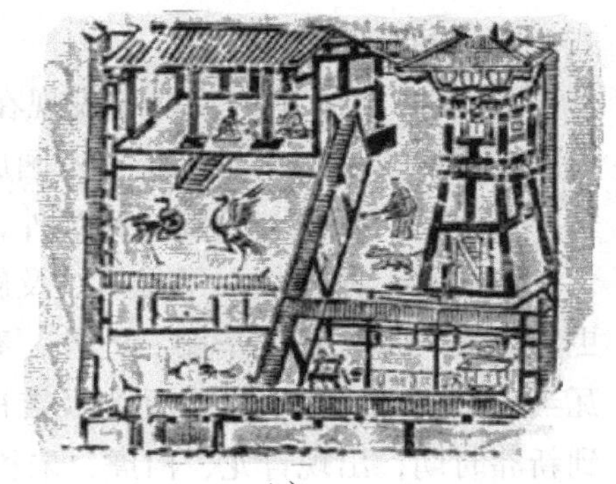

b）

图3-10 地主宅院画像石

a）地主宅院画像石之一

b）地主宅院画像石之二

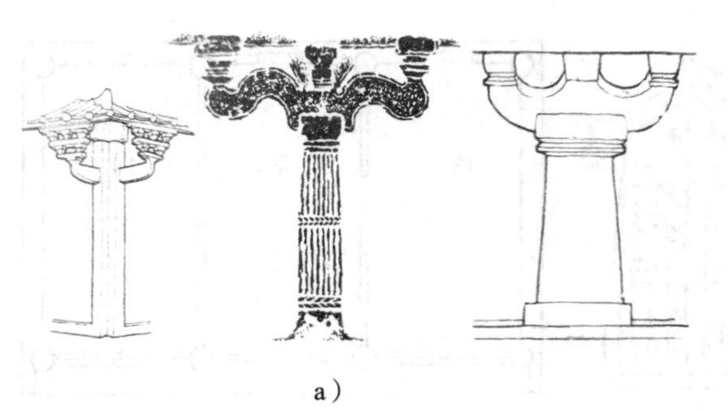

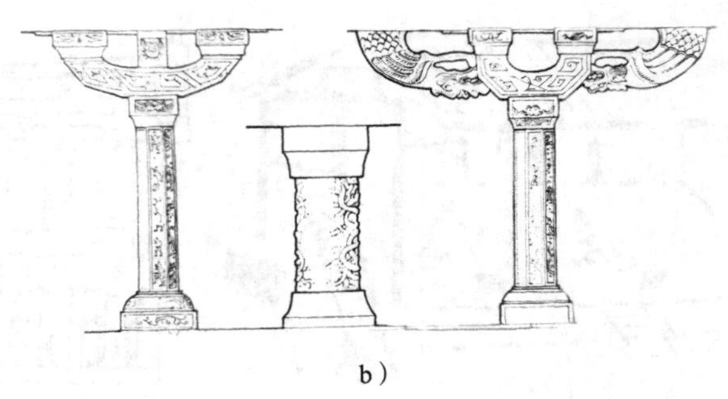

图3-11　秦汉时期立柱形状

（刘敦桢主编《中国古代建筑史》）

a）汉方形双柱、束竹柱、方柱　b）汉八角柱、圆柱、八角柱

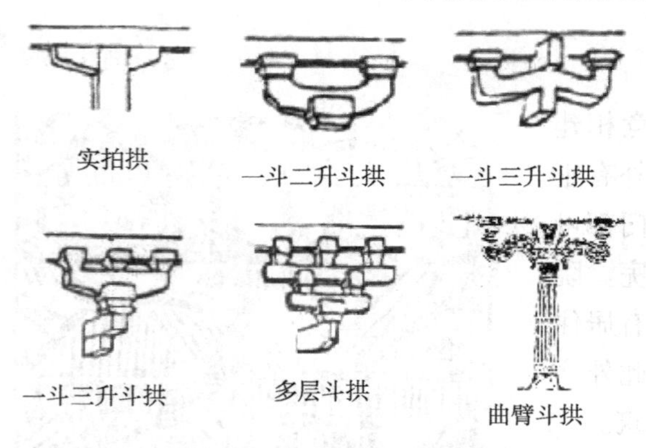

图3-12　汉朝的各种斗拱形式

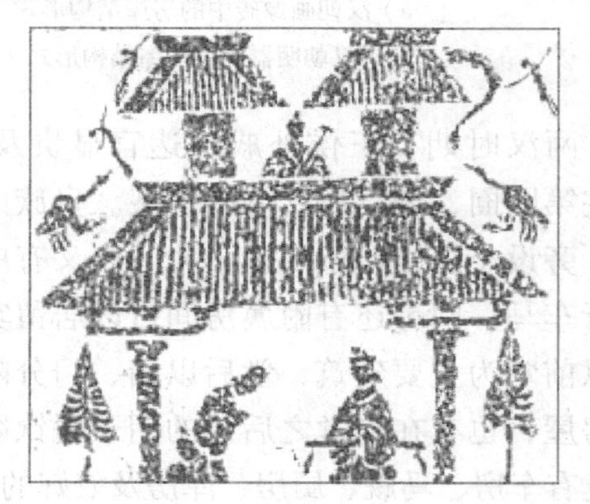

图3-13　四川出土院落画像砖上的“一斗三升”形式

秦汉时期，陶质建筑材料质量逐步提高，品种也有所增加，出现了板瓦、筒瓦、人字形断面的脊瓦和圆形瓦钉（图3-14），其不仅解决了屋顶的防水问题，同时也极富装饰性，使中国古代建筑熠熠生辉。秦汉屋顶形式较多，以悬山顶、庑殿顶最为常见，还有攒尖顶、歇山顶与囤顶。利用屋顶形式和各种瓦件的装饰作用可从汉朝的各种遗物中得到证实，此后其逐步成为我国古代建筑的一个重要特征。总的说来，作为具有中国建筑特色的各种屋顶形式，至汉朝已经基本齐备。

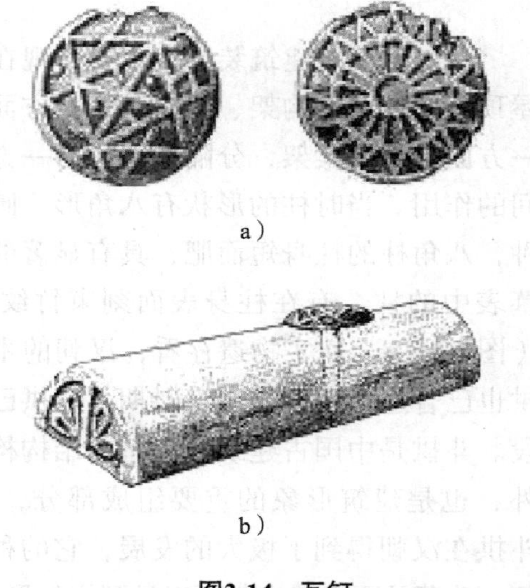

图3-14　瓦钉

a）瓦钉样貌　b）瓦钉用法

秦汉时期的建筑装饰还表现在壁画、画像砖、画像石、瓦当等方面。秦始皇统一六国后，瓦当图案更加丰富多样，除流行云纹与葵瓣纹瓦当外，咸阳、西安等地还出土了四鹿纹、四兽纹、子母凤纹及鹿鸟昆虫纹瓦当，构图更为饱满，形式益加华丽。此外，秦朝开始出现吉祥文字瓦当。两汉最流行卷云纹瓦当及吉祥文字瓦当。西汉末年到新莽时期，出现青龙、白虎、朱雀、玄武等四神瓦当，形象矫健活泼，瓦当中央的半球形图案越来越显著（图3-15）。秦汉时期建筑装饰纹样题材丰富多样，大致可分为人物纹样、几何纹样、动物纹样、植物纹样四类。人物文样包括历史事迹、神话和社会生活等；植物纹样以卷草、莲花为主；动物纹样有龙凤、蟠螭等。这样的纹样以彩绘与雕刻等方式用于地砖、梁柱、斗拱、门窗、墙壁、天花和屋顶等处。

秦汉时期的宫殿衙署普遍绘制壁画，还普及至贵族堂室、宦吏宿舍、学校和陵墓。20世纪70年代在陕西咸阳东郊三号秦宫遗址一处廊道残垣上，发现秦朝车马、仪仗人物出行内容的长卷式壁画，总体气势颇为煊赫壮观，具有极高的艺术价值和历史价值。汉朝统治者提倡绘画为政教服务，所以宫殿壁画更加兴盛，以历史故事、功臣肖像、生活情景为主要内容，所谓“恶以诫世，善以示后”。西汉宣帝甘露三年（前51年），在麒麟阁绘制包括霍光、张安世、赵充国、苏武等11人的功臣图壁画，影响深远。东汉明帝永平年间（58—75年），在洛阳云台进行了我国历史上第二次大规模图绘开国功臣的壁画创作，即绘制《云台二十八将》。明帝时还在洛阳白马寺寺壁绘《千乘万骑群像饶塔图》。秦汉壁画大都以写实画法为主，或画于某面墙，或画于四面墙，或画于藻井上，都与界面紧密相结合，已成为建筑装饰或室内装修的一部分。

图3-15 西汉的四神瓦当

此外，画像砖与画像石比一般壁画耐久，且富于立体感，故作为建筑装饰被广泛应用于陵墓、祠堂、宫殿、寺庙等建筑中，两汉时期其制作及艺术水平达到空前的高度。题材大致有以下五大类：一是神话传说，如东王公、西王母、女娲等；二是生产、生活景象（图3-16），如狩猎、出行、歌舞等；三是建筑，如宅院、门阙等；四是自然风光，如山川河流、天体星座等；五是历史故事、历史人物等。

a）

b）

图3-16 汉画像石

a）汉画像石《车骑出行图》

b）汉画像石《纺织图》

画像砖是秦汉时期的建筑装饰构件（图3-17）。画像砖的图像、图案主要以模印和刻画的方法形成，分实心砖与空心砖。一般认为画像砖始于战国，盛于两汉，三国两晋南北朝时期陆续流行开来。东汉是画像砖艺术的最鼎盛时期，产品数量、制作水平都很高。它盛行于中原、西南和江南的广大地区，尤以河南、四川两省出土最多。秦朝至西汉初期，画像砖多用于装饰宫殿府舍的阶基，西汉中期以后，画像砖主要用于装饰墓室壁面。

画像石是以刀代笔在石板上进行雕刻，常用线刻，也有浮雕式，是一种半画半雕的石材装饰。画像石萌发于西汉汉武帝时期，新莽时期有所发展。东汉时期，画像石分布地区扩大，形成四个中心区：一是山东、苏北、皖北区，二是豫南、鄂北区，三是陕北、晋西北区，四是四川地区。此外，北京、河北、浙江海宁等地也有零星发现。

秦汉时期，门和窗都被利用为建筑装饰部分而加以艺术处理。门的上槛上显示出门簪，门扇上有兽首衔环，称为“铺首”。窗子通常装直棂，也有斜格和琐纹等较复杂的花纹，或在窗外另加笼形格子，或在门窗内悬挂帷幕。栏杆的形制以卧棂为最多，已出现在寻杖（栏杆上部横向放置的部件）下用蜀柱及几何形花纹的栏板。

图3-17 汉画像砖《弋射收获图》

在建筑的色彩装饰方面，秦汉继承春秋战国以来的传统并加以发展，如宫殿的柱涂丹色，斗拱、梁架、雕花地砖和屋顶瓦件等也都因材施色。

总之，秦汉建筑室内外已经综合运用绘画、雕刻、文字等进行装饰，实现结构与装饰的有机结合，其形制与范式为以后的中国古典建筑发展奠定了基础。

3.3 室内装修

秦汉宫殿的墙壁大都是垒土和土坯混用的，中间有壁柱。其表面先用掺有禾茎的粗泥打底，再用掺有米糠的细泥抹面，最后以白灰涂刷。也有一种特殊的做法，以椒涂壁法，多用于后宫，取椒多子之意，进而将这种宫室称“椒宫”。还有一种彩色壁面，东汉洛阳灵台两层壁面在刷白后，又于东、西、南、北四个方向分别涂上青色、白色、红色、黑色四种色，使其符合四方四色之意。

地面除传统做法外，多用铺地砖铺设。铺地砖以方形居多，上有花纹，河南密县等地出土了不少这样的铺地砖。还有用黑色、红色两色漆地的做法。毛毯在西北少数民族中使用极为普遍，用法和席一样，很像今日的地毯，秦、汉时期有铺地毯的，但主要是在宫殿中。藻井多用于顶界面的重点部位，如宫殿中帝王宝座的顶部，寺庙中神像佛龛的顶部等。它如同穹然高起的伞盖，凸出于空间构图的中心，以渲染庄严、神圣的气氛。比较正规的藻井彩画则出于秦汉，藻井多画荷等水生植物。秦汉时期的藻井，虽然没有之后的藻井复杂，但作为一种高等级的装修，主要用于祠堂、庙宇、陵墓和宫殿。

3.4 家具与陈设

3.4.1 家具

秦、汉时期青铜器逐渐被木质器物所代替，漆器流行于世，家具已有不少种类，可分为：床榻、几案、茵席、箱柜、屏风等五大类。秦、汉时期的几案其形式各异，多为木制油彩髹漆，还有陶案和造型精美的铜案。

图3-18 汉朝的榻和几

秦汉之时为我国低型家具的高峰期，但同时有向高型家具渐进的趋势，床前、榻前设几、设案的情况渐渐增多（图3-18）。几是古代人们坐时依凭的家具，案是古代人们饮食、读书时放置酒菜、书简的家具。从形式上看，两者近似。按习惯，较大的称案，较小的称几。案有书案、食案、奏案等。汉几较多，此时的几已加宽，能放东西，又能凭依，一器两用。

图3-19 汉云纹冠箱

箱柜的使用始自商周，至秦汉有所发展，一般用以存储衣被、书籍之用。汉朝之柜是矩形带矮足的箱子，门向上开，主要用于存放衣物；橱，在当时是一种立柜；簏，高箱子，如长沙马王堆汉墓出土的云纹冠箱，造型和装饰十分精美（图3-19）。

汉朝凡能坐人的都称作床，有卧具、坐具兼备的功能。床的种类很多，有梳洗床、火炉床、居床等。此后，床上逐渐施帐，床及帐成为室内装饰的重点，床上施帐风俗逐渐发展，到明朝出现了床架合一的“架子床”。

汉朝时流行榻，体小轻便，是一种专供坐用的家具。有独坐和连坐之分。较床矮小些，适合一人独坐。

屏风的历史悠久，最早使用于西周的初期，秦、汉时期被普遍地使用，一般有钱有地位的人家都有屏风。屏风的主要功能为挡风和遮蔽，同时作为装饰性的陈设。常常一个建筑物要求有起居、会客、宴饮等不同功能要求，屏风最早就是作为分隔室内空间，可以自由活动的隔断体而出现。汉朝的屏风是由独扇发展到4~6扇拼合的曲屏，有两面围、三面围的，可分可合，又可作为突出室内重点的背景。

3.4.2 室内陈设

秦、汉时期，漆器、铜器、陶器等实用工艺品有了较大的发展，且逐步进入人们的日常生活。

从1975年湖北云梦睡虎地11号墓出土的秦“黑漆朱绘单凤双鱼纹洗”等漆木器来看，在上层阶级的生活用品中，秦朝时华丽的漆器已经代替了青铜器。汉朝的漆器工艺更加成熟，大件的有器鼎、器壶等，小件的有漆盘、漆盒等。其设计既考虑了实用，也注意到造型与装饰之美，如湖南长沙砂子塘西汉墓出土的《舞女图》与《车骑出行图》漆奁（图3-20）。

图3-20 汉漆奁《车骑出行图》摹本（中央美术学院美术史系中国美术史教研室《中国美术简史》）

秦、汉时期的铜器，从风格上看，奢华之风渐减，素器开始盛行。它们造型洗练，装饰精美，有的结合金银镶嵌，既便于使用又可兼作陈设。铜镜和铜炉在当时铜器中也较为突出，河北满城西汉刘胜与妻窦绾墓出土的博山炉便是其中的代表作。刘胜墓中的熏炉全炉纹饰均错金银，炉柄镂雕成三条腾出波涛的龙，龙头护炉身，炉身上部和炉盖合成层层叠叠的仙山（图3-21）。窦绾墓中出土的熏炉与之近似。其他类型的铜器如河北定州西汉墓出土的错金银云山瑞兽纹铜管、河北满城出土的西汉错金铜熏炉、鎏金铜壶以及河南偃师出土的东汉鎏金铜和铜牛等，无不造型精致，图案优美。

图3-21 汉错金银博山炉

汉朝陶器有黑陶、红陶、彩绘陶、釉陶和青陶等，其中，以彩绘陶、釉陶、青陶最有特色。后汉时，青瓷技术已渐成熟，但还没有完全形成独有的风格，其器型有罐、壶、碗、杯、盘和灯，纹样多为圆圈、菱形等几何纹。

秦、汉时期仍然与战国时期一样，上层阶级将灯具视为案头实用陈设，造型日趋考究（图3-22）。至汉朝，我国古代灯具制作达到一个鼎盛期，灯具类型繁多，从材料上看，有铜灯、铁灯、玉灯、瓷灯和石灯；从造型上看，有器皿型灯、动物型灯、人型灯和连枝型灯；从结构上看，有盘灯、筒灯和虹管灯。虹管灯是利用虹吸原理制成的，可使灯烟进入灯座，浴于灯座的水中。西汉时期，广东广州南越王赵眜墓出土西汉时期的龙形、朱雀形及兽面形铜支灯，气势庄严宏伟。河北满城窦绾墓出土的鎏金长信宫灯，构造精美，捧灯之宫女作跪地侍奉状，人像中空，可以容纳烟垢，手臂充作烟道，实用性与艺术性完美结合，堪称陈设型灯具的经典之作（图3-23）。

图3-22　汉朱雀灯

秦汉的纺织、印染和刺绣技术都较发达（图3-24），各类纺织品成了统治阶级的必需品并进入了普通人家。汉朝“丝绸之路”的开拓，使我国的丝织品远销欧洲和中亚、西亚，这一切又反过来促进了汉朝纺织、印染、刺绣业的发展。纺织品的增多，增加了室内设计的内容，帷幔、帘幕等不仅参与空间的分隔与遮蔽，也增加了室内环境的装饰性。

图3-23　汉长信宫灯

图3-24　马王堆出土的汉帛画

第4章　三国、晋、南北朝时期

三国、晋、南北朝，是我国历史上战争频繁且长期处于分裂状态的一个时期。220年，魏、蜀、吴三国鼎立，相对安定的时间不长。司马氏于265年统一全国，史称西晋。420年刘裕灭东晋自立为宋，而北魏也于439年统一了北方，形成了一个半世纪的南北分立局面，史称“南北朝”。

由于晋室南迁，中原人口大量涌入江南，带去了先进的生产技术与文化，加之江南受战争破坏较少，因此东晋以后南方经济文化有较大发展。北方地区则由于连续不断的战争，经济遭到严重破坏，人口减少，直至北魏统一北方，社会经济才有所恢复，特别是北魏孝文帝拓跋宏采取汉化进步措施以来，经济、文化也有了一定的发展。北魏分裂为东、西魏后北方又经历北齐、北周，南方则经历宋、齐、梁、陈。

总之，在这些年间，由于社会生产的发展缓慢，建筑及室内设计不及秦汉时期那么富有创造性，主要是继承和运用秦汉的成就。佛教的逐步传播带动了佛教建筑的发展，并带来了印度等国的雕刻、绘画艺术，为我国的古代文化形成带来某些新的元素，促进了文化交流，尤其是大量寺院、石窟的兴建和造像的盛行，推动了建筑艺术及室内设计的发展。魏晋以来，北方由于连年的征战，经济倒退，文化发展停滞不前。但碰撞却也带来了交流，南方民族的文化逐步融入中原，为中原文化添加了一抹新色，使中华民族文化更加丰富多彩。

4.1　建筑空间的发展状况

东汉末年，进入大战乱时期，直到581年隋朝才再次统一。这300多年是我国历史上又一个民族文化大融合、思想观念大变革的时期。此时期战乱频繁，前朝数百年的建筑成果大都付之一炬，各王朝分裂割据，城市建设建毁交替，建筑规模与秦汉相比大为逊色。战争给人们的身心带来了极大的伤害。于是，佛教走进人们内心，道教也大致在这时期形成并发展，宗教建筑逐渐成为主流。佛教建筑在东汉末年开始兴起，三国、晋、南北朝及隋朝是开窟建寺的高峰时期，此后直到封建社会晚期，一直是中国建筑的一个重要内容。佛教建筑主要包括佛寺、塔和石窟。

4.1.1　都城建筑

三国、晋、南北朝时期，朝代更替频繁，各地相继兴建、改建过不少都城，是我国历史上都城数量最多的时期。三国晋以后，土木频兴，长安、洛阳这类前朝旧都屡废屡建，新的都城也相继兴起，其中规模较大、使用时间较长的有曹魏邺城、北魏洛阳城、东魏北齐邺南城等。

曹魏邺城于建安十三年（208年）开始营建并作为国都，《魏都赋》中描写的“造文昌之广殿，极栋宇之弘规”的宫殿，即是宫城中的大朝建筑群。大朝西侧为禁苑铜雀园，园西是著名的金虎、铜雀和冰井三台，三台上下阁道相连，雕梁画栋，十分壮观（图4-1）。邺城北宫南市、东西干道贯通的新的城市规划布局为北魏及唐朝的都城所继承。

太和十八年（494年），北魏都城从平城（今大同市）迁至洛阳城，北魏洛阳城是在汉魏洛阳城的基础上修建的，它综合了古代都城建筑有益的经验，改变了“面朝背市”的束缚，也克服了汉长安、洛阳城缺少规划的问题，形成了中国城市建筑史上颇有影响的都城。洛阳城的明显特点是按不同的功用进行设计，规划得比较明确，宫城集中，突出了皇权的思想，居住和商业区划严格整齐。这时的高台建筑虽已逐渐减少，但是宫殿的设计仍继续着前朝的传统，常常是飞阁相通，凌山跨谷，形成高低错落、复杂而又灵巧的外观。大量出现的佛教寺院以及高耸的佛塔，使这一以高大宫廷建筑为主体的城市，增加了空间轮廓线的变化。

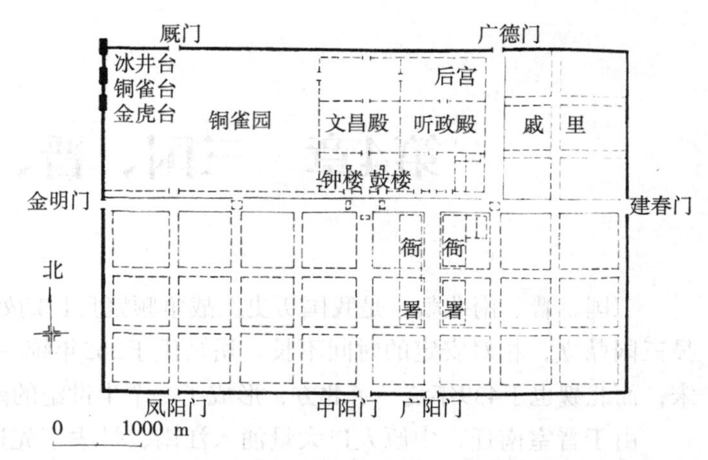

图4-1 曹魏邺城平面推想图（刘敦桢主编《中国古代建筑史》）

自317年东晋奠都起，至589年陈亡，建康（今南京）一直是我国南部各朝代的都城。建康位于长江东南岸，地理条件优越，原为三国时期吴建业的旧址，东晋王朝充分利用自然地形，结合防御、游览及发展需要，造成建康城虎踞龙盘之势。后来宋、齐、梁、陈各朝陆续有所营建，建康城形成楼阁宫苑、寺庙佛塔与湖泊水面交相辉映的丰富的空间变化，使建康城有着园林化的特色。

三国、晋、南北朝时期的都市，大都是在前朝旧都的基础上发展起来的，一般形成以宫室为中心的南北轴线布局。至于宫殿的布局，则常把前殿的东西厢扩展为东西堂。到东魏，宫殿的布局在东西横列三殿以外，又有以正殿为主的纵列两组宫殿，这种纵列方式为后来隋、唐、宋、明、清等朝代所沿用，并发展为纵列的三朝制度。

4.1.2 寺庙和佛塔

佛教大约于西汉末年传入我国，但最早见于记载的佛寺是东汉永平十年（67年）的洛阳白马寺。三国、晋、南北朝时期，由于统治阶级的提倡，兴建佛寺逐渐成为当时社会的重要建筑活动。南朝首都建康有五百多所佛寺，北魏统治范围内，在正光（520—524年）以后有佛寺上万所，而北魏首都洛阳就有1367所佛寺。不仅在城市，当时的广大乡村中也建造了很多寺、塔。

在这个时期，有许多寺庙是由皇亲和官吏们把官府宅第改建成佛寺的，所以，我国古代的佛寺建筑，与封建统治阶级的官府、宅邸、宫殿在形式上并无多大的区别。早期佛寺建筑布局多与大型宅第衙署相似，其主要不同的是佛寺建有塔，形成平面方形木构楼阁式塔，这也是南北朝时期最通行的一种形式。北魏胡灵太后与熙平元年（516年）在洛阳建的永宁寺是历史上最著称的佛寺，寺院规制宏大，堪与宫廷建筑相比拟，其中最重要的建筑是佛塔（图4-2）。据称永宁寺塔高90丈（1丈=3.3m），刹高10丈，去地千尺（又有称高40余丈者），共9层，距京城百里都可遥遥望见，是一座平面方形木结构楼式塔。塔为四面，每面三门六窗，朱漆扉扇，绣柱

a）

b）

图4-2 北魏永宁寺

a）北魏永宁寺塔基遗址

b）北魏永宁寺复原图宁寺塔基遗址

金铺。这座以郭安兴为首的工匠修建的高塔，无疑是当时建筑技术与建筑艺术上的杰作。除楼阁式塔外，尚有单层砖石塔和密檐多层砖塔。

佛塔自印度传到中国后与中国建筑形式结合，出现了楼阁式木塔。北魏正光四年即523年建造的河南登封市嵩岳寺塔，是我国现存年代最早的用砖砌筑的佛塔（图4-3）。塔平面为十二角形，塔高约39m，底层直径约10m，内部空间直径约5m，壁体厚2.5m。塔身立于简朴的台基上，塔底部，东西南北砌圆券形门，以便出入，其余8面为光素的砖面；其上叠涩出檐，塔身各角立倚柱一根，柱下有砖雕的莲瓣形柱础，柱头饰以砖雕的火焰和垂莲，12面中，正对4个入口的砖砌圆券形门，其余8面，各砌出一个单层方塔形的壁龛，并以隐式的壶门和狮子作装饰。它不同于传统的楼阁式塔，塔身上的层檐用叠涩出挑，十分密集，外轮廓呈圆润的曲线向内收。外观15层，实际却是10层。这样类型的塔被称为密檐塔，后来十分盛行。塔的平面为十二边形，我国现存古塔中仅此一例。内部空间呈八边形，每层均有木造楼板。

a）

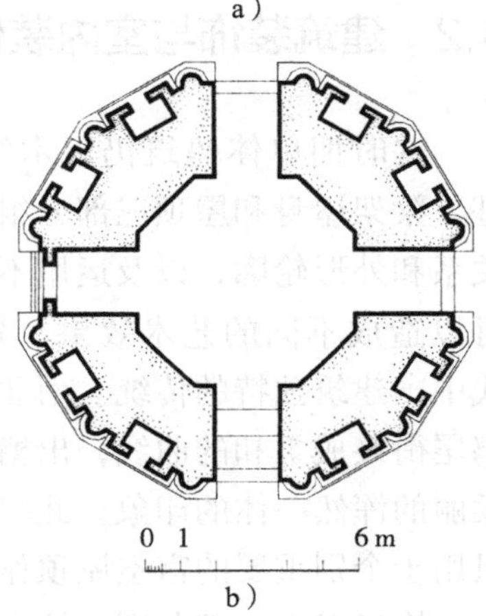

b）

图4-3 河南登封嵩岳寺塔

a）嵩岳寺塔外观 b）嵩岳寺塔平面图

4.1.3 石窟

石窟是最能反映三国、晋、南北朝时期佛教兴盛的建筑艺术。它来源于印度，故先出现在新疆，特别是喀什、准噶尔、拜城、库车和吐鲁番等地，甘肃敦煌的莫高窟是我国最早开凿的石窟群之一（图4-4）。它的布局呈僧院型。两侧墙上各开四个小洞，窟顶及四壁布满壁画，题材多和佛教有关。北魏平定河西后，佛教进一步向东传播，石窟也陆续在内地开凿，最早开凿的是大同云冈石窟（图4-5）。

图4-4 敦煌莫高窟

图4-5 云冈石窟

石窟空间形式大体有四类：第一类，近似印度的“支提窟”，可称中心塔柱式，其特点是平面呈正方形，中间偏后处竖立一个四方形中心塔柱，由地面直立窟顶，塔柱四周有神龛，内塑有佛像，塔柱前部的窟顶呈双坡屋顶，通称为“人字披”；第二类，是覆斗式石窟，这种石窟呈方形或长方形，中间设有中心塔柱，左、右、后三侧或后壁有壁龛，窟顶为覆斗式，也有少数为攒尖式，覆斗式和攒尖式模仿木构的做法；第三类，是毗珂罗式，其特点大都是方形，前面为入口，左右有小室，后壁凿神龛。两侧的小室空间很小，只能容一僧禅坐，毗珂罗式窟型很少，只见于北朝；第四类，是有檐式。早期石窟多有木构窟檐，由于木材容易腐烂，现已无存。

卷草纹（一）

卷草纹（二）

莲瓣纹（一）

莲瓣纹（二）

绳络纹

鸟兽纹

璎珞纹

图4-6 南北朝时期装饰纹样
（刘敦桢主编《中国古代建筑史》）

4.2 建筑装饰与室内装修

这时期单体建筑仍以木结构为主，建筑物大体以台基、梁架屋身和屋顶三部分组成，恰当处理各部分的比例关系和外形轮廓，以及运用不同的材料、色彩、装饰物，可以造成不同的艺术效果，外观上有着醒目的屋顶是古代中国建筑独特的传统。南北朝时屋顶举折平缓，正脊与鸱尾衔接成柔和的曲线，出檐深远，因而给人以既庄重又柔丽的浑然一体的印象。此时已出现少量的琉璃瓦，一般只用于个别重要的宫室屋顶作剪边处理，色彩则以绿色为主；檐口以下的部分则以柱身和承托梁架及屋檐的斗拱组成。色彩、装饰方面，一般建筑物是“朱柱素壁”的朴素风格，而重要建筑物则画有彩绘并且常常绘有壁画。以二方连续展示的花纹以卷草、缠枝等为基调，十分高雅、妩媚，为隋唐装饰风格奠定了基础（图4-6）。

图4-7 敦煌壁画中的北魏建筑

建筑艺术及技术在原有的基础上进一步发展，楼阁式建筑相当普遍，平面多为方形。斗拱方面，额上施一斗三升拱，拱端有卷杀，柱头补间铺作人字拱，其中人字拱的形象也由起初的生硬平直发展到后来优美的曲脚人字拱。屋顶方面，东晋及南北朝壁画中出现了屋角起翘的新样式（图4-7），且有了举折，使体量巨大的屋顶显得轻盈活泼。

此时的建筑多在墙上、柱上及斗拱上面作涂饰，流行的设色方法是“朱柱素壁”“白壁丹楹”。这种设色方法背景平素、红柱鲜明、靓丽而不失古朴，故也为后来的建筑所沿用。

敦煌莫高窟251窟、252窟有木制斗拱的实物，位于人字披脊方、檐方与山墙的交接处，造型虽然简单，但能体现出斗拱的功能，且是现存斗拱中年代最久者。

三国、晋、南北朝时，许多木结构的表面都绘有绚丽多彩的彩画。木件结构也有雕刻文饰的，《邺中记》中，就有关于北齐邺都朝阳殿“梁袱间刻出奇禽异兽，或蹲或踞，或腾逐往来”的记载。

这一时期的室内装修主要体现在墙面的壁画上，其继承和发扬了汉朝的绘画艺术，呈现出丰富多彩的面貌，并逐渐成了一门独立的艺术门类，一方面继续发挥着教育作用，另一方面又成了可供审美的艺术品。绘画的题材多种多样，对表现当时的生活显露兴趣，肖像画尤受重视，有了“悟对通神”“览之若面”的要求，实质是士大夫阶层想从绘画中得到自我表现。壁画可分为殿堂壁画、寺观壁画、墓石壁画和石窟壁画，但今日真正能得一见的是墓石壁画和石窟壁画（图4-8）。

图4-8　敦煌莫高窟《鹿王本生》壁画

4.3 家具与陈设

4.3.1　家具

从东汉末年到三国、晋、南北朝，是一个政治上很不稳定，战争破坏严重，国家长期处于分裂状态的时期。家具生产之所以有所发展，主要有以下三个原因：一是当时的手工业工人已有一定的独立性和自由度；二是动荡的社会在一定程度上促进了民族和区域间的文化交流；三是佛教和外域文化的影响。其时，印度僧人和西域工匠纷纷来到中原，他们带来了融希腊、波斯风格为一体的犍陀罗艺术，对我国的家具和其他艺术门类都有较大的影响。

图4-9　敦煌285窟西魏壁画中的扶手椅

由于民族大融合结果的出现，家具高度普遍升高，虽然仍保留席坐的习俗，但高坐具如椅子、方凳、圆凳、束腰形圆凳已由胡人传入，床已增高，下部用壶门作装饰，屏风也由几摺发展为多碟式。这些新家具对当时人们的起居习惯与室内的空间处理产生了一定影响，成为唐朝以后逐步废止床榻和席地而坐的前奏。

这时的高型坐具有凳椅、胡床和筌蹄。椅出现较晚，例证也较少（图4-9）。胡床又称为马扎，以相交的两框为支架，可以折叠，以便搬运，可以打开，供人垂足而坐；胡床最早出现在西汉初期，三国时胡床为上层阶级日常所使用，《三国志·魏志·武帝纪》裴松之注引《曹瞒传》：“公将过河，前队适渡，超等奄至，公犹坐胡床不起。”；筌蹄即后来的绣墩，三国、晋、南北朝时期的筌蹄是一种用藤或革编成的高型坐具，其形如束腰长鼓（图4-10）。

图4-10　北魏浮雕中的筌蹄

三国、晋、南北朝时期的床榻，与汉朝的床榻没有明显的差别，只是在尺度上更大，应用更广，并有了汉朝少见的架子床。

由于此时仍然保留着席地而坐的习俗，作为凭依的凭几不仅继续流行还有些新发展，突出表现是除直几之外，又出现弧形几。南京甘家巷六朝墓曾经出土过陶凭几，其几面弯曲，下有三足，是专供人们坐时依凭的。当时的书案，与汉朝的书案也有一些不同之处，汉朝书案多用曲腿带托泥，此时书案多用直腿带托泥。屏风在魏晋南北朝时依旧流行。

总的来说，三国、晋、南北朝时期正处于我国古代家具的探索时期，其家具表现是低型家具继续发展，高型家具问世，特点是吸收、融合在一定程度上有所创新。

4.3.2 室内陈设

三国、晋、南北朝时期，由于手工业较发达，工艺品的成就仍然保持在一个较高的水准上。此前已有的青瓷，已从成熟达到完善的阶段，无论是质地还是产量，均已超过汉朝，贵族中的不少铜器或漆器，已逐渐为瓷器所代替。

除青瓷之外，此时的黑釉瓷、黄釉瓷和白瓷也达到了很高的水平。后汉的黑釉瓷是黑褐色而发涩，此时的黑釉瓷，漆黑而光亮。北齐的白瓷是目前见到的最早的白瓷，它不但丰富了我国的瓷器品种，还为此后生产彩瓷创造了必要的条件。北方的白釉挂绿彩瓷、淡黄挂绿彩瓷和黄褐釉瓷，在此前都很少见，它们的出现为唐三彩的诞生奠定了必要的基础（图4-11）。

我国织锦沿“丝绸之路”向西远销，也从波斯、拜占庭、叙利亚和埃及等得到了新的启示。此时的织锦，除了用汉朝纹样，增多了植物纹样外，已有清新活泼的散点花和波斯风的连珠纹，这一切都为唐朝织锦的焕然一新做了必要的准备。

三国、晋、南北朝时期，仍有铜灯和陶灯，但瓷灯已有取代陶灯的趋势（图4-12）。除主流灯具瓷灯外，此时还开始使用石灯，并有了多种造型的烛台。

a）

b）

图4-11 南北朝时期瓷器

a）南朝青瓷莲花尊 b）北齐青釉鸡首壶

图4-12 北齐青绿釉瓷油灯

第5章　隋、唐时期

581年隋朝建立，589年灭陈，结束了长期战乱和南北分裂的局面。为了巩固统治，隋朝采取了恢复和发展社会经济的措施，促进了农业、手工业和商业的发展，稳定了社会秩序。隋朝建筑上的主要成就是兴建了大兴城（原长安城）和东都洛阳城，以及大规模的宫殿和苑囿，并开通了南北大运河。大运河的开凿有效地促进了我国南北经济、文化的交流发展。大兴城是我国古代规模最大的城市，隋朝历史虽然不长，但它是唐王朝崛起的前夜。大兴城和洛阳城都被唐朝所继承，进一步充实发展成为东西二京，也是我国古代宏伟、严整的方格网道路系统城市规划的先例。618年唐朝建立，其政治、经济、文化高度发展，达到封建社会的鼎盛阶段。

5.1　建筑空间的发展状况

隋唐时期是我国封建社会前期发展的高峰，也是中国古代建筑及室内设计发展成熟的时期，在继承两汉以来的基础上吸收、融合了外来建筑的影响，形成了一个完整的体系。

隋文帝以为周长安故宫不足以建皇王之邑，于汉故城东南二十一里龙首山川原建设新都，名曰大兴城，即隋之西都。大业元年（605年）又营造东都洛阳，唐朝在隋朝的基础上，营造了首都长安和东都洛阳。这两座都城建有大批规模巨大的宫殿、官署和寺观。其他著名的手工业、商业城市还有成都、幽州（今北京）、南昌、江陵、扬州、丹徒、绍兴、杭州、泉州、广州等，唐朝的佛教进一步发展，兴建了大量佛教的寺、塔、石窟。

唐朝的住宅、陵墓均有若干新的发展，由于手工业的进步，唐朝的建筑技术和艺术也较前朝有显著的发展和提高，这主要表现为以下特点：①规模宏大，规制严整；②建筑群处理趋于成熟；③木构建筑解决了大面积、大体量的技术问题，并已定型化；④设计与施工水平显著提高；⑤砖石建筑进一步发展；⑥建筑技术与艺术高超。

5.1.1　都城建筑

长安是隋、唐两朝的首都，也是经济和文化的中心，它规模宏大，规划整齐，是当时世界上最大的城市之一。

582年，隋文帝命当时一位有高深造诣的建筑家宇文恺主持规划、建设大兴城，后又建洛阳城，唐朝又陆续在此基础上建西、东二京，西京即由大兴城改建，成为长安，在洛阳城基础上建的东京仍称为洛阳城。

长安城东西方向长9721m，南北方向宽8651m，面积超过83km^2，相当于明清西安城的7.5倍。大朝正宫大明宫的规模也很大，如不计太液池以北的内苑地带，遗址范围相当于明清故宫紫禁城总面积的3倍之多。大明宫中的麟德殿面积约是故宫太和殿的3倍。其他府城、衙署等建筑的宏大宽广，也为任何朝代所不及。长安城城区设计采取中轴线和严谨对称的布局，皇城和宫殿设在北部，著名的太极宫、大明宫及兴庆宫三处宫苑合称“三内”，建筑风格各具特色。太极宫（西内）以庄重整肃见长，大明宫（东内）以宏伟雄浑著称（图5-1），兴庆宫（南内）以绮丽堂皇著称。

长安城有南北方向并列的十四条大街和东西方向平行的十一条大街，用这些街道将全城划分为108个里坊，其时，长安城形成宫北市南的城区格局，既克服了汉长安城“宫城与百姓杂居”的缺点，也改变了汉长安城宫廷壁垒的性质。鼎盛时期，唐长安城中皇家宫殿、佛教寺庙、坊里街区、东西两市、风景园林乃至教坊、戏场一应俱全，其方整对称、严谨封闭的棋盘式布局更是中国古代城市建筑的首例（图5-2）。

图5-1 大明宫含元殿复原图

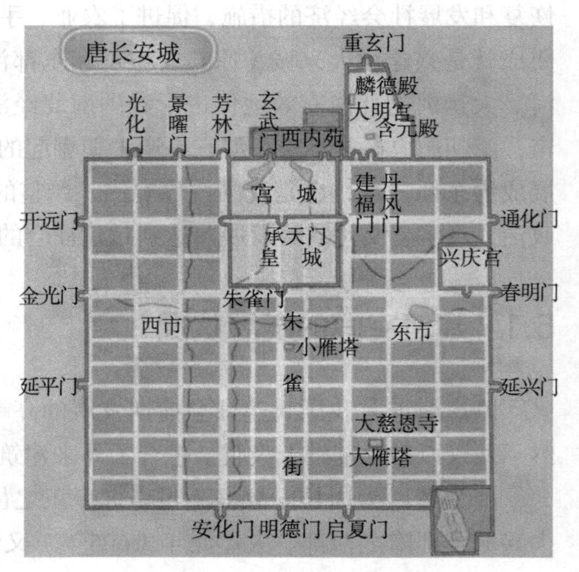

图5-2 唐长安城复原平面图
（潘谷西主编《中国建筑史》）

洛阳为隋初的东都，隋炀帝时迁都至此。唐朝仍以洛阳为东都，武则天称帝后，改唐为周，并以洛阳为都城，洛阳与长安最大的不同是其呈不对称布局，但总的规划手法是相通的。洛阳城内有103个里坊，与长安相比，里坊小街窄道，临街开门的住宅较多，城市各部分的关系显得比较紧凑。洛阳城的设计注重自然环境与城市建筑的有机结合，其因地制宜的设计思想和成就，进一步丰富了中国古代城市建筑的经验。

隋、唐长安城、洛阳城两都市相继的规划与建设不仅在中国建筑史上，即使是在世界建筑史上也是划时代的里程碑，曾一度是周边邻国仿效的典范，历史上如日本7~8世纪的都城平城京、长冈京、平安京等的兴建，或者是完全仿照长安城的布局方式，或者是参照了长安的规划制度。

5.1.2 寺、塔、石窟

隋、唐国力强盛，国家和民间都以大量财力、物力、人力投入寺、塔、石窟的营造中。

隋唐佛寺继承了西晋、南北朝以来的传统，平面布局同样以殿堂、门廊等组成的庭院为单元的组群形式，大者可多至十数院，是以两三层楼楼阁为全寺的中心。唐朝佛寺在建筑和雕刻、塑像、绘画相结合的方面有了很大的发展。7世纪，随着佛教净土宗的发展和佛教进一步世俗化，各种壁画、壁塑十分盛行。11世纪前期著名画家吴道子和雕塑家杨惠之以及其他雕塑家对佛教艺术做了许多贡献。

留存到今天的唐朝佛教殿堂中较为完整的有山西五台山南禅寺正殿和佛光寺正殿，其均为唐朝建筑稳健雄丽风格的代表。南禅寺正殿建于唐建中三年（782年）（图5-3），规模虽不大，但斗拱有力，出檐深远，曲线平缓，不失优雅。大殿屋顶为歇山式，大殿平面呈方形，面阔进深皆为三间，但中央省去了柱子。大殿内没有天花，木结构简练清晰。佛光寺是当时五台山“十大寺”之一，其正殿虽比南禅寺正殿晚七十五年，但规模较大，为唐朝木构殿堂的范例（图5-4）。佛光寺大殿面阔七间，进深四间。中央形成面阔五间、进深两间的内槽，以供佛像。顶棚有天花，由裸露的梁支撑，称为“明栿”，外形像月牙，又名“月梁”。天花之上还有一层梁用于支撑檀条和屋架，由于不外露，不加装饰，称为“草栿”。草栿上直接用人字形叉手支撑屋脊，这种做法后世很少见。外檐柱头铺作雄大，在近看的角度，拱形与下昂交错，给人的印象深刻，表现出唐朝雄伟的气魄。檐下使用硕大的斗拱，斗拱和柱高的比例为1：2，使斗拱在结构和艺术形象上发挥了重要作用。佛光寺大殿在创造佛殿建筑艺术方面表现了结构和艺术的统一，也表现了在简单的平面里创造丰富的空间艺术的高度水平。

a）　　b）

图5-3　南禅寺大殿

a）南禅寺大殿外观　b）南禅寺大殿剖面

a）

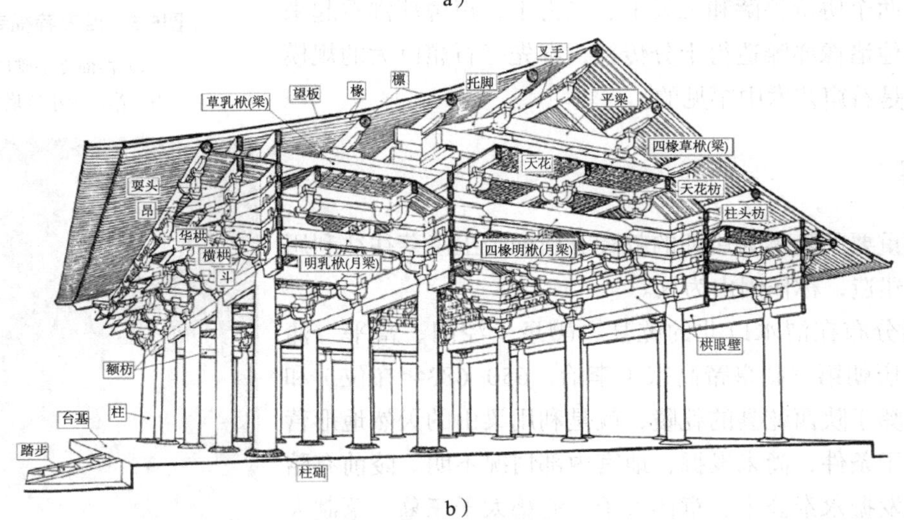

b）

图5-4　佛光寺大殿

a）佛光寺大殿实景图　b）佛光寺大殿结构详解

南北朝时期，塔是佛寺组群中的主要建筑。唐朝时，塔已经不位于群组的中心了，但仍是佛寺的一个重要组成部分，其挺拔高耸的姿势，对佛寺组群和城市轮廓面貌都起着一定的作用。隋唐的佛塔在楼阁式塔的基础上又新出现了密檐式和单层塔，塔的平面大都为正方形。长安城内有著名的画家画迹的三绝塔及庄严寺木塔等均为京城著名的高层建筑。唐朝由于砖石技术的发展，砖石塔较多，唐总章二年（669年）建的西安兴教寺玄奘塔、唐开耀元年（681年）建的西安香积寺塔、大雁塔等为楼阁砖塔的范例。密檐塔如西安荐福寺小雁塔（图5-5）建于唐景龙元年（707年），密檐式共计十五层（现存十三层），塔身有显著的收分，外观尖耸秀丽，是反映唐朝艺术风格的代表作。唐朝密檐塔的典型还有云南大理崇圣寺的千寻塔、河南嵩山的永泰寺塔和法王寺塔。其中大理崇圣寺千寻塔建于南诏国后期（823—859年），是现存唐朝最高的砖塔。

a）

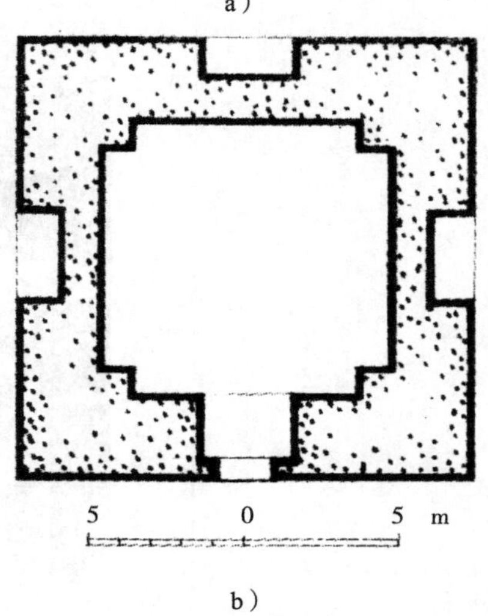

b）

图5-5　西安荐福寺小雁塔

a）荐福寺小雁塔外观

b）荐福寺小雁塔平面图

隋唐，特别是唐朝，凿造石窟寺的风气盛极，范围扩展至四川盆地和新疆，凿造石窟的功德主上至帝王贵族下至一般平民，凿造形式和规模由容纳高达17m有余的佛像的大窟到高仅30cm乃至20cm的小浮雕壁像。在这两极端之间，有无数大小不等的窟室和佛龛。

隋唐所凿的石窟主要分布在敦煌和龙门。隋窟基本上和北朝的相同，多数有中心柱，但有些窟洞已经将中心柱改为佛座。唐窟则绝大多数不用中心柱。初唐盛行前后二室制度，前室供人活动，后室供佛像，盛唐的后室则改为单独的厅堂，更加接近一般寺院大殿的平面。672年开凿的洛阳龙门奉先寺石窟就属于这类窟形（图5-6），石窟呈大殿状，南北约30m，东西深约35m，原高约40m。石窟主像为卢舍那佛坐像，高约17m，左右两侧侧立两弟子，以及两个协侍菩萨和二天王、二力士，卢舍那佛看起来慈祥亲切，其他诸像亦雕造得十分传神，奉先寺石窟巨大的规模和造像的完美是石窟艺术中罕见的。

5.1.3　陵墓

隋唐时期重要的陵墓为唐朝的乾陵。唐朝帝王陵墓往往利用山丘地形进行建造，称作因山为坟。

唐帝陵墓分布在渭水以北的乾县、醴泉、泾阳、富平、蒲城一线山区。唐朝第三朝皇帝高宗（李治，650~683年在位）和皇后武则天合葬于陕西乾县的乾陵，就是利用梁山的天然地形营建的陵墓，限于条件，尚未发掘，地宫内部情况不明。陵前有陪葬墓17座，已发掘永泰公主、章怀太子、懿德太子三墓。墓制大体相同，墓的地下部分主要为斜坡向下的墓道、砖砌的甬道和前后两个墓室。主要墓室（后室）位于夯土台正下方深10余米处，

图5-6　龙门石窟奉先寺

墓道两壁绘有龙、虎、阙楼和仪仗队等宫门前的情状；甬道的顶部绘宝相花平綦图案及云鹤图。墓室设计分前后两室，前室顶部绘星辰天象，后室置棺。墓室四壁绘有精美的人物题材的壁画（图5-7），这些墓壁画艺术水平极高，内容丰富多彩，全方位地展示了唐朝皇室成员的生活场景，以及开放的社会风气和以丰腴为美的审美情趣。

图5-7 陕西乾县唐永泰公主墓室剖视图
（刘敦桢主编《中国古代建筑史》）

5.1.4 住宅

隋唐之际，平民住宅多为单层单幢的，富人住宅即大宅可称为“第”，一般均为院落式。从空间组织角度看，宅院是多个空间的组合体。隋唐宅院内外关系明确，主次空间分明，整体布局紧凑，功能分区合理，说明在多空间的连接、过渡等方面已经达到了相当纯熟的程度。

隋唐时期的贵族官僚，不仅继承南北朝传统，在住宅后部或宅旁建造山池院或较大的园林，还在风景优美的郊外建别墅。贵族私宅园林中，岛、树、道萦回，亭、台、楼、桥相间，并使用划分景区和借景的方法使住宅与园林环境有机结合。该时期，上层阶级从南北朝兴起的欣赏奇石的审美观逐渐普遍起来，尤以出产太湖石的苏州为甚，往往在私宅园中叠石为山，形成咫尺山岩的意境。

5.2 建筑装饰与室内装修

隋唐时期尤其是唐朝，殿堂、陵墓、寺院、住宅等建筑的装饰纹样丰富多彩，最常见的除莲瓣外，窄长花边上常用卷草构成带状花纹，或在卷草纹内杂以人物。这些花纹不但构图饱满，线条也很流畅挺秀。此外还常用回纹、连珠纹、流苏纹、云纹、火焰纹及飞仙等富丽饱满的装饰纹样（图5-8）。

a）

b）

图5-8 隋唐时期装饰纹样
（雷圭元口述《雷圭元论图案艺术》）
a）唐云纹装饰纹样 b）摹唐飞天装饰纹样

隋唐建筑的墙壁多为砖砌，宫殿、陵墓尤其如此，已经发掘的唐永泰公主墓的甬道和墓室就都是用砖砌筑的。木柱、木板常涂朱红，土墙、编笆墙及砖墙常抹草泥并涂白。地面多用铺地砖，有素砖、花砖两类，花砖的花纹多以莲花为主题。顶棚的做法有两类：一类是“露明”做法；另一类是“天花”做法。露明做法常用于一般建筑。天花做法又可分为三种：第一种是软性天花，即用秸秆扎架，于其上糊纸，多用于中小型的住宅，讲究一点的，可以木条为料，贴梁做成骨架，再于其上糊纸，称为“海墁天花”，这种做法表面平整，色调淡雅，明亮亲切，多用于大型宅第和宫室；第二种是硬性天花，也称井口天花，做法是由天花梁坊、支条组成井字形框架，在其上钉板，并在板上彩绘图案，或做精美的雕饰，这种天花隆重、端庄，故多用于宫殿等较大空间；第三种是藻井，藻井主要用于天花的重点部位，如宫殿、坛庙的中央，特别是帝王宝座和神像佛龛的顶部等，它如突然高起的伞盖，渲染着重点部位庄严、神圣的气氛，并突出构图的中心，藻井是天花中等级最高的做法。

隋、唐之时，卷轴画开始兴起，但壁画仍是绘画主流。壁画当时也属界面装修，但它是一种比较特殊的装修，因为壁画的主要意义不像一般涂饰那样是为了保护界面少受物理、化学因素的损害，其除了使界面更美观外，更重要的意义在于以其特定的内容传达某种主题，达到宣传教化的目的。隋、唐壁画为我国壁画发展的高峰时期（图5-9），种类有石窟壁画、寺观壁画、宫殿壁画和墓室壁画，其作者不仅有民间画匠，还有如阎立本、吴道子、周昉等众多著名画家，其中，又以被誉为“画圣”的唐朝吴道子最具代表性。吴道子的画法“吴带当风”与北齐曹仲达的“曹衣出水”并称。吴道子于盛唐时期绘制壁画300余壁，内容涉及各类经变、文殊、普贤、佛陀、菩萨以及释梵天众等，并绘制有道教中的玄元像、五圣图。他画的地狱变相最为著称，图中虽未描绘任何恐怖事物，却能产生强烈的感染力。

图5-9　莫高窟第112窟唐朝壁画

图5-10　隋河北赵县安济桥栏板雕刻

隋唐的装饰雕刻往往见于石窟、碑、塔、桥及陵墓，达到前所未有的艺术水平。匠师李春于隋大业年间（605—616年）主持设计、建造的安济桥位于河北赵县的洨河上，该桥桥体、座柱、栏板等处的雕刻刀法苍劲有力，艺术风格新颖豪放，显示了隋朝浑厚、严整、俊逸的石雕风貌（图5-10）。此外，唐昭陵神道、唐朝永泰公主墓的墓椁及韦洞、韦顼的石椁上都有精美的石刻（图5-11）。

图5-11　唐昭陵骏马浮雕石刻

5.3　家具与陈设

5.3.1　家具

隋朝时期，一方面，席地而坐与使用榻的习惯依然广泛存在。另一方面，垂足而坐的习惯，逐渐普及全国。唐朝的雄厚国势和开明政策，促成了许多创新家具的诞生。唐末出现高低型家具并行的局面，高型家具在原来的基础上又有了较大的发展，其时，人们的起居习惯呈现出席地跪坐、伸足平坐、侧身斜坐、盘足迭坐和垂足而坐同时并存的现象（图5-12、图5-13）。

隋朝家具遗存甚少。唐朝家具繁盛，从出土实物及墓葬壁画、传世绘画等中都显示唐朝家具造型雍容华贵，装饰清新、华美，具有很高的艺术与制作水平。

（1）家具样式

1）几、凭几、隐囊。由于高型坐具的出现，椅子的功能完全能够代替几、凭几的作用（图5-14）。因此，几和凭几不再像南北朝时期那样盛行。但这一时期还没有完全绝迹，到了宋朝以后就没有这类坐具了。这一时期的几以瓷几、画几等为代表。

图5-12　《六尊者像》中的坐具之一

隐囊即软性靠垫，它以刺绣各种花纹的织物为囊，中实棉絮，是一种较为柔软的凭具。唐孙位所做的《高逸图》中有其形象。

图5-13　《六尊者像》中的坐具之二

2）凳、筌蹄、胡床。坐凳形式多样，从壁画等资料看，有四腿小凳、圆面圆凳、腰凳和多人同坐的长凳；椅子中，木椅有扶手椅、四出头官帽椅和圈椅等多种。

坐具中，除凳椅之外，还常见筌蹄和胡床。筌蹄是用竹藤编制的，呈圆形，南北朝时，已出现于佛教活动中，隋唐流行于上层家庭，西安王家坟唐墓出土了一件唐三彩持镜俑，该俑就坐在这样的筌蹄上，它形似腰鼓，上下及腰部均有绳纹装饰，胡床在隋唐时仍能见到。此外，独坐小榻和多人坐的长榻，也作为坐具与凳椅并存。

3）床、榻、步辇。隋唐时的卧具有床、榻和火炕。床有四腿式和壶门台座式两类。前者为案形结体，可置于户外。台坐式多为壶门式，大小不等，大者可占满一室空间，供日间起居及夜间睡觉；小者可供一人坐用。

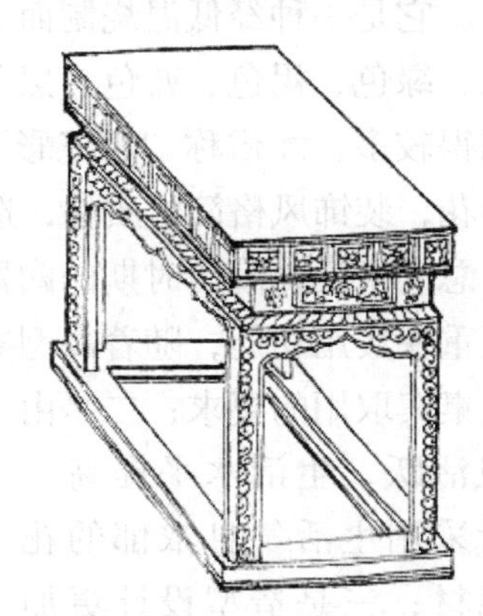
图5-14　《六尊者像》中的几

4）高型桌、案。高桌和高案是在低型几案的基础上发展起来的高型家具，高度在650~800mm。唐朝桌子主要有方桌、葫芦腿桌、带托泥雕花桌及长桌等。

案有平头案和翘头案，高度在300~500mm（图5-15）。

5）箱、柜。唐时之箱，有木质、竹质、皮质三种，且有长方形和方形盝顶等不同形式。唐时之柜，多为木制，板做柜体，外设柜架，多数横向设置，有衣柜、书柜、钱柜等多种类型。

6）屏风。隋唐屏风主要有两种，即折屏与坐屏。折屏是多扇组成的，最少的是两扇，最多的可达十余扇。由于需互呈夹角立于地上，故一律为双数。盛唐前后的折屏，大都用六扇，因此，又专以“六曲屏风”而称之。坐屏也称为硬屏风。下有底座，不折叠。由于常取对称形式，屏扇数为三、五、七、九等。屏扇下面有腿，插入屏座之中，边有站牙，顶有屏帽，屏帽常常雕花，屏面常以木雕、嵌石、嵌玉、彩绘为装饰。隋唐时期，大量用纸糊屏扇，较少采用实板。

图5-15　《六尊者像》中的案

（2）材质及饰面　唐时木料资源丰富，家具用料有樟木、核桃木、槐木、水曲柳、黄檀、柳木和榆木，讲究的用紫檀、楠木、花梨、胡桃、柏木和沉香木等。竹藤家具已普遍使用，有些家具还使用了绳、布等材料。

家具饰面有多种做法：平民用的，朴实无华，有的刷桐油，有的索性用白茬；宫廷用的开朗、豪迈、富丽，大都采用彩绘、螺嵌、平脱等装饰。螺嵌多用于漆木家具上，为增加表现层次，还可以在其上作线刻。唐朝还开始流行根雕家具，体现了人们热爱自然和向往返璞归真的情趣。

5.3.2　室内陈设

（1）金银器　隋唐尤其是盛唐时期，科学技术水平提高，冶炼、制作、装饰工艺技巧日益高超，加上金银产地扩大，为金银器的生产提供了技术和物质上的保证。唐朝金银器器型繁多，除首饰之外，可用为陈设的就有盆、碗、盘、罐、熏炉等。

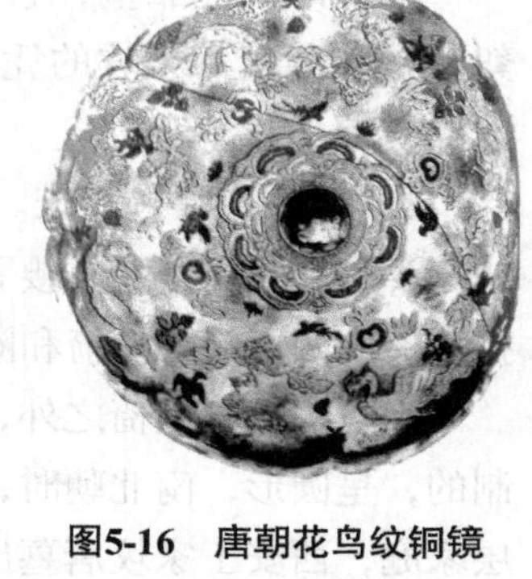
图5-16 唐朝花鸟纹铜镜

（2）铜镜 隋朝铜镜没有特有的风格，基本沿用六朝和汉朝的样式，纹样主要有青龙、白虎、朱雀、玄武“四神”和十二生肖（图5-16）。唐朝铜镜之所以得到发展，有两个原因：一是瓷器普及，许多铜器日用品均已被瓷器所代替，铜器的工艺只能集中到铜镜上；二是当时的铜镜不单是生活用品，还是皇家赏赐百官、国际交往、人们互送的礼品。

（3）陶瓷 隋朝的陶器由汉朝之衰逐渐转盛，品种有釉陶、灰陶和彩绘陶，器型有陶罐、博山炉和陶鼎等（图5-17）。唐朝时陶瓷业进一步发展，清人蓝浦所著《景德镇陶录》称“陶至唐盛，始有窑名”，可见陶瓷至唐朝开始有了更加专业化的生产。唐朝陶器中最引人注目的是“唐三彩”。它是一种经低温烧制而成的铅釉彩陶器，名为“三彩”，实际上有黄色、绿色、褐色、蓝色、黑色，白色等多种颜色，只是黄色、绿色、褐色用得较多，才俗称“唐三彩”（图5-18）。隋朝青瓷的做法主要是刻花和印花，装饰风格简洁质朴，造型比例恰当而圆润。

图5-17 唐朝花釉彩瓷罐

总的来说，隋唐时期的陶器有如下特点：一是陶瓷器型增多，日用陶瓷更重视实用功能，随着高型家具的增多，日用陶瓷多带手柄，以满足人们从桌案取用的要求；二是由于思想活跃，生活水平提高，大量采用生活气息浓郁的花草题材；三是造型设计更加丰富多彩，常常采用仿生造型，特别是瓜形壶、花形盘等植物造型和凤形瓶，双龙柄壶等动物造型，致使陶瓷器物更具“陈设”的意义。

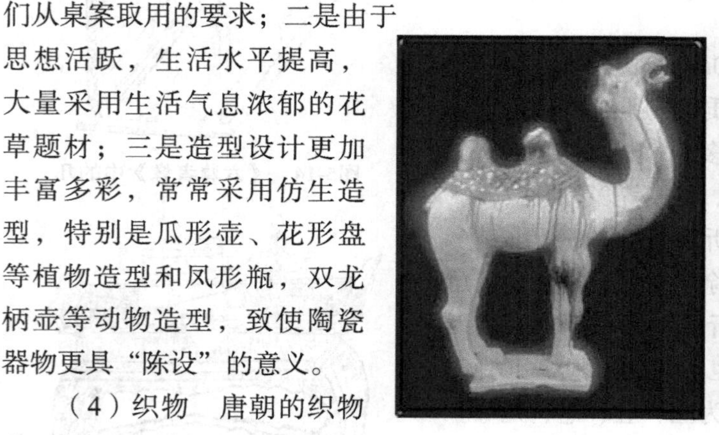
a）

b）

图5-18 “唐三彩”

a）骆驼 b）驼拉车

（4）织物 唐朝的织物有丝织品和棉织品两大类。丝织品中的锦，图案丰富，有“团纹”“散化”“对称纹”“几何纹”。题材多取现实生活中的鸟鱼、花草和佛教中的宝相花及莲花等（图5-19、图5-20）。隋唐织物用于室内的方式是很多的。一是用作幔帐，形成一定的虚空间；二是用作桌布和椅凳垫等；三是做成小饰物。这在许多壁画和绘画中

图5-19 苏州丝绸博物馆复制的唐朝花鸟纹锦

图5-20 唐连珠对鸭纹织锦

都能找到可信的证据。

（5）灯具 隋唐时期，陶瓷业发达，铜器减少。陶瓷制品不仅有餐具、茶具、酒具、文具和玩具，也包括应用广泛的灯具。宫灯首先出现在宫廷，最早的宫灯主要用于节庆日，有一些也直接转为宫廷的日用灯。宫灯的种类较多，单独使用的有灯笼灯和走马灯，遇到重大节庆日，还可用为数众多的灯盏组成灯树与灯楼。灯楼以竹篾或铁丝为骨架，外糊细纱或薄纸，里面点蜡烛，可挂可提，色彩较鲜艳。

第6章　五代、宋、元时期

唐朝中期出现了安史之乱，之后唐朝日渐衰弱。907年朱温灭唐，中国历史进入了五代十国长达半个世纪之久的分裂战乱时期。黄河流域先后有后梁、后唐、后晋、后汉、后周五个朝代，长江、珠江流域存在过吴、前蜀、吴越、楚、闽、南汉、荆南（南平）、后蜀、南唐、北汉等十个割据政权。五代十国时期，南方受到的战争破坏比北方小，社会经济尚能继续发展。

960年宋太祖赵匡胤夺取后周政权，建立宋朝（史称“北宋”）。12世纪初，女真族建立金并向南扩展，于1125年灭辽，1127年灭北宋。北宋灭亡当年，宋高宗赵构在我国南部建立南宋。1234年蒙古灭金，1271年建立元朝，于1279年灭南宋。

五代、宋、元已处于我国封建社会后期，其不同时期的政治形势与经济发展对建筑和室内设计有着不同程度的影响。手工业和商业的发达，科学技术的进步促进了工艺美术的发展和提高，对陈设品需求量大幅增长。辽、金地区及元朝建筑和室内设计发展中出现了各民族间的交流与融合。

6.1　建筑空间的发展状况

五代、宋、元时期，特别是北宋建立统一政权后，在经济、文化、对外开放上取得了很大成就。宋朝建筑的规模一般比唐朝小，无论组群与单体多没有唐朝那种宏伟刚健的风格，但比唐朝更为秀美多姿，在装饰、装修上趋于精巧细致且色彩丰富。由于宗教艺术进一步世俗化，开凿石窟的风气已趋衰微。该时期帝王陵寝的规模也渐渐缩小。

6.1.1　都城建筑

五代政权更迭频繁，历史较短。北宋以汴京城为东京。宋朝国际贸易活跃，科技进步，手工业发达，市民阶层壮大，十万户以上的城市从唐朝的十多个增加至四十多个，城市里突破了里坊制的限制而使规划布局出现重大的变化，沿街的高墙被商店、茶楼、酒馆、药肆、戏台、作坊取代。在这些社会条件下，市民生活也多样化起来，都城及重要城市民间建筑与室内设计多方面发展。

北宋首都汴京位于运河、黄河交汇处，城池宫阙均在旧城衙署基础上改建，有外城、内城、宫城三重，城内遍布商业店铺，人烟稠密，宫廷正门两旁建阙楼，御街两侧开渠种莲，栽植花树，长廊排列，华丽壮观，城北还建有艮岳，西城外建有琼林园、金明池等皇家园林（图6-1）。

图6-1　宋《金明池夺标图》

金朝燕京城在今北京广安门一带，元定都后废弃旧城，另以琼华岛为中心重新规划修建都城，以南北方向中轴线为对称轴左右展开，宫廷位于中轴线主要部位。前部以大明殿为中心，大明殿面宽是一间，后有走廊接大明后殿，坐落在三层工字形的白石高台上，殿顶铺琉璃瓦，庄严宏伟，为朝会之所；后部以延春宫为中心，左右分布东西宫，是帝王以及后妃日常居寝的地方。元大都（今北京）建于1264—1272年，平面为长方形，南北长约7600m，东西宽约6700m，建筑结构在宋朝形制的基础上又吸收了其他民族的造型元素，对后世北京城的规划与建设有着深远的影响。元宫廷主要是汉族传统样式，但也有少数民族风格的建筑。有的殿堂内壁上悬挂毛皮，地上铺地毯则体现了游牧民族的习惯，大都及皇城内还利用天然湖泊构成园圃，使城市宫苑更加优美。

6.1.2 宗教建筑

这一时期的宗教建筑可分为佛教、道教、宗祠建筑三种类型。其中，具有代表性的有：山西太原的晋祠圣母殿、河北正定隆兴寺、天津独乐寺观音阁、山西大同的善化寺等。

山西太原晋祠是一所祠庙建筑，在山西太原西南郊，原为纪念周武王次子叔虞而建。现存的圣母殿是祠内少数几个仍为北宋原物的建筑，面阔七间，进深六间，重檐歇山顶，屋脊略带曲线（图6-2）。殿身部分面阔五间，进深三间，殿内无柱。殿身环以柱廊，左右和后方进深一间，前廊进深两间，减掉四柱，更加宽敞。前廊八根柱子上雕蟠龙，角柱有明显的侧脚和升起，其斗拱做法讲究，下檐出挑的华拱外端做成昂嘴形，是现存最早的昂形华拱实例（图6-3）。殿内有宋朝彩塑圣母及女侍43尊，殿前鱼沼（泉水）上筑有十字形石桥，称为鱼沼飞梁（图6-4），整个祠庙建筑具有与唐朝朴实雄伟不同的柔和优美的风格。

正定隆兴寺内的大悲阁（图6-5），又称佛香阁、天宁阁。这座木结构楼阁式建筑物处于隆兴寺的后部，始建于宋朝开宝四年（971年）。以后，金、元、明、清各朝，都对这座楼阁进行过维修。初建时的大悲阁面阔七间，进深五间，高三层，33m，五檐歇山顶。阁内有木制楼梯从底层直达楼顶。集庆阁、大悲阁、御书楼三阁并列，是宋朝佛寺建筑的典型布局。

天津蓟县（今蓟州区）独乐寺始建于唐朝，重建于辽代。主要建筑观音阁是我国现存年代最早的木构楼阁建筑，阁顶为单檐歇山顶，斗拱雄大，出檐深远有力（图6-6），第二层、第三层中间开有空井，一尊16m高的泥塑观音直达殿顶（图6-7）。此阁形象兼具雄健及柔和之美，反映了辽代寺庙既继承唐朝风格，又受北宋影响的风格特征。

图6-2 晋祠圣母殿外景

图6-3 晋祠圣母殿的昂形华拱

图6-4 圣母殿前的十字形石桥

图6-5 大悲阁外观

a)

b)

图6-6 天津独乐寺

a）天津独乐寺外观 b）天津独乐寺剖面

图6-7 天津独乐寺内部空间

山西大同的善化寺始建于唐朝，在辽、金时重建。寺中的大雄宝殿、三圣殿是我国木构建筑的重要遗物。大雄宝殿面阔七间，单檐庑殿顶，屋脊略带曲线（图6-8）。内部进深五间，第二、四两排柱子各减去中央四根，前槽形成专供礼佛用的前敞厅，内槽内供五尊泥塑坐佛，中央主佛顶部采用藻井（图6-9）。

图6-8 善化寺大雄宝殿外观

图6-9 善化寺大雄宝殿内部

山西洪洞县的广胜寺是元朝传统佛教建筑的代表，有上寺、下寺之分。下寺中有几处保存原貌较好的建筑，是元朝木构的典范。下寺的正殿是悬山式，面阔七间，建于1309年。其斗拱用料明显减少，但还没完全成为装饰。

佛教建筑中，塔刹为一项重要内容。在这一时期，从材料上看，一般可分为砖塔、石塔和木塔等不同类型。从式样上分有单座塔、密檐式塔和阁楼式塔。从平面来看，又分为方形塔、六边形塔、八边形塔等，这一时期重要的塔有：应县佛宫寺释迦塔、江苏苏州报恩寺塔、五代苏州虎丘山云岩寺塔、内蒙古巴林右旗辽庆州白塔、福建泉州开塔、河北正定开元寺塔、北京妙应寺白塔等。

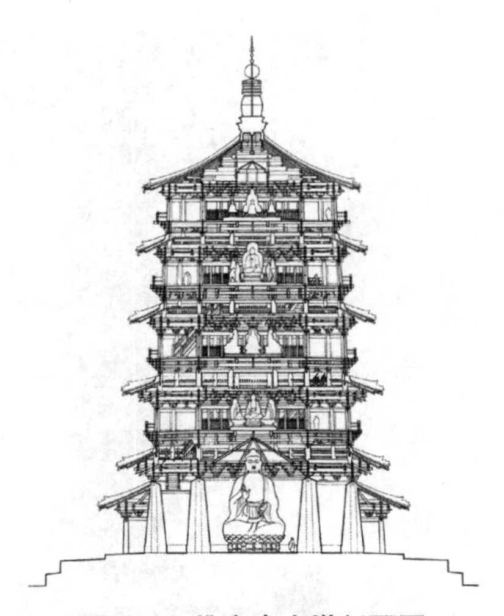

图6-10　佛宫寺木塔剖面图

阁楼式塔构造多以木料建成，所以保存下来的较少，现存的有山西应县佛宫寺木塔，建于辽代清宁二年（1056年），塔高67.1m，五层六檐，外观八角五层，但二层以上内部又有暗层，故实为九层。二层以上每层出平座，设游廊栏杆，八面凌空可供眺望，塔体结构巧妙（图6-10）。其是我国保存最早和最高、最大的木塔，也是世界上现保存最高的古代木构建筑。

开元寺料敌塔，建于北宋，正定地处宋辽边界，此塔可供宋兵瞭望，故以此意命名。塔分八角十一层，每层用砖叠涩挑出短檐，高达84m。宋朝砖塔多转向玲珑华丽，但此塔明快简洁朴实无华，是我国现存最高的古塔（图6-11）。

图6-11　开元寺料敌塔外观

藏传佛教佛塔主要建于藏传佛教寺院内，这种塔有高大的基座，巨大的圆形塔肚，塔顶竖很长的塔颈，塔顶上有圆华盖。我国现存最早、造型最优美的藏传佛教佛塔是北京妙应寺白塔（图6-12）。白塔在北京城内西区，始建于至元九年（1272年），原是元大都圣寿万安寺中的佛塔。该寺形制宏丽，于至元二十五年（1288年）竣工。寺内佛像、窗、壁都以黄金装饰，元世祖忽必烈及太子真金的遗像也在寺内神御殿供奉祭祀。至正二十八年（1368年）寺毁于火，而白塔得以保存。明朝重建庙宇，改称妙应寺。由塔基、塔身、塔刹三部分组成，塔身不用雕饰，而轮廓雄浑，气势磅礴，是我国古代藏传佛教佛塔中的杰作。

金刚式塔的形式奇特，源于印度。现存的主要的金刚塔有北京香山碧云寺和西黄寺的两座，云南妙湛寺的一座，河北正定县广惠寺的一座。

经幢是佛教建筑中的一种新的类型，它是7世纪后半叶随着密宗东来而出现的。经幢在寺庙被放置在殿前，有的单置，有的双置，有的群置，宋辽时期经幢不仅采用多层形式，还以须弥座和仰莲承托幢身，其雕刻日趋华丽（图6-13）。

道教在东汉末年兴起，它同佛教一样在各地修建大量宗教建筑，称为“宫”或“观”。始建于西晋的玄妙观位于江苏苏州（图6-14）。主殿为三清殿，是于南宋时期建造的我国现存最大最古老的道教建筑之一，供奉元始天尊、灵宝天尊和太上老君三尊泥塑金装像。该殿为重檐歇山顶，面阔九间，进深六间，是国内最高最大规模的道观建筑。70根柱位无一减缺，斗拱做法独到。

图6-12　北京妙应寺白塔外观

图6-13　河北赵县陀罗尼经幢

图6-14　玄妙观三清殿外观

6.1.3　陵墓

宋朝诸陵密集相连，形成陵区，其陵制为我国古代陵墓制度的一个转折点。宋陵的基本形制是：陵本身一般为垒土方锥形台，称为上宫，四周绕以神墙，各墙中央开神门，门外为石狮一对，在南神门外有排列成对的石象生，最南为石望柱和栏台，越过广场前端为阙台形主入口。在上宫的西北建有下宫，作为供奉帝后遗容、遗物和守陵祭祖之用。

宋陵与前朝各代的陵墓有着明显的不同，具有自己的特点：第一，宋陵在形制上大体沿袭唐陵的制度，但宋陵规模较小。第二，宋陵明显的是根据风水来选择陵址。第三，各陵占一定地段，称为兆域，在兆域内布置上宫、下宫和陪葬墓，兆域以荆棘为篱，其范围内包括上宫的陵台皆遍植松、柏，形成一种肃穆宁静的环境氛围。

宋朝手工业、商业发达，使地主富商的生活相当奢侈豪华，建筑等级制度已为其所突破。典型的如北宋元符二年（1099年）建造的位于现河南禹州市的白沙第一号墓。该富豪之墓为砖造，分前后二室，前室象征生前地上住宅起居、会客的堂，后室象征卧室，反映了前堂后寝的传统住宅布局方式。后室呈六角形，顶部亦用叠涩构成六角形藻井，藻井及墓门、前后室均有砖雕斗拱。墓室内各处墙壁饰以雕砖和壁画，所有建筑构件均绘以五彩遍装的彩画。虽有所僭越，但这种豪奢的以砖仿木、雕饰精美的墓葬已成为宋朝一般商人、地主墓的普遍形式，金朝墓内装饰则更为华丽细致。至元朝，统治者因蒙古特色的习俗而崇尚薄葬。也有一些官员显贵因受汉人影响，去世后按汉族礼制安葬。

6.1.4　建筑著作

五代、宋、元时期，人们逐步重视建筑方法、规制的总结，特别是宋朝，出现了相对完整的建造系统的著作。北宋初，木工喻皓曾著有《木经》，是我国历史上最早的一部木结构建筑手册，可惜后来失传了。北宋沈括在《梦溪笔谈》中对其内容有所记载，其建筑规制与建造方法为后人所应用。北宋崇宁二年（1103年）李诫主持编写的《营造法式》一书是中国古代木构建筑发展到成熟和鼎盛时期的不可多得的文献。它全面、条理地编订了建筑设计、结构、用料和施工的规范，图文并茂，并总结了1000多年来的实践经验，是史上第一次采用国家颁布的形式对建筑进行的规范。其中重要的规定就是模数制的确立，以斗拱的拱材料面高度尺寸为一“材”，并以此为基本模数确立整栋建筑的一切比例和尺寸（图6-15）。建筑的尊卑等级以“材”本身的大小等级来确立，从大到小分八等。此外还规定了从建筑整体到构件局部的艺术加工方法。这样既满足封建礼教，也方便了房屋的建造，为以后历朝所继承。

图6-15　《营造法式》殿堂大木作示意图

6.2　园林的发展

该时期皇家园囿与私家园林的发展仍以宋朝比较具有代表性。如北宋的艮岳、金明池等都是皇帝游乐的御苑，当中艮岳以人工堆造峰峦岩谷和池沼岛屿，其间点缀楼台亭阁，所用山石取自太湖沿岸，用船运到东京，即所谓“花石纲”，竭尽奢靡。

宋朝的私家园林随着地区的不同，也开始具有不同的风格。北宋洛阳的园林，一般规模较大，具有别墅性质，引水凿池，盛植花卉竹木。园中垒土为山，建有少数堂厅水榭，散布于山池林木间，利用自然环境，采用借景手法，使整个林园更加宏阔，层次丰富多变。这时期，赏石之风更为普遍，寺观中也多建园林。有许多文人画家亦参与园林设计工作，因而园林与文学、山水画的结合更加密切，形成了我国园林发展的一个重要阶段。宋元时期的园林意识正是明清时期造园热潮的前奏。

6.3　建筑装饰与室内装修

五代、宋、元时期的建筑装饰与室内装修绚丽多彩。如栏杆花纹已发展成为各种复杂的几何纹样的栏板。在室内顶界面的设计与装修上，流行不作吊顶的做法，称为“彻上露明造”，其特点是将梁架暴露在外，以表现梁架、斗拱等的结构美（图6-16）。另一方法为做吊顶（天花），天花形式有两种，平闇和平綦。平闇是以方木条组成较密的方格网，再在其上加盖板，板子不施彩，虽然遮挡了梁架，但能使空间显得更加整齐和完美，如辽代独乐寺的观音阁。平綦又称平棋，它是在木框间安装较大的木格和木板，板下施彩绘或贴以彩色图案的纸，这种平綦式天花与藻井逐渐增多（图6-17）。藻井是高级天花，大都用在佛殿或宫室正中，是用顶部的构件架构并装饰的，形式有方形、矩形、八角形及圆形等，是形成顶部视觉中心的室内设计的重要手法。其中构图和色彩华丽、精美的以建于金大定二十四年（1184年）山西应县净土寺大雄宝殿的藻井最具代表性（图6-18、图6-19）。

图6-16　佛光寺文殊殿顶部

图6-17　大同华严寺大雄宝殿的顶部平綦式天花

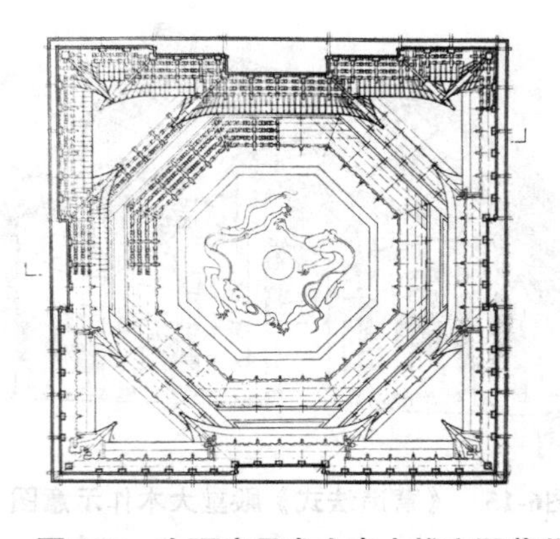

图6-18　山西应县净土寺大雄宝殿藻井仰视平面图
（刘敦桢主编《中国古代建筑史》）

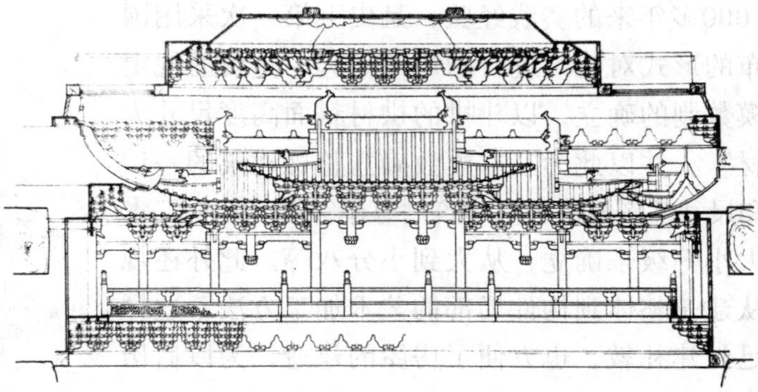

图6-19　山西应县净土寺大雄宝殿藻井立面图
（刘敦桢主编《中国古代建筑史》）

这时期建筑中的柱子柱身比例增高，其造型除有圆形、方形、八角形之外，还出现了瓜楞柱，并且大量使用石造，在柱的表面往往镂刻各种花纹，柱础的形式在前朝覆盆及莲瓣的基础上趋于多向化。与唐朝相比，斗拱日趋纤细柔美，其装饰作用增强而结构作用减弱。

建筑上大量使用可以开启的、棂条组合极为丰富的门窗，既成为建筑、结构的组成部分，又有很强的装饰效果。门窗棂格的纹样有构图富丽的三角纹、古钱纹、球纹等，这些式样的门窗，不仅改变了建筑的外貌，而且也改善了室内的通风和采光。建筑室内的其他小木作装修也很精致，各类构件避免采用生硬的直线和简单的弧线，普遍使用卷杀的方法，并简化了梁、柱节点上的斗拱，使得室内空间加大，整体显得开朗而明快。

建筑彩画继承唐朝遗风，渐趋华美。如辽宁义县奉国寺大殿和山西大同下华严寺薄伽教藏殿的辽代彩画，在梁枋底部和天花上画有飞天、卷草、凤凰和网目纹等图案，颇具唐朝风范。宋朝彩画根据建筑等级的不同，有五彩遍装、青绿彩画和土朱刷饰三类。其中梁额彩画由“如意头”和枋心构成，并流行使用退晕和对晕的方法，类似现代的“渐变”手法与效果，使彩画颜色的对比，经过“晕”后逐渐转变，于对比中产生协调感。这些彩画方法成为后来明清两朝彩画发展的基础。

雕刻技术成熟于唐，至宋已广泛用于室内外。室内的石雕多为柱础和须弥座。木雕是中国传统建筑中常用的装饰，宋时木雕已有线刻、平雕、浅浮雕、高雕和圆雕等多种。砖雕有两类，一类是先模制后烧造，另一类是在烧造好的砖上雕花饰。

相对而言，元朝的建筑和室内装饰风格在继承了中原风格的基础上，又具有了一些游牧民族的异域风情。元朝建筑的地面有砖的、瓷砖的、大理石的，但更多的是铺地毯；建筑的墙面、柱面以云石、琉璃装修，还常常包以织物，甚至饰以金银，如金箔在元朝已大量使用；元崇尚白色，以白为吉，建筑的天花常常张挂织物以装饰室内空间，颇具特色。元宫殿装修豪华富丽，许多室内陈设与装饰设计大胆，多用刺绣及雕刻等方式、方法，其内容甚至包括圣母像等，还有一些设计直接出自外国匠师之手，说明此时的内外交流对建筑装饰有很大的影响。

6.4　家具与陈设

6.4.1　家具

五代的短短五十多年间高型家具和低型家具并存，在家具与陈设上算是一个具有特色的过渡阶段。五代在家具风格上一改唐风，另立新意。从顾闳中、周文矩、王齐瀚等五代时期画家的作品中，可以见到当时的家具样式是变厚重为轻简，更浑圆为秀直。至宋朝，形成简练、质朴的家具新风。两宋时期，垂足而坐的起居方式已完全普及至民间。由此，桌、椅、凳、床、柜、大案的每个高型家具便普遍地流行起来（图6-20）。除此之外，还出现了一些新的家具，如圆形和方形的高几、琴桌、炕桌，以及专供私塾使用的儿童椅、凳、案（图6-21）和为了适应宴会要求而制作的长桌、连排椅（图6-22），室内空间也相应地有所变化。

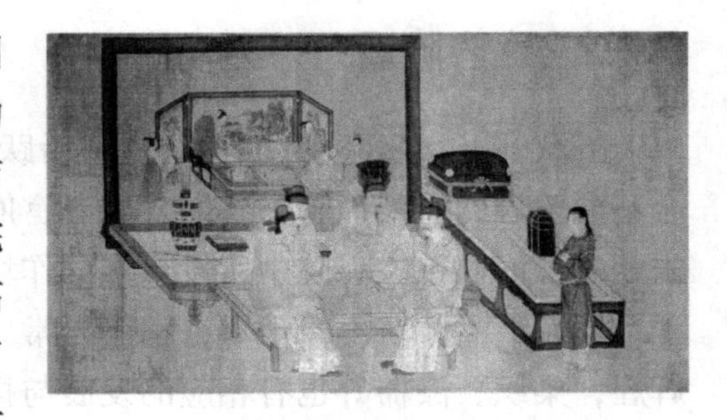

图6-20　《重屏会棋图卷》中的家具

图6-21　宋朝的课桌、椅、凳

造型上，由于受建筑木作的影响，在隋唐时流行的壶门式箱柜结构已被梁柱式框架结构替代。桌案的腿、面交接开始运用曲形牙头装饰，一些桌面四周还带镶边，制有枭混形的凹凸断面与牙条相间做成束腰，有些牙条还向外膨出，腿部也作弯曲式，做成向里勾或向外翻的马蹄状，并出现了大量的装饰线脚（图6-23）。两宋床榻，依然保留唐与五代的遗风，但更显灵活、轻便和实用（图6-24）。椅子已普遍使用，宫廷用的椅子上有彩绘花纹，倾向华丽；一般官吏和平民使用的椅子则倾向精致，结构也比较合理。河北钜鹿出土的坐具最具代表性，其结构、造型和高度与现代椅子很接近，该椅子为搭脑出头靠背椅，是宋朝座椅中流行较广的形式。

图6-22　辽代的长条餐桌

住宅室内布置，一般的厅堂在屏风前面正中置椅子，两侧各有四椅相对，或仅在屏风前置两圆凳，供宾客对坐。书房或卧室家具大多为不对称式布局。室内除了有精美的家具外，还有各种字、画的装饰。随着我国绘画艺术在五代、宋、元时期的繁荣发展，室内布画成为一种时尚，富豪人家至少会在适当的位置张挂一幅字画，既丰富了室内的视觉效果，同时又折射出主人的文化修养和艺术品位。

元朝家具在宋辽的基础上缓慢发展，没有较大的变化，只是在类型结构和形式上有些小的调整。交椅在元朝家具中地位突出，只有地位较高和有钱的大户人家才把它们放在厅堂上，供主人和贵客享用（图6-25）。

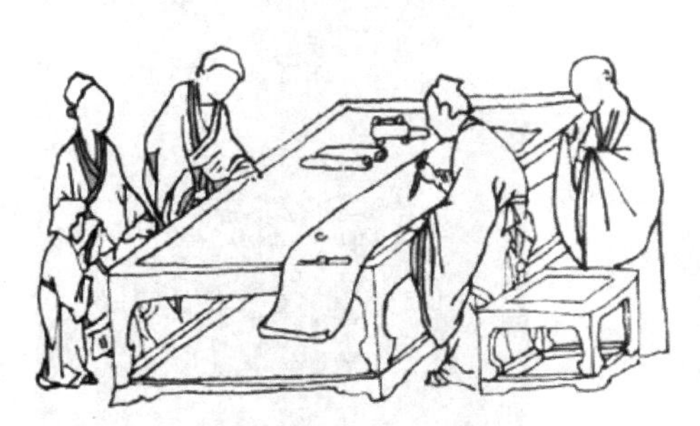

图6-23　宋朝的高桌、方凳

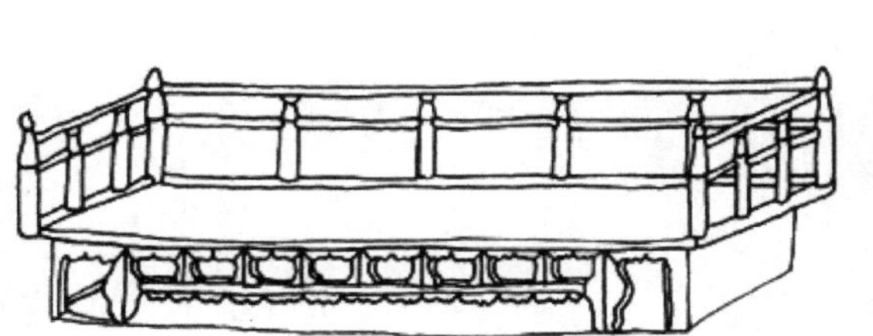

图6-24　辽代的桃形沿面雕木床

图6-25　宋朝的交椅

6.4.2 室内陈设

五代、宋、元时期，商品经济活跃，工艺美术因适应贵族及社会不同阶层的需要而有了新的发展。官府所设的手工业管理机构（如宋朝的少府监、文思院中所设众多的作坊）更为庞大，并有细致的分工，所制产品大多不惜工本，精美异常。该时期陶瓷工艺的成就最为辉煌，染织、漆器等也有相应的发展与提高。工艺美术的长足进步，也大大推动了室内陈设艺术的发展。

宋朝瓷窑遍及全国，技术和艺术水平极高，汝窑、官窑、哥窑、钧窑和定窑称为宋朝的五大名窑。此外，流行于民间的磁州窑、吉州窑等也以独特的、清新质朴的产品风格占有重要的地位（图6-26）。宋朝漆器的总体风格与宋瓷一样，是以造型取胜，着重表现器物的结构比例和韵律，朴素无华而较少繁缛的装饰（图6-27）。宋朝织物也多种多样，纹饰活泼，不光用于服饰，还大量用于书画装裱和室内陈设。

图6-26 宋朝青釉雕花瓷壶

图6-27 南宋长方形黑漆盒

宋朝经济繁荣，文化科学发达，人们更加重视现实生活，也更加向往自然和融入自然。因而，室内陈设中与商业、游乐气氛格格不入的宗教画和说教性强的绘画作品渐渐减少，而能够表现自然、愉悦宾客、装饰性和观赏性强的山水画与花鸟画作品则愈来愈多。

宋朝灯具以陶瓷灯具为主，从出土灯具看，宋朝的瓷灯比隋唐的矮小，但类型丰富，基本形式是直口或敞口，口沿较宽，腹部或直或弯，下有较高的圈足，装饰纹样多为花草，釉色以黑釉、青釉、白釉、绿釉、黄釉为主。

元朝，对外交通发达，文化交流增加。在频繁的交往中，吸收了外来技术，不断推出新的产品，大大丰富了工艺品的品种和形式。

元朝贵族喜好使用奢侈品，宫廷陈设中，金银制品占据主要地位。同时，元时仍然使用屏风，并以挂画作壁饰。元朝生产的瓷器大都出自民间尤其是江西景德镇一带。元朝的瓷器有青花、釉里红、红釉和蓝釉等品种，其中以青花最为著名（图6-28）。元朝的青花瓷器，质地呈豆青色，淡雅清新，其上以蓝色绘制人物、动物和花卉，更显华美和名贵。在元朝，织物在室内环境中的用途是非常广泛的，主要用作帐幕、地毯、挂毡、天花、屏风和挂画等。

图6-28 元朝景德镇云龙梅纹瓶

第7章　明清时期

明清是我国封建社会晚期最后的两个王朝，社会基础、社会制度因不断受到挑战而动摇，同时在其内部也催生出以资本主义萌芽为代表的一系列新生事物。因此，明清时期社会在迟滞中又呈现出发展和进步。明清建筑及室内设计深受社会变化的影响，新的文化思想、审美趣味以及日趋频繁的中外文化交流使得明清建筑及室内设计既走向古代传统的高峰，又显示出向近代转型的趋势。

1368年朱元璋建立了明朝，至1644年计276年。满族建立清朝，如从1636年金改清起，至1911年为辛亥革命所推翻，清朝计历时275年。明清建筑与室内设计，延续古代建筑传统并继续发展，在定型化和世俗化方面有了新的突破，并获得了不小的成就。都城、宫廷、陵寝和苑囿规模宏大，一般官式建筑趋于规格化；地方公共建筑有了较大的发展，多姿多彩的私家园林尤为兴盛；宗教建筑仍以佛教寺塔最为突出，其中，藏族与蒙古族的藏传佛教寺庙建筑造诣成就空前，在一些建筑中还出现了各民族建筑与中西建筑融合的迹象。

7.1　建筑空间与室内设计的发展状况

明清都城、公园、坛庙与陵墓的建造，虽设计思想旨在体现皇权与神权，但因集中了财力、物力及能工巧匠，所以反映了彼时建筑与装修艺术的巅峰水平，至今享有世界声誉。

由于制砖技术的进步，明清建筑大部分改用砖砌，深远出檐失去了原有的作用，斗拱也彻底沦为装饰性构件，显得十分纤小，但排列密度却大大增加（图7-1），这增加了结构的负担，所幸可以通过彩画艺术加以掩饰。明清后很少减少柱子，中国传统建筑发展进入僵化状态。

图7-1　一般的明清斗拱

7.1.1　都城与宫殿

明清时期，南京、北京两地的都城建设气势雄伟，布局仍以宫室为主体，是对我国封建社会都城规划思想的继承与发展。宫殿主要建筑基本依照《礼记》《考工记》及封建传统礼制来布置。明太祖洪武元年（1368年），以应天府为南京而建都，都城平面呈不规则形。城墙周长96里（1里=500m），皇城位于都城内东侧。宫城在皇城内偏东，正殿为奉天殿，殿后又有华盖、谨身两殿，均绕以廊庑。再往后为内廷，有乾清宫、坤宁宫等六宫，建造初期宫殿均较朴素，少有雕饰。

明成祖永乐元年（1403年）建北京于顺天府，凡庙社、郊祀、坛场、宫殿、门阙制度，悉如南京，但更加高大宏伟。经过十四年建设而成，后又经明、清历朝帝王不断修葺完善，这便是我国现存规模最大、最完整，也是世界上最精美的都城宫殿建筑——北京城故宫（图7-2、图7-3）。北京的规划和宫殿的布局，以一条贯穿南北长达7.8km的中轴线为基准，整个故宫规模宏大，极为壮观。仅以宫殿的核心部分紫禁城为例，其东西长就有760m，南北长960m，占地面积大于72万m^2，规模宏大无比。宫城内以太和殿、中和殿、保和殿三殿为主。前面有太和门，两侧有文华殿、武英殿两组宫殿，是朝会大典的所在。内廷以乾清宫、交泰殿、坤宁宫为主，是帝王居住之处。两侧还有供嫔妃居住的东西两宫和宁泰宫、慈宁宫等，最后面为御花园。

为了体现皇权至上并符合封建礼制的规范，都城与宫室的设计以中轴线为骨干，让所有的宫殿和主要建筑都建在这条中轴线上，或者沿着中轴线结合在一起，从而形成了整齐严肃的城市面貌。其艺术性则在于通过平面布局的纵横开阖与立体造型的体量变化，形成了纵贯全城的富于节奏的空间体系。午门是宫城的正门（图7-4），造型略近于唐朝大明宫，在“凹”形的城墙台基上，中建庑殿顶楼，左右各建两座崇楼，以庑廊连二为一，构成庄严华美、气度非凡的五凤楼。午门内为外朝，以太和殿、中和殿、保和殿三大殿为中心，文华殿、武英殿两殿为双翼，占据了宫廷中最显著的位置，庭院亦为宫中最大广场，形成了建筑序列的高潮（图7-5）。三大殿建筑在“工”字形三级白色大理石基座上，每层均环绕汉白玉栏杆，饰满云龙雕刻。其中用于皇帝听政的太和殿最大（图7-6），初建时面阔九间、进深五间，意为“九五至尊”，时名奉天殿。重建后的大殿面阔达十一间，宽63m，进深37m，重檐庑殿顶，高约33m，是我国现存最大的古代单体建筑之一（图7-7）。整个建筑雕梁画栋，黄瓦、红柱，金碧辉煌。殿前月台上置日晷、嘉量、铜龟、铜鹤等，给人以端庄富丽的强烈印象（图7-8）。

图7-2　北京紫禁城全景

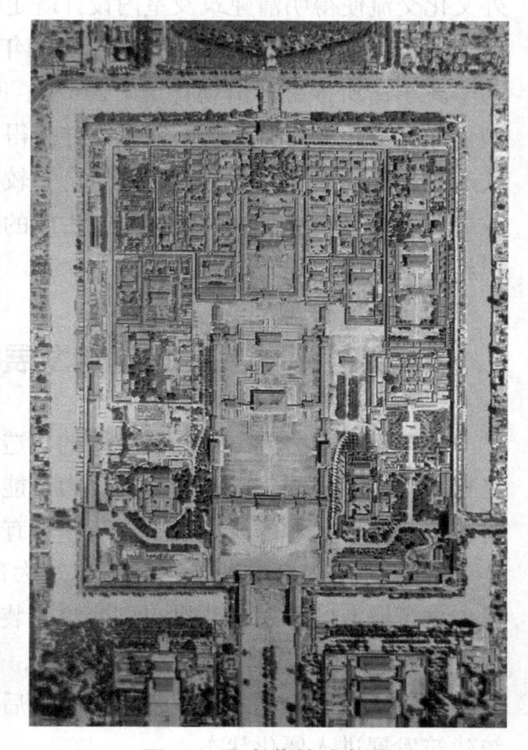

图7-3　北京紫禁城鸟瞰

我国封建社会宗法观念在北京故宫中得到了典型的表现，从屋顶形式来看，按规定尊卑等级顺序是重檐庑殿顶、重檐歇山顶、重檐攒尖顶、单檐庑殿顶、单檐歇山顶、攒尖顶、悬山顶、硬山顶。在故宫中最重要的建筑用最高等级的屋顶，如太和殿和乾清宫均使用了重檐庑殿顶。建筑的开间数，也有明确的等级规定，最高为九间，依次为七、五、三间，如故宫中的太和殿为唯一的一座九间大殿，突出了它的重要地位。色彩和彩画也有着严格的等级规定（图7-9）。色彩以

图7-4　北京紫禁城午门

图7-5　紫禁城太和殿广场

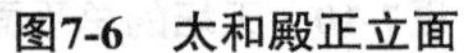

图7-6　太和殿正立面

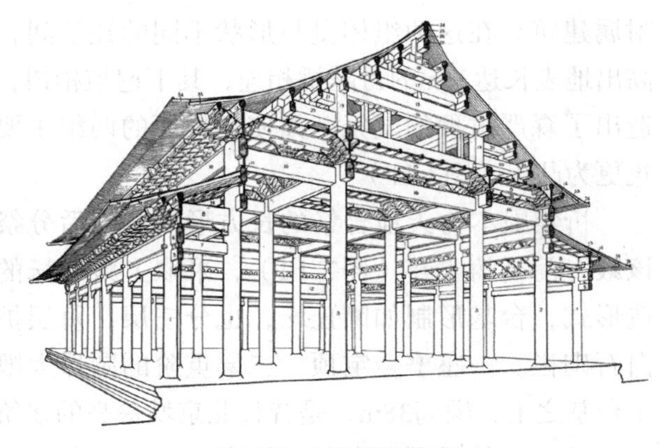

图7-7　太和殿解构图

黄色为最尊贵，赤色、绿色、青色、蓝色、黑色、灰色次之，宫殿用金色、黄色、赤色，民居只能使用黑色、白色、灰色，故宫以强烈的原色调对比着北京城广大的灰色调民间建筑，显得格外醒目。彩画的题材以龙凤为最高等级，锦缎几何纹样次之，而花卉、风景只可用于次要的庭园建筑。彩画的等级还以用金的多少来判别，从高到低的顺序是：和玺、金琢墨石碾玉、烟琢墨石碾玉、金钱大点金、墨线大点金、墨线小点金、雅五墨等。故宫的太和殿屋顶的走兽和斗拱出挑数是最多的，御路、栏杆及彩画使用龙凤题材，在色彩中用了大量的金色，藻井下的四柱为雕龙金柱，大门的裙板均为金色雕龙图案，都显示出了最高等级。

图7-8　太和殿内部空间

以宫城为中心的明清都城的布局匠心独运，使宫殿御苑居于全城的核心部分，满足了统治者既至高无上又层层防卫的要求。由于中轴线上主体建筑与次要建筑造型同中有异，又善于在平面布局上纵横交错，在空间组合上善用外轮廓线的变化及体量对比，所以形成了统一而富于变化的节奏，取得了既体现皇权又利于统治者使用的功能效果。

7.1.2　坛庙与陵墓

明清时期，统治阶级仍十分尊崇“敬天法祖”的封建思想，皇家建筑中出现了大量的祭祀性建筑、宗庙与陵寝建筑。明清都城所建的坛、庙有太庙、社稷坛、天坛、地坛、日坛、月坛等，天坛是其中最有代表性的建筑。

天坛是明清两朝皇帝祭天和祈祷丰收的地方，位于北京外城南部中轴线东侧，与西部的先农坛对称布置。天坛的规模很大，它原占地面积约有4000亩[⊖]，比故宫紫禁城的面积还要大两倍，总平面近似方形，西北、东北两角呈圆形。天坛始建于明朝永乐十八年（1420年），主要建筑有圜丘、祈年殿、斋宫及神乐署四处（图7-10）。建筑群南为祭天的圜丘及其附属建筑，北为祈年殿及其

图7-9　乾清宫的外立面装饰

⊖　1亩=666.6m²。

附属建筑。在这两组体量与形状不同的建筑间，以高出地表长达36m的丹陛桥相连，其下遍植柏树，营造出了森严肃穆的气氛，并使高地面的两组主要建筑更为凸出（图7-11）。

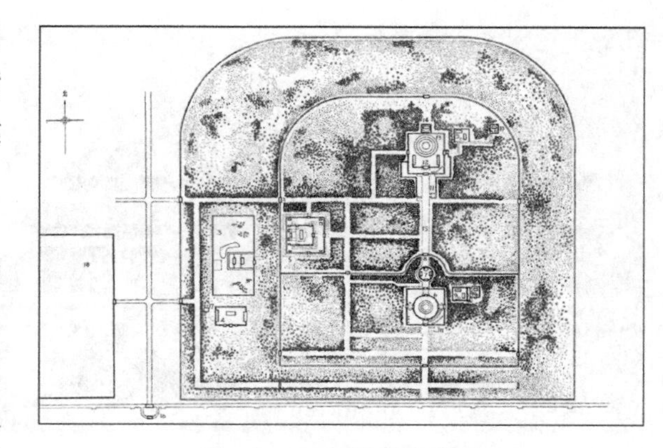
图7-10 天坛的总平面图

祈年殿本为天地合祭的长方形大殿，后分祭。该殿专门祈祷丰年（图7-12），采取上殿下坛的构造形式，台基形制如圜丘坛，也分三层，每层护以白石砌栏。一座鎏金宝顶，三层重阶的圆形大殿立于台基之上，殿高38m，是昔日北京城最高的建筑之一。深蓝色的殿顶，白色调的台基，金黄色的大殿立面，在空阔的广场上，无边的天空下，整个建筑显示着强烈的虔敬色彩，气氛肃穆而厚重。这座全木结构建筑，由28根大柱支撑着整个殿顶的重量，其中4根支柱称“通天柱”，又名龙井柱，象征一年四季，中间金柱12根，象征一年的12个月，外层的12根檐柱，象征一天的12个时辰，中外层相加共28根，象征周天28个星宿，28根大柱加上顶部8根童子柱，为36根，象征36天罡。三层殿脊以鎏金斗拱作支撑，整体精美绝伦，富丽堂皇（图7-13）。大殿内部也装饰得十分精美，足以代表中国古代室内设计与装饰的最高水平（图7-14）。与故宫诸殿相比，人间皇帝的殿堂以富丽宏伟取胜，此殿则颇有肃穆超然的气氛。

图7-11 天坛俯瞰全景

图7-12 祈年殿外立面

图7-13 祈年殿的内部空间

图7-14 祈年殿藻井装饰细节

明朝帝陵的规划参照两宋帝陵的模式，并采用长距离的神道、牌坊、碑亭及方城明楼、宝顶相结合的新处理手法。明太祖孝陵在南京钟山南麓，开曲折自然式神道之先河，并始建宝城宝顶。永乐以下诸帝，除景帝葬于北京西郊外，其余十三帝都葬于北京北郊昌平天寿山麓，统称十三陵。十三陵以永乐帝的长陵为中心，分布在周围的山坡上。

陵墓建筑与室内设计反映了帝王生前生活、活动的宫殿、厅堂等建筑的布局和设计，至明清时莫不如此，20世纪70年代对定陵的发掘为世人了解明帝陵地宫的构造提供了详细的资料。定陵地宫以白石作拱券顶结构，移用地上庭院式的布局，平面呈明显的轴线对称，以一个主室和两个配室为主体，由三室之间的三重前室与相交连接的两条通道组成。

清朝帝王陵寝主要有三处，一处是位于河北遵化的清东陵，一处是位于河北保定的清西陵，还有一处是位于辽宁沈阳的福陵、昭陵和抚顺的永陵。其中位于辽宁境内的三座陵寝因位居关外，被统称为关外三陵。清朝帝陵制度大体沿袭明朝，但局部有所变化，规模大小、繁简不一，总体上弱于明朝。

7.1.3 宗教建筑

明清时期，各种宗教并存发展，宗教建筑异常兴盛，建造了很多大型庙宇，宗氏祠堂也广为流传，佛塔形式也多种多样。

其中佛塔以三种为主要代表，一种是楼阁式砖塔，外壁以琉璃装饰，如山西的广胜寺之塔（图7-15）；另一种是兴于元朝的藏传佛教佛塔，如扬州瘦西湖莲性寺旧址上清朝修建的白塔；第三种为金刚宝座式塔，如北京西直门外大正觉寺的“五塔”（图7-16），此庙又称五塔寺，建于明初，塔建于明成化九年（1473年），是我国此类塔最早的例子，它模仿印度的佛陀伽耶大塔，但在塔的造型和细部上全都采用了中国传统式样。

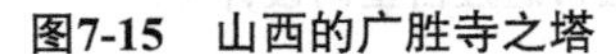
图7-15 山西的广胜寺之塔

图7-16 北京大正觉寺“五塔”

藏传佛教建筑一般均以经学院与院外佛寺为中心辅以其他建筑，而且大部分使用密架平顶构架，外部为极厚的土石垣，墙厚、窗小，造型雄壮坚实。其色彩使用则按教义规定，多用红色、白色、黑色、金色等色彩，对比强烈。位于甘肃夏河的拉卜楞寺是藏传佛教寺院的典型代表（图7-17、

图7-18），始建于1709年，是一组规模宏大的建筑群。寺院内的建筑虽然体形各异，但使用了基本相同的装饰手法，使整个建筑群艺术风格统一、协调。色彩和装饰采用对比的手法，经堂和塔刷白色，佛寺刷红色，白墙面上用黑色窗框，红色木门廊及棕色饰带，红墙面上则主要用白色或棕色饰带，屋顶部分及饰带上重点点缀镏金装饰或用镏金屋顶。在室内柱子林立的空间中除彩绘外，挂满了彩色幡帷，柱子上裹以彩色毡毯。拉卜楞寺建筑群可代表这一时期藏传佛教建筑及室内设计的典型特点。

图7-17　拉卜楞寺鸟瞰全貌

图7-18　拉卜楞寺内部空间

位于拉萨市区以西约2.5km的布达拉宫是历世达赖喇嘛行政和居住的宫殿（图7-19），同时为最大的藏传佛教寺院建筑群。最早建于7世纪藏王松赞干布时期，后毁于战火。清顺治二年（1645年）由五世达赖着手重建。该宫依山而建，占地面积$6hm^2$，总建筑面积14万m^2，四周绕以厚墙。布达拉宫宫殿高200余米，外观13层，实为9层，分红宫、白宫两大部分。全部建筑用石块砌筑，工程浩大、坚实挺拔的建筑轮廓与高耸的山峰融为一体，造型雄伟，构图严谨均衡。红宫之上又建金殿3座与金塔5尊，更加突显了这组建筑的形象和地位。布达拉宫室内设计表现出宗教的审美情调，室内幽暗、深邃，布满宗教壁画，着力渲染神佛境界的高深莫测（图7-20）。

图7-19　西藏布达拉宫

图7-20　西藏布达拉宫室内设计

伊斯兰教建筑在明清时期形成了两种主要形式，一种是以回族为主的清真寺和陵墓，西安化觉巷清真寺是清真寺的典型代表之一；另一种是以维吾尔族为主的清真寺和陵墓，代表性建筑有新疆喀什的阿帕克和卓麻札。

明朝时期，陕西西安是我国穆斯林主要聚集的城市之一，化觉巷清真寺是西安最大的古老清真寺，它基本上沿承了中国传统的建筑形式。总平面是中国传统的院落布局形式，由沿轴线排列的前后四进院落构成，主轴线是东西方向的，外观也是纯中式，宣礼塔也是两层木楼阁的形象。大殿建在平台上，面阔七间，屋顶为中国传统的勾连搭形式，是典型的楼阁建筑，只在礼拜殿的装饰上保持了伊斯兰教特点（图7-21、图7-22），说明从中亚传入的伊斯兰教的建筑也被改造了形式。

图7-21　西安化觉巷清真寺礼拜大殿

图7-22　西安化觉巷清真寺省心楼

孔子是我国古代的思想家、政治家、教育家和儒家学派的创始人，全国各地都兴盛着对孔庙的建造，而规模最大、历史最悠久的是其故乡曲阜的孔庙。曲阜孔庙主殿为大成殿，始建于1017年，在1730年重建，重檐歇山顶、面阔九间、进深五间的大殿立于双层台基上，规格仅次于皇宫。殿身部分面阔七间、进深三间，四周环以柱廊。柱廊外檐有28根柱子，均由整块石料以蟠龙纹样雕琢而成，殿内其他柱子则为木制柱，这种在同一建筑的柱子中木石混合并置的手法为其重要特色之一（图7-23）。

图7-23　曲阜孔庙大成殿

7.2　园林的发展

中国传统园林艺术在明清时达到顶峰。不管是规模宏大的皇家园林还是小巧精致的私家园林都造诣非凡，集中体现了我国造园艺术的特点和巨大成就。

中国古代园林大体上可分三种类型，其一是面积较大、气派宏伟的皇家园林，如清朝的“圆明园”“颐和园”等；其二是私家园林，如苏州的“拙政园”“网师园”等；其三是依风景名胜所建的园林，主要面对游人大众而建，如杭州“西湖”、昆明“西山滇池”等，这种园林，规模也很大，大多将自然与人造的景物结合一体，以自然为主。

7.2.1　皇家园林

明朝帝苑并不发达，这与朱元璋倡导“尚简”有关，宣德以后渐有兴作，到嘉靖达于盛，但总体远逊于唐宋。入清以后，逐步开始兴建离宫苑园，至18世纪，皇家苑囿得到了极大的发展。除扩建西苑外，还在山峦起伏、水流纵横的京城一代建造了圆明园、长春园和清漪园等；在外地则建有承德避暑山庄。这些苑囿多建于依山靠水之处，把宫殿区置于平坦地带，并根据地形、地貌构置若干游赏区，每一游赏区各具特点，又相互呼应联结成为一个苑囿的整体。避暑山庄、圆明园和颐和园可称为是清朝皇家园林的最高成就。

（1）避暑山庄　避暑山庄作为多民族大国的象征，效仿大江南北、长城内外的自然风貌（图7-24）。湖洲区再现水乡风光的塞外江南。泉水溪流汇成湖，湖上洲岛罗列，“芝径云堤”仿杭州西湖的长堤。湖中三小岛将水面分割，无数江南名胜尽在其中。湖北岸是原野区，有参天古木、麋鹿野兔，还有大草原和蒙古包。宫廷、湖洲、原野西面是山岳区，面积很大，宫墙像长城一般。

（2）圆明园　圆明园有“万园之园”的称号。它本是明朝私家花园，扩建后成为大型皇家园林，其中有大规模的宫廷区。后又在东侧和东南侧建造了长春园和绮春园，成为圆明园的附园，整个园区的轮廓像一个倒置的“品”字（图7-25）。其总周长10km，面积350万m^2，比现在的颐和园要大70万m^2。有着无与伦比的秀美景色的圆明园，是在平原上挖湖堆土营造起来的，其水面广阔，土山绵延。园内以山水相隔，处处形成山环水抱的格局。人工堆叠的土山，将园区分隔成不同的局部空间，建造者在这些各不相同的局部空间建造楼阁亭台，种植各种花草树木，置放奇石，并以水面增加其灵动之气，构成了各个含有不同主题思想的园林景观。每一景色中的宫殿、楼阁、亭台，或构成建筑群，或三两一组点缀于景色之中。

图7-24　河北承德避暑山庄

图7-25　圆明园遗址公园

圆明园基本是水景园，所有景观都被组织在水边的岗、岛、阜、堤上，千变万化。这些景观或仿造天下名园，或模拟名山大川，或描摹诗情画意，或再现生活场景，就连国外胜景也包括其中。1860年英法联军彻底摧毁了圆明园。

（3）颐和园　颐和园（图7-26）的前身为清漪园，位于北京西北郊，金代已开始修建行宫，至清乾隆年间建成为大规模的园林，后两次被毁，于光绪二十九年（1903年）再次修复，总面积达290hm^2，以221hm^2的昆明湖为主要景观。

颐和园内的行宫建筑群布局谨严、辉煌壮丽。另有长廊、谐趣园、排云殿、佛香阁与龙王庙等大大小小多种类型的建筑分布其间（图7-27），竭尽亭园之美，意匠之妙。颐和园在环境创造方面，利用万寿山一带地形，加以人工改造，造成前山开阔的湖面和后山幽深的曲溪水院等不同的境界，形成环境的强烈对比，是造园手法上的成功之处。在借景方面，把西山、玉泉山和平畴远村收入园景，是非常成功的设计。在颐和园中建筑多采用官式作法，与一般私家园林不同，其通过巧妙地利用自然景物，创造出一种富丽堂皇而又富于变化的艺术风格，集中而突出地体现了这一时期皇家园林的特点。

图7-26　颐和园

图7-27　颐和园鸟瞰全景

7.2.2　私家园林

明朝中期以后，为适应官僚文人悠游林下与巨商富贾生活享受的需求，私家建造园林的风气勃兴。这些园林多集中在文化发达、商业繁荣的城市。明末造园家计成在总结实践经验的基础上撰写《园冶》一书，是我国古代最系统的园林艺术著作。

私家园林在很小的空间里营造出变幻万千的山水美景，反映了我国文人独特的艺术构思和修养。由于需满足官僚地主和富商的生活享乐需求，逐根据个人喜好创造出一个可游、可观、可居的城市山林，因而私家园林都有着各自独特的风格。在总体布局上，巧妙地运用各种对比、衬托、尺度、层次、对景、借景等手法，使园景达到以少胜多，小中见大的效果，在有限的空间内获得了更加丰富的景色。在叠山方面，以奇峰阴洞取胜；在水面处理上，有主有次，有收有分，堤岸曲折自然，池桥大小比例适中；在绿化布置上，依景随需，自由栽植；在建筑处理方面，建筑常与山水共同组成园景，有时成为景观中心，建筑种类繁多，常见的有厅堂、轩、馆、楼、台、阁、亭、榭、廊、舫等；建筑造型一般都较轻巧淡雅、玲珑活泼，建筑装修也比较精致灵巧、色彩调和。

苏州园林自古有“名园之冠”的美称，著名园林有建于明朝的拙政园、留园、五峰园，建造于清朝的怡园、网师园、环秀山庄等。至清朝，扬州园林更加盛极一时。这些私家园林多是住宅的一部分，造园者善于在有限的空间内，通过叠石，引水，植树栽花，修建亭馆廊轩，改变地势的起伏，并化整为零地分割空间，在曲径通幽中，创造丰富耐看的景观。

（1）拙政园　江苏苏州的拙政园布置以池水为主，点缀亭台景色，清新疏朗，是中国古典园林的代表作（图7-28），始建于明正德四年（1509年）。占地面积72亩，分东、中、西三部分。

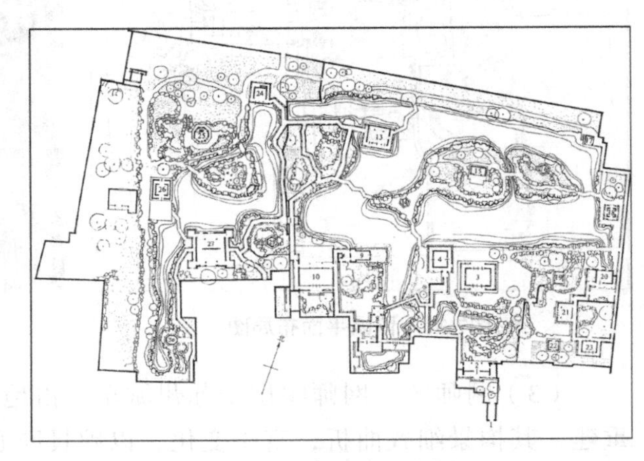

图7-28　拙政园平面布局图

从东园大门进园有堆叠的太湖石迎道，石间绿树散植，“兰雪堂”“芙蓉榭”隔池相望，颇有诗情画意。中园为精华所在，园内本为低洼积水，设计者把低洼造成池，池中垒土成岛，以池为中心形成山水风光（图7-29）。中心建筑为“远香堂”，远香堂为四面厅式，南北是门，东西皆窗，闲立堂间，眺望周围景色，四面尽收眼底，山石玲珑，林木苍翠，莲池中覆满莲花，堂前有广玉兰、小池、假山、古木、荷塘。远香堂西邻是倚玉轩，沿曲廊向西是苏州古典园林中唯一的廊桥“小飞虹廊桥”，朱色桥栏倒映水中，清风吹拂，波影荡漾（图7-30）。走进别有洞天圆洞门，便是“西园”，其以水为主，池边景物，沿池界墙有一水上长廊，曲折起伏，长廊南连“宜两亭”，北接“倒影楼”，厅、楼隔水相对。其亭台馆榭因依水而获灵意，山岛竹树花因自然而获野趣，碑刻、题名写意点睛而获诗情，它突出显示了中国古典园林构筑的特点、审美的特征。

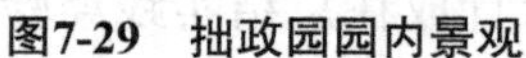

图7-29　拙政园园内景观

图7-30　拙政园小飞虹廊桥

（2）留园　留园在苏州大型园林中具有代表性，位于苏州市阊门外，由徐泰时所建。占地面积30余亩，留园是苏州大型园林之一，其主要对外入口是高墙间的曲长巷道，有天井，尽端是一小院（图7-31）。

园内由若干组庭院和池山组成，林木森茂，富于自然情趣。全园景色可分为四区，其东、西、北三区为光绪时增建。中区即寒碧山庄旧所，也是主要景观所在，又可分为东西两个景区。西部以广池为中心，内有小岛，架曲桥沟通两岸，岸线曲折幽深。池之西北，叠石造山，连绵起伏，山后依园墙建亭廊，长廊随山势而蜿蜒起伏。山中时有石峰矗立、参天古木、假山小亭、楼阁轩馆，间以溪谷（图7-32）。楼阁轩馆后是紧挨着的小院，四面围以华丽的厅堂，其造景布局颇受宋元山水画影响。

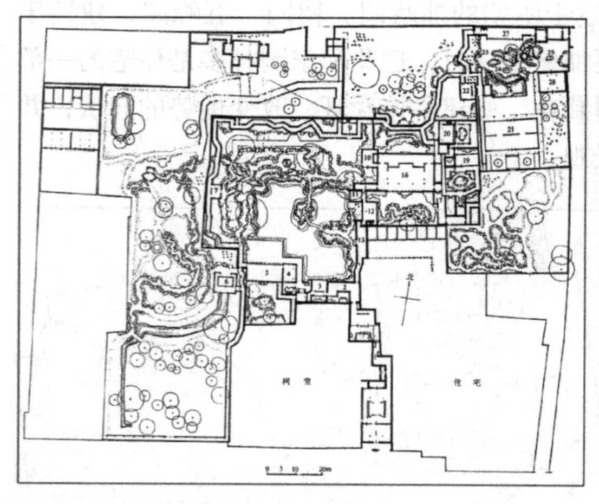

图7-31　留园平面布局图

图7-32　留园的中区景观

（3）网师园　网师园位于苏州城东，占地面积9亩，坐北朝南，始建于宋朝，清乾隆年间重建。其构景细致曲折，富于变化，以独具匠心的规划布局和建造艺术成为苏州园林中的佳作

（图7-33）。其主要入口在住宅内，从“轿厅”后西侧的“网师小筑”之门入园首先来到假山环绕的小院，院中有一四面厅，厅北有假山阻挡视线，若要观全景须从厅西的曲折长廊出来（图7-34）。绕过假山视线便豁然开朗，有池岸曲折的小池在眼前，水口、湾头、石矶、小桥安排巧妙。奇亭巧榭、曲廊重楼或隐于花丛中或现于山石上。

“网师”是“渔翁”的别称，是显示园主隐志清高的意思。网师园的建造显示了中国园林的突出特点，与西欧古典主义园林对称的布局，显示人工的特点不同，网师园则追求顺其自然、变化多端的天然效果（图7-35）。建筑、花木、围墙、假山阻隔视线，同时又用曲廊、虹桥、幽径、漏窗、池水使视线变幻曲折，景色连绵不断。一个位置上只能清晰地看见景致的一部分，其他的则若隐若现，美妙极致的景色总在招引着人们去观赏。园林境界还表现在浓郁的文化气氛上，用对联、匾额、题咏、碑记、石刻来为景点立意点睛，既标示出主人的心境，又使之濡染出一片人文的诗意。

图7-33　网师园园内景观

图7-34　网师园中的曲折长廊

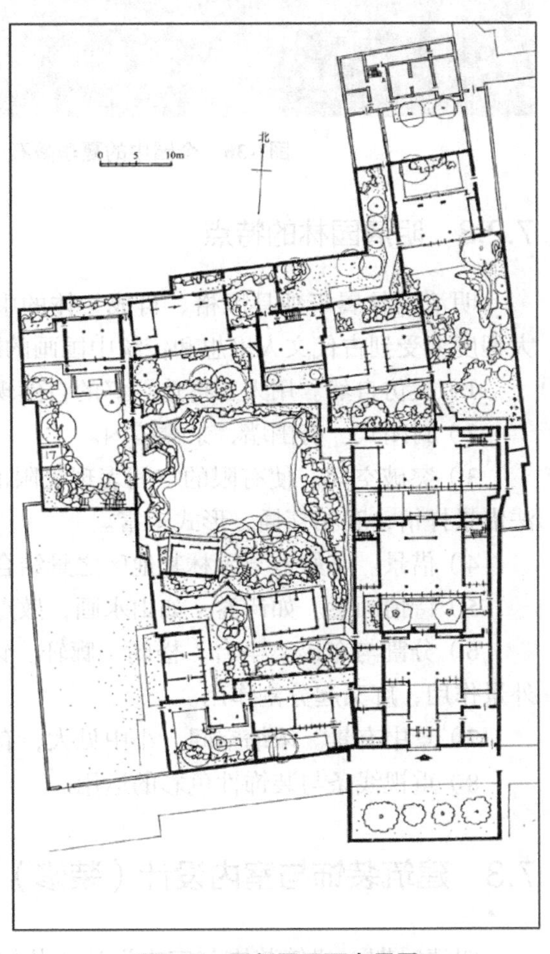

图7-35　网师园平面布局图

（4）个园　个园在扬州市东关街北，清初称“寿芝园”，因“画竹如个”，故称个园。此园布局紧凑，又以叠石著名，其黄石山堆砌尤佳，传出自名画家石涛之手。黄石山为“四季假山”之一，另三季假山，亦竭尽巧思佳构之能事。春景沿花墙布置石笋，与侧后的竹林相呼应，一如春竹出土；夏景为假山临水，叠石为洞，洞内幽邃清爽，洞口垂瀑如帘，洞外藤枝繁出，绿意盎然。所叠山石，又取郭熙画论“夏云多奇峰”之意，饶于变化（图7-36）；秋景即园东北之黄石山，盘旋上下，步移景异，加以少植花树，石色灰黄，颇有秋意萧瑟之趣（图7-37）；冬景则倚墙叠白色宣石，如冰雪未消，另于墙上开圆孔四行，有风吹来时，即产生北风呼啸的效果。

图7-36 个园中的夏季叠石

图7-37 个园中的秋季叠石

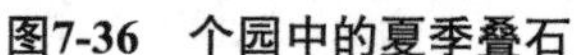

7.2.3 明清园林的特点

明清园林属于独具风格、自成一体的中国古典园林，不管是皇家园林，还是私家园林，都在很大程度上受到古代文人思想和传统中国画的影响，其艺术特点如下：

1）模仿自然。用人工再造美好的自然现实，有老庄退隐观。

2）封闭式。有围墙，景藏园内。

3）突破空间。使有限的空间表现无限的景色，采取曲折而自由的布局，用划分景区和空间分割法借景抒情，互相穿插，形式丰富。

4）借景。巧妙地与园林其他区之景结合，如北京颐和园。

5）诗情画意。如诗卷，如山水画，散点透视法，俯仰远近，互相呼应。

6）分割与布局。亭台、楼阁、廊轩、馆、桥配合以水石花树，构成艺术境界，在园中有点景、外景作用，廊又起分割作用。

7）景中有景。浓缩空间，小中见大，有外景，变化无穷。

8）重视线条与装饰性色彩的运用。

7.3 建筑装饰与室内设计（装修）

明清时期，建筑装饰与室内设计（装修）迅速发展并已臻成熟。只是，这时的装饰风格和室内设计往往还是秉承着一个地区的历史延续性，形式和风格常常依赖于工匠们的代代相传，而不是个性化的空间创新设计。室内空间具有明确的指向性，根据所服务的对象而被分明等级。

7.3.1 建筑装饰

明清时期，建筑及装饰材料方面，砖已普遍用于民居砌墙，江南一带的砖细（砖的切削、打磨装饰工艺）和砖雕加工已很娴熟（图7-38）。随着制砖工艺的发展，还出现了屋顶用砖拱砌筑成的建筑物，称为无梁殿。琉璃面砖、琉璃瓦的质量提高了，色彩更加丰富，应用面愈加广泛，这时的琉璃瓦、砖不仅有白色、浅黄色、深黄色、深红色、棕色、绿色、蓝色、黑色等多种色彩，而且可以将表面制作得具有浮雕效果。为便于镶砌装配，琉璃砖被制成了带榫卯的预制构件，被广泛地应用于塔、门、照壁等建筑物中。

图7-38　清朝门楼上的砖雕

斗拱和雀替均为我国古建筑中的结构构件。斗拱由方形斗、升和矩形的拱、斜的昂组成，在结构上挑出承重，并将屋面荷载传给柱子（图7-39）。雀替位于梁枋下方与柱相交处，结构上可以缩短梁枋净跨距离，在两柱间称为花牙子雀替，在建筑末端，由于开间小，柱间的雀替联为一体，称为骑马雀替。由于普遍使用砖瓦建造房屋，作为结构构件的斗拱和雀替就逐渐地失去实用意义，成为纯粹的建筑装饰。

柱子是建筑中的主要结构构件，但同时也具有重要的装饰功能。在很早以前柱子就被涂上了油漆，到明清时，一般以朱色柱为主，有时柱子上被绘以彩画，或雕刻，如故宫太和殿藻井下的4根盘龙金柱，曲阜孔庙大成殿前的雕龙檐柱（图7-40）。

在建筑材料方面，使用了许多稀有的贵重材料，如紫檀、楠木和各种色彩的玻璃，在建筑装饰上，主要宫殿用方柱，涂以金色或红色并绘金龙，墙壁上挂毡毯、毛皮或丝质帷幕，壁画、雕刻充满宫中，多数是藏传佛教题材。在宫中有盝顶殿、维吾尔殿、棕毛殿等新形式，均为此前宫殿所未见。

与建筑雕刻中仪卫性雕刻的衰落相对照，明清用于建筑装饰部位的雕刻则有了新的发展。这些建筑装饰雕塑分别用于牌坊、照壁、佛塔、石阶、栏柱、花墙、屋脊，以及门窗、额枋等处，或为石刻，或为砖刻，或为木雕，或为琉璃塑（图7-41）。见于公园、坛庙、陵墓及牌坊者，多在吉祥图案中以龙凤云水为母题，或以百狮飞鹤为主体；见于一般佛教寺塔者，则造像与宗教装饰图案相结合；见于关帝庙或会馆等市俗性建筑者，则又多为历史传说戏文故事。其雕刻手法善于将高浮雕、浅浮雕、透浮雕与圆雕相参合，装饰性与写实性相对照，附属装饰作用与独立欣赏价值相统一，工艺精巧华美，或玲珑剔透，虽时或失之繁缛，但较前朝精细华美，充分体现出了能工巧匠的高超技艺。

图7-39　建水文庙内坊上的斗拱

图7-40　曲阜孔庙大成殿前的雕龙檐柱

图7-41　明十三陵石牌坊上的雕刻

7.3.2 室内设计（装修）

明清时期在室内设计中对室内空间的划分、安排有了进一步的认识与要求，分隔室内空间的方法和形式也日益丰富，如隔断形式就有全隔断、半隔断等多种形式。由于半隔断隔而不断，在室内空间划分上颇具艺术性，故明清时期愈加盛行。半隔断手法以设置各类精美木“罩”最为突出，在室内空间划分上起着半隔断和装饰的双重作用，既分隔了空间，又丰富了层次。按照“罩”的不同通透程度可分为：几腿罩、花罩、栏杆罩、落地罩、圆光罩、太师壁、坑罩等（图7-42）。博古架是其中更为独特的一种隔断形式，又称多宝格，因中间有许多可以陈设古玩、器皿、书籍的空格而得名，既是一种与落地罩相近的空间分隔物，又是一种具有实际功能的“家具”，它常由上下两部分组成，上部为大小不一的格子，下部为封闭的柜子，柜门上多有精美的雕刻（图7-43）。

图7-42 明清落地花罩

图7-43 清式博古架

明清建筑有“大式”与“小式”之分。大式建筑一般是指有斗拱的高级建筑；小式建筑是指没有斗拱的一般建筑。建筑等级森严，不同类型、不同级别的建筑，其室内设计与装修施工也是大不相同的。如大式建筑的顶棚就有以下做法：一为井口天花，即在方木条架成的方格内设置天花，在天花上绘彩画、施木雕，或用裱糊的方法贴彩画；二为藻井（图7-44、图7-45），有斗四、斗八和圆形多种，多用于宫殿、庙宇的御座和佛坛上；三为海墁天花，又称软天花，其做法是在方木条架构的格构下面满糊苎布、棉榜纸或绢，再在其上绘制井口天花的图案；四为纸顶，简易的大式建筑，可在方木条格的下面，直接裱糊呈文纸，作为底层，再在其上裱糊大白纸或银花纸，作为面层，在一些造型比较自由的廊轩中，有时根本不做吊顶。

图7-44 紫禁城御花园澄瑞亭顶部的天花藻井

明清时期的油漆工艺得到了广泛的发展和普遍利用，在木构件表面涂油漆，既保护了木材，又起到了很好的装饰作用。在此基础上，明清彩画也有了更进一步的发展（图7-46），常用的约有三大类：和玺彩画、旋子彩画、苏式彩画。和玺彩画仅用于宫殿，坛庙的主殿、堂、门，是彩画中最高等级，做法为在梁枋上箍头盒子内画坐龙，藻头画升龙或降龙，枋心画行龙；旋子彩画

图7-45 太和殿的天花藻井

仅次于和玺彩画，应用范围较广，主要特点是在藻头内使用了带卷涡纹的花瓣，即所谓旋子；用于住宅、园林中的苏式彩画，与前两种彩画不同，利用了写实的手法，在枋心包袱中绘有人物故事、山水风景、博古器物等图画。

图7-46　明清建筑上的装饰彩画

古建筑的门窗，是内外装修的重要内容，门主要有两种类型：板门和隔扇门（图7-47）。板门一般用于建筑大门，由边框、上下槛、横格和门心板组成。门框上有走马板，门框左右有余塞板。隔扇门，一般作建筑的外门或内部隔断，隔扇大致可以划分为花心和裙板两部分，是装饰的重点所在。另外，隔扇也可以去掉下面裙板部分做窗，称为隔扇窗，在立面效果上与隔扇门一起取得整齐协调的艺术效果。花心也即隔心，形式丰富多样，是形成门的不同风格的重要因素，花心有直棂、方格、柳条式、变井字、步步锦、灯笼框、夹杆条、杂花、龟背锦、冰纹、菱花等样式。裙板一般为雕刻，图案复杂多样。

图7-47　清朝时期的隔扇门

建筑的室内墙面可以是清水的，即表面不抹灰，但更多的是在隔墙上抹以白灰，并保持白灰的白色。内墙面可以裱糊，小式建筑常用大白纸，称“四白落地”。大式建筑或比较讲究的小式建筑，可糊银花纸，有“满室银花，四壁生辉”的意义。有些等级较高的建筑，特别是高级住宅，可在内墙下部做护墙板，一般做法是在木板表面作木雕、刷油或裱锦缎。

在室内，砖雕、石雕主要用于神坛的须弥座和柱基。明清石雕柱基式样丰富，远远超出宋《营造法式》的规定。不仅民间建筑如此，就连官式建筑也选用了多种多样的造型和花饰。木雕在明清时期产生了五大流派，即黄杨木雕、硬木雕、龙眼木雕、金木雕和东杨木雕。其中，硬木雕多用红木、花梨、紫檀等名贵木材，因质地坚硬、纹理清晰、沉着稳重而极受人们的青睐（图7-48）。

7.4　家具与陈设

7.4.1　家具

随着手工业的发展，特别是境外交通的发达，东南亚的优质木材输入，明清时期我国家具制造工艺有了很大的发展。家具的类型和式样除了满足生活需要外，与建筑有了更加密切的联系。在一般的厅堂、卧室、书斋等处都有常用的几种家具配置，出现了成套家具的概念。特别是官僚贵族的府邸，常常在建造房屋时就根据建筑空间的功能，考虑家具的种类、式样和尺度，家具成为建筑设计，特别是室内设计的重要组成部分。

图7-48　明清戏曲金漆木雕

明清家具的特征之一，是用材合理，既发挥了材料性能，又充分利用和表现了材料本身色泽与纹理的美观，达到了结构与造型的统一；特征之二是框架式的结构方法符合力学原则，同时也形成了优美的立体轮廓；特征之三是雕饰多集中于辅助构件上，在不影响坚固的前提下，取得了重点装饰的效果。因此，每件家具都表现出体形稳重、比例适度、线条利落，具有端庄而活泼的特点。

但从家具发展的历史来看，明清家具又各具特点。明朝家具以简洁素雅著称，继承和发扬了唐朝家具的传统（图7-49），具有如下特点：①讲求功能，注重人体尺度和人体活动的规律，注重内容和形式的统一；②造型优美，比例适宜，刚柔相济，外表光洁，干净利落，庄重典雅，繁简得体，统一之中有变化；③结构合理，符合力学要求，榫卯技术纯熟，做工精细，不用钉，少用胶，连接牢固；④用材讲究，重纹理，重色泽，质地纯净而细腻；⑤具有很高的文化品位，且极具中国特色，在选材、加工等方面，充分体现了尊重自然、道法自然的精神。而清朝家具在吸收工艺美术的基础上开始趋向于复杂，出现了雕漆、填漆、描金的家具，木质家具中的雕刻也大量增多，并利用玉石、陶瓷、珐琅、文竹、贝壳等作镶嵌，使家具的外观华丽而烦琐（图7-50）。其主要特点是：追求体量，厚重有余，俊秀不足，有一种沉重感；注重装饰，纹样吉祥，滥施雕刻，杂用镶嵌，争奇斗巧，以致忽略了造型、功能和结构的合理性；模仿西方家具的款式纹样，也是清式宫廷家具的一大特点，乾隆时，圆明园内的不少家具采用西番莲、海贝壳等西式纹样，采用西式建筑中的花瓶栏杆、蜗形扶手、兽爪抓球等部件，而广西等地，由于已有西洋人经商，洋行、商馆中则出现了完全照搬的西式古典家具。

在家具布置方面，明清贵族住宅中，重要厅堂的家具都采用成组成套的对称方式，而以临窗、迎门及桌案等为布局中心，配以成组的几椅，或一几二椅，或二几四椅等，柜橱书架等也多为成对布置，严谨划一，力求通过色彩、形体、质感造成一定的对比效果（图7-51）。居室、书斋等则不拘一格，随意处理。

图7-49　明黄花梨透雕靠背椅（王世襄《明式家具珍赏》）

图7-50　清黄花梨百宝嵌高面盆架（王世襄《明式家具珍赏》）

图7-51　明清住宅厅堂室内设计

其他很多家具形式也在这一时期得到了快速发展。床以架子床最为普遍，做法是四角立柱，顶部加盖，顶盖四周装倒挂楣板和倒挂牙子，床板后面和左右两面设围子。另外还有罗汉床和拔步床（图7-52、图7-53）。桌案包括高桌、矮桌、几、案和架几案，明式高桌有方桌、长方桌、圆桌、多边桌和组拼桌等多种形式，按特征可划分成有束腰和无束腰两大类，方桌中的大者，边长可至1100mm，称八仙桌（图7-54）；小者边长约为870mm，称小八仙桌或六仙桌。长方桌大小不等，主要用于作画、琴桌和化妆桌。矮桌高在300mm上下，包括炕桌、炕案、炕几、榻几和榻桌。桌、几之分，主要在承面之宽窄，习惯上，将面窄者称几，将面宽者称桌。案的特征是面板均为长方形，甚至为长条形。案足不在案面的四周，而是从两端向内缩进一定的距离。明椅类型极多，常用的有宝椅、交椅、圈椅、官帽椅、靠背椅和玫瑰椅，宝椅比普通椅大，用于宫廷，为皇帝、后妃所专用，也是宝座。交椅即折叠椅，座面多用软屉，圈椅椅背呈弧形，造型圆润，表面光素者居多。明时，箱柜类家具也极多，常见的有抽屉橱、圆角柜、方角柜、百宝箱和百宝格等。

图7-52　清式架子床

图7-53　清榉木三屏风攒边围子罗汉床（王世襄《明式家具珍赏》）

图7-54　明式黄花梨八仙桌

随着家具制作工艺的成熟和发展，出现了以产地为代表的独特的家具风格。清朝宫廷家具有三处重要产地，即北京、广州和苏州，它们各自代表一种风格，被称为清朝家具的三大名作。明末清初，广州是我国对外贸易和文化交流的重要窗口，手工艺发达，再加上广东是出产和进口名贵木材之地，这就为广式家具的兴盛提供了得天独厚的条件。广式家具的基本特征是：用料粗大、充裕；讲究材种一致，即一种广式家具，或用紫檀，或用红木，绝不掺用其他的木材；装饰纹样丰富，除传统纹样外，还使用一些西方纹样；常用镶嵌工艺，屏风类家具采用镶嵌工艺者尤多（图7-55）。苏式家具指以苏州为中心的长江下游生产的家具。苏式家具以俊美著称，比广式家具用料省，为节省名贵木材，常常掺用木料或采用包镶的方法，也用镶嵌装饰，题材多为名画、山水、花鸟、传说、神话和具有祥瑞含意的纹样。北京则以宫廷创办处所做家具为代表，风格介于广式与苏式之间，外形与苏式相似，但不用杂料，也不用镶包工艺。

图7-55　广式紫檀家具

7.4.2　室内陈设

明清是工艺品、陈设品全面发展的时期，室内陈设的丰富性和艺术性，以前的历朝历代无可比拟。其工艺美术品繁多，大宗的是瓷器、织绣、漆器、金属工艺等，其他特种工艺、民间工艺与少数民族工艺也极为发达。一般而言，在民间工艺与少数民族工艺中，实用、经济与美观的结合较好，善于化腐朽为神奇地进行巧夺天工的创造，作品具有浓郁的生活气息，风格质朴健康。在贵族化的工艺品中，虽因物质条件、生产条件优越而有便于发挥工匠艺术家的聪明才智，在技艺上达到了难以想象的精巧与熟练，但来自民间的审美观念却渐为统治者唯求繁艳细巧的审美意识所取代，经济实用与美观相统一的原则也渐为纯观赏又孤立讲求技艺的倾向所代替，在繁丽精巧的背后则是精神面貌的衰靡与没有生气。

室内陈设多以悬挂在墙壁或柱面的字画为多。一般厅堂多在后壁正中上悬横匾（图7-56），下挂堂幅，配以对联，两旁置条幅，柱上再施板对或在明间后檐金柱间置木隔扇或屏风，上刻书画诗文、博古图案。在敞厅、亭、榭、走廊内则多用竹木横匾或对联，或在墙面嵌砖石刻。在墙上还可悬挂嵌玉、贝、大理石的挂屏，或在桌、几、条案、地面上放置大理石屏、盆景、瓷器、古玩、盆花等。这些陈设色彩鲜明，造型优美，与褐色家具及粉白色墙面相搭配，形成一种瑰丽的综合性装饰效果。

图7-56 扬州个园清颂堂家具布置

明朝的主要瓷种为白瓷，主要装饰手法为青花、五彩画花等，主要产地为景德镇。清朝主要瓷种为青花、釉里红、红蓝绿等色釉和各种釉上彩。陶瓷制品包括饮食器、盛器和日用品，属于陈设和玩赏用的有瓶、花尊、花觚、壁瓶、插屏、花盆和花托，此外，还有一些瓜果、动物，像生瓷及陶瓷雕塑等（图7-57）。

明朝金属制品中，最著名的是宣德炉和景泰蓝。宣德炉是明王室为满足祭祀需要和玩赏需要，用从南洋得到的风磨铜铸造的一批小铜器，因其多为香炉，故以“炉”名之（图7-58）。现有宣德炉分为两类，一类是不加装饰花纹的素炉；另一类是经过镂刻镏金等工艺加工的。景泰蓝是一种综合性金属工艺，属珐琅范畴。珐琅，就是将琉璃粉末烧在金属器胎上，由于制作工艺不同，又分掐丝珐琅、内填珐琅和画珐琅。景泰蓝是对铜胎掐丝珐琅的俗称，明朝景泰蓝器物有盒、插花、蜡台和脸盆等（图7-59）。

图7-57 乾隆粉彩百鹿图双耳尊

图7-58 明朝宣德炉

图7-59 景泰蓝花瓶

插花与盆花源于佛前供花，又受绘画、书法、造园的影响，是室内环境中不可缺少的陈设（图7-60）。明朝的插花和盆花，在元朝几近停滞之后，再度兴盛起来，技术和理论已经成为完整的体系。此时的插花，不求刻板的形式，不求富丽的场面，而是更注重内涵，更讲求寓意。初期，以中立式堂花为主，有富丽庄重之倾向；中期，倾向简洁，常常加入如意、珊瑚等物，更加讲究花与花瓶、几案的搭配；晚期，理论上趋于成熟，出现了袁宏道的《瓶史》、张谦德的《瓶花谱》等经典著作。清朝插花、赏

图7-60 清朝的盆花艺术

花之风不亚于明朝，只是欣赏角度有些变化，表现之一是由人格化向神化转化，往往将赏花作为精神上的一种寄托；表现之二是常常利用谐音等赋予插花以吉祥的含意，如用万年青、荷花、百合寓意“百年好合”；用苹果、百合、柿子、柏枝、灵芝寓意“百事如意”等。

明朝末期出现了一种悬挂于墙面的挂屏（图7-61）。它的芯部可用各种材料做成，但最多的是纹理精美的云石，因为它们可以使人联想到自然界的山水、云雾、朝霞、落日，形似绘画，实则天成，因此，比一般绘画更加耐人寻味，更加有情趣。

明末，特别是到清朝，年画发展，到了乾隆年间，已经普及至大江南北，达到了全盛的阶段（图7-62）。就产量多、影响大、风格鲜明而言，以天津的杨柳青、江苏苏州的桃花坞和山东潍县的杨家埠年画最为著名。年画的题材有故事戏文、风土人情、美人娃娃、男耕女织、风景画鸟和神像等，大多寓意吉祥，因此，是居室，特别是农民住屋不可缺少的装饰品。

明清灯具比唐宋时期的更丰富，并明显具有实用和观赏两种功能。明清灯具有大量实存，它们造型别致、样式华美，极大地丰富了室内环境的内容。宫灯多以木材制骨架，骨架中安装玻璃、牛角或者裱绢纱，再在上描绘山水、人物、花鸟、鱼虫或故事。有些宫灯，在上部加华盖，下边加垂饰，四周加挂吉祥杂物和流苏，更显豪华和艳丽。瓷灯的造型多取小壶形，壶口处有圆形顶盖，壶底处连接一个圆柱体，柱下为一个带圈足的宽边圆形盘。金属灯则包括银灯、铜灯、铁灯和锡灯，也包括铜胎镀金灯，如驼形、羊形、龟形和凤鸟形。玻璃灯曾用于圆明园的西洋楼，一些西方传教士参与了设计与制作，具有中西合璧的特征。

图7-61　清末民初时期的挂屏　　**图7-62　清朝立刀门神年画**

第8章 民国时期

中国古代建筑曾写下了辉煌的篇章，但到了清末，尤其是1840年鸦片战争之后，中国开始沦为半殖民地半封建社会，进入了近代。封建思想意识的腐朽，工业化的滞后加上帝国主义的侵略和军阀混战，国力衰弱，民生凋敝，在外来文化面前，中华传统建筑文化在整体上一度变为弱势文化。尽管这样，从近代开始，特别是民国时期，还是出现了一批有作为的真正意义上的建筑师，他们一边汲取国外先进经验，一边继承传统文化精髓，探索了一条建筑与室内设计的转型、创新之路。

1912年1月1日，随着民主革命的先行者孙中山先生在南京宣誓就任中华民国临时大总统，民国的历史便由此拉开了序幕。截至1949年10月1日中华人民共和国成立，在这些年里，我国南京、上海、北京、天津、武汉、广州、厦门、青岛、沈阳、长春、大连、福州、杭州等大中城市，相继涌现出一大批新的建筑，这些建筑是中国近代建筑的重要组成部分。当时社会变革剧烈，中西文化碰撞交融，促进了建筑和室内设计审美理念的发展，西学为用的改良派思想和旧民主主义的文化思想都对设计创作产生了较大的影响，反映在具体的建筑与室内设计上则或中或西或中西合璧，形式多样，风格各异。

8.1 西风东渐与近现代设计概念传入

民国建筑处于承上启下、中西交汇、新旧接替的过渡时期，既交织着中西文化的碰撞，也经历了近现代的历史搭接，与它们所关联的时空关系是错综复杂的。大部分民国建筑遗留到现在，成为今天城市建筑的重要构成，并对现当代中国的建筑活动产生着巨大的影响。

建筑室内与人的联系更紧密、更重要，它为人们创造居住、休憩、交流、活动等空间，更应当能够满足人们的审美需求。民国时期人们的审美层次普遍有所变化和提高，因此，室内设计与装修就显得格外重要。民国建筑的室内设计风格多样，有中国传统风格的，西洋古典风格的，现代风格的，也有中西合璧、古今混搭的。民国时期虽然还没有独立于建筑设计之外的室内设计公司或部门，但经过建筑师的深化设计与使用者的不断改造，室内设计与装修较之民国以前已有了很大的变革与进步。

8.1.1 西风东渐

19世纪中叶，我国进入半殖民地半封建社会，同时也开始了近代化发展进程。自1840年鸦片战争开始，清政府被迫与西方列强签订了一系列不平等条约，以及外国资本主义的渗入引起了我国社会生活各方面的变化。随着封建王朝的崩溃，结束了帝王宫殿、苑囿的建造历史。一些通商口岸、租界和居留地形成了新城区。这些新城区内出现了早期的外国领事馆、洋行、银行、商店、工厂、仓库、教堂、饭店、俱乐部和花园洋房。这些殖民输入的建筑以及散布于城乡各地的教会建筑是当时新建筑活动的主要构成，最终带动了中国建筑样式和室内设计风格上西风东渐的进程。租界和租借地城市的建筑活动也大为频繁，为资本输出服务的建筑如工厂、银行、火车站等类型增多

（图8-1），建筑的规模逐步扩大，洋行打样间的匠商设计逐步为西方专业建筑师所替代。

图8-1　北京京奉铁路正阳门东车站

8.1.2　美术与建筑教育的影响

近代以来，从太平天国到辛亥革命，这些伟大的斗争，促进了思想的解放和文化的进步。进入民国时期，特别是五四运动以后，西学传播的内容进一步丰富。从第一个阶段以器物为主的自然科学，第二个阶段以政治为主的社会科学，到五四运动以后以文学、艺术为代表的人文科学的传入，都对中国建筑和各类艺术的发展产生过极大的影响。主要表现为：以西方模式兴办新的美术、建筑学校及科系，并选派留学生出国学习，推动了西方美术、建筑及各类艺术思潮在我国的流行；一些思想家、理论家发表的有关艺术的文章，冲击着几千年来的旧的观念，呼唤着美术、建筑及其他各类艺术出现变革和崭新的形态。

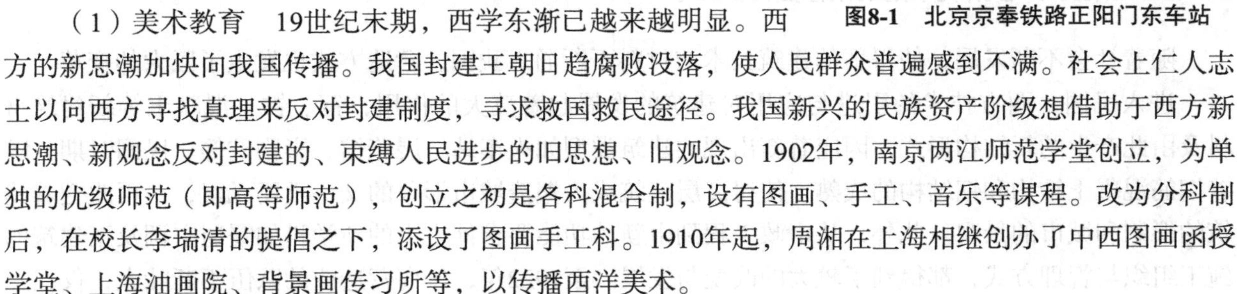

（1）美术教育　19世纪末期，西学东渐已越来越明显。西方的新思潮加快向我国传播。我国封建王朝日趋腐败没落，使人民群众普遍感到不满。社会上仁人志士以向西方寻找真理来反对封建制度，寻求救国救民途径。我国新兴的民族资产阶级想借助于西方新思潮、新观念反对封建的、束缚人民进步的旧思想、旧观念。1902年，南京两江师范学堂创立，为单独的优级师范（即高等师范），创立之初是各科混合制，设有图画、手工、音乐等课程。改为分科制后，在校长李瑞清的提倡之下，添设了图画手工科。1910年起，周湘在上海相继创办了中西图画函授学堂、上海油画院、背景画传习所等，以传播西洋美术。

民初，辛亥革命第一任教育总长蔡元培倡导"美育"，提出"以美育代宗教"，把美育作为改造国民精神的手段，并认为尤其要普及美术教育。1912年刘海粟与乌始光等友人创办上海图画美术院，后改为上海美术专科学校（图8-2）。这所学校的成立，标志着我国具有现代美术教育理念的美术学校的正式诞生。在社会美育思潮的推动下，正式建立专业美术学校的还有1918年成立的北京美术专门学校，1928年在杭州成立的国立艺术院等，美术教育逐渐普及全国。

图8-2　上海美术专科学校旧址

为了救国救民，人民奋发图强，一方面在国内兴办教育，培养人才；另一方面选派大批留学生到世界各先进国家留学。其中美术留学生去日本和法国的最多。他们学成之后回国，成为美术教育的主要师资力量或职业画家，对近现代美术发展起过不小作用，为东西方美术交流架起了桥梁。

（2）建筑教育　辛亥革命以前，我国最早的建筑师往往在建筑洋行、事务所跟随国外建筑师参加工程实践并接受建筑设计、施工的培训。1905年起，逐渐有国人至欧美、日本学习建筑。1910年向美国派遣了一批以建筑学为专业的留学生，对我国近代建筑行业与我国近现代建筑教育的形成与发展起到了至关重要的作用。民国期间，建筑专业的留学生回国后，一方面投身建筑实践，另一方面，有部分留学生开创了我国近现代的建筑教育事业。1922年从日本东京高等工业学校毕业归来的柳士英、朱士圭、刘敦桢等创立了苏州工业专门学校建筑科，培养从设计到施工全面懂得的建筑工程人才。随着留美归国的人员增多，美国的建筑教育体系逐渐被奉为正宗，以美国建筑教育模式为基础，留美学生为骨干，1925年成立的第四中山大学建筑系是我国高等学校的最早的建筑系（图8-3），1928年成立的东北大学建筑系与前者均成为我国近现代建筑教育的重镇。此外，东北大学工学院、北平大学艺术学院也于1928年设立了建筑系。东北大学建筑系由梁思成创办，教授有陈植、童寯、林徽因、蔡方荫等，采用美国建筑教育模式，学制为4年。北平大学艺术学院建筑系主张像法国那样在艺术学院中开设建筑系，基本上沿用法国的建筑教学体系，学制为4年。

图8-3　第四中山大学部分校区（今东南大学）

正是这些早期建筑教育者的教学实践和设计思想，推动了我国整个建筑教育及建筑设计的近现代历史进程。

8.1.3　新技术与新材料及新的营造方式

随着社会不断发展，使得新的建筑技术与材料不断涌入我国，营造方式也发生了巨大的变革。

进入民国，西方技术的引进与应用对建筑的发展起着莫大的作用，钢、铁、混凝土等新建筑材料及由此产生的新结构形式，因应着新出现的建筑类型如火车站、展览馆、影剧院等。民国时期，随着钢筋混凝土结构和钢结构的成熟，使得高层建筑成为塑造城市形象的又一重要元素，一再改变着建筑的形制和城市的景观。此外，从市政工程到由新的功能要求催生出的新学科如暖通空调及至建筑的施工组织与管理方式，都得到了较大的改变与发展。至1922年，华商营造业的队伍不断壮大，仅在上海登记的华商营造厂有200家，1935年猛增至2763家。鼎盛时期，中国建筑在建筑制度、从业者构成等方面有了长足的进步，传统营造体系“业主——承造人”的二元营造模式逐渐转化为“业主——建筑师——营造商”的三元营造模式。这一时期中国建筑师学会与上海市建筑协会的成立，以及专业学术期刊《中国建筑》与《建筑月刊》的创刊发行是我国建筑师群体及营造商群体发展成熟的标志。据1939年南京国民政府行政院修正公布的《管理营造业规则》，营造活动各方之间形成契约形式的合同，各方职责、权利都明确地有法可依。新式的营造方式与管理方式极大地保证和促进了民国时期建筑业的发展，对以后的中国建筑有着深远的影响。

8.1.4　风格的多元化

自民国政府成立后，世界格局动荡不安，但是在民国政府所在地南京以及北京、广州、武汉、重庆等主要的政治活动中心和最早开埠通商的地区如上海、天津、青岛、哈尔滨、大连等地，由于它们身处国内和国际风云变幻的格局中，所以率先成为社会变革和转型的引领者与响应者，也最早享有近现代经济发展和社会变革的机遇。这种社会变革和转型外化在建筑及室内设计上成为一种对多元化和多层次的诉求，也体现了对西方文化的批判吸收和对本民族文化的探寻发展。

民国早期（1920年前后），建筑留学生回国人数渐渐增多，在上海、天津等地相继成立了基泰、华盖等建筑事务所，我国建筑师队伍明显壮大，并进行了颇为活跃的设计实践。1929年，中山陵建成，标志着我国建筑师规划设计的大型建筑主群的诞生。这期间是我国近代建筑发展最重要的阶段，也是我国建筑师成长最活跃的时期。刚刚登上设计舞台的中国建筑师，一方面探索着西方近代建筑与中国固有形式的结合，试图在中西建筑文化的碰撞中寻找适宜的结合；另一方面又面临着走向现代主义建筑的时代挑战，要求中国建筑师紧步跟上先进的建筑潮流。

至1930年以后，现代主义建筑思潮从西欧向世界各地迅速传播。我国建筑界也开始介绍国外现代建筑活动，导入现代派的建筑理论，室内设计也深受影响。可以说，在20世纪30年代，我国建筑师在进行传统复兴建筑探索的同时，也展开了一股现代风格的创作热潮。这两种创作方向也有所交叉，“以装饰主义为特征的传统主义”就是它的产物。这类建筑实际上是中国式的，既是传统主义的一种表现，也是准现代式的一种表现。这表明民国时期登上设计舞台的中国建筑师既进行了国际式的现代建筑活动，也同时进行了带有中国式的现代建筑活动。

8.2　建筑与室内设计

8.2.1　建筑的发展

（1）洋风期（1912—1919年）　辛亥革命结束了我国的封建帝制，建立了“中华民国”。由于连年军阀混战，全国诸多城市的建筑业发展缓慢，绝大多数建筑仍沿用传统的民族风格，部分建筑采用鸦片战争以来列强输入的西方建筑风格，或照搬或局部改造西洋风格的建筑，实为“洋风”时期。其实，洋式形态在民国之前引入并贯穿整个民国时期的建筑体系和室内设计。它从近代中国以两个途径开始出现：一是被动地输入，二是主动地引进。被动输入是在资本主义列强侵略的背景下展开的，辛亥革命前已开始主要出现在外国租界、租借地、通商口岸、使馆区等被动开放的特定地段，展现在外国使领馆、工部局、公董局、洋行、银行、饭店、商店、火车站、俱乐部、花园住宅、工业厂房，以及各教派的教堂和教会其他建筑空间上。主动引进指的是我国业主兴建的或我国建筑师设计的“洋式风格”，如太原山西银行（原山西官钱局）、东方汇理银行上海分行、广州粤海关大楼、广州黄花岗公园烈士陵墓（图8-4~图8-6）等。

图8-4　太原山西银行（原山西官钱局）

图8-5　广州粤海关大楼，1914年

图8-6　广州黄花岗公园烈士陵墓，1912年

从风格上看，近代中国的洋式建筑，早期流行的主要是“券廊式”和欧洲古典式。“券廊式”的建筑，是欧洲建筑传入印度和东南亚一带，为适应当地炎热气候所形成的一种流行样式。一般为一、二层楼，带联券回廊或联券外廊的砖木混合结构房屋，如汉口早期英租界的沿街楼房。欧洲古典式风格在近代中国的出现，不是一种孤立现象，它是当时西方盛行的折衷主义建筑的一个表现。西方折衷主义有两种形态，一种是在不同类型建筑中，采用不同的历史风格，如以哥特式建教堂，以古典式建银行、行政机构，以文艺复兴式建俱乐部，以巴洛克式建剧场，以西班牙式建住宅等，形成建筑群体的折衷主义风貌（图8-7、图8-8）；另一种是在同一幢建筑上，混用希腊古典主义、罗马古典主义、文艺复兴古典主义、巴洛克、法国古典主义等各种风格式样和艺术构件，形成单幢建筑的折衷主义面貌。

图8-7　原北京段祺瑞执政府，1909年

图8-8　北京原花旗银行大楼，1914年

（2）转型期（1919—1927年）　由于第一次世界大战结束后的列强欺压，我国于1919年爆发了轰轰烈烈的五四运动，科学与民主的思想深入人心，也极大地影响到当时的建筑界革新。一批学有所成的建筑学子返回祖国，打破了西方建筑师垄断中国建筑界的局面。这一时期的建筑与室内设计由“洋风”风格向中国人逐步登上建筑舞台后的中西融合方向转型，中山陵是其中最具代表性的建筑群。

以1925年南京中山陵设计竞赛为标志，中国建筑师开始了传统复兴的建筑设计活动。在中山陵建筑悬奖征求图案条例中指定：“祭堂图案须采用中国古式而含有特殊与纪念之性质者，可根据中国建筑精神特创新格亦可。”选用了获头奖的中国建筑师吕彦直的方案，于1926年奠基，1929年建成。这是中国建筑师第一次规划设计大型纪念性建筑群的重要作品，也是中国建筑师规划、设计传统复兴式的近代大型建筑组群的重要起点（图8-9）。

图8-9　南京中山陵

中山陵的总体规划吸取了我国古代陵墓总体布局特点，融建筑与环境为一体，陵墓共占地面积8万多平方米，总平面似一大钟形，象征着孙中山先生毕生致力于唤醒民众，反抗压迫，为拯救国家、民族奋斗不息的伟大精神。陵墓采用了轴线对称的平面，建有牌坊、甬道、陵门、碑亭、祭堂和墓室，整个氛围肃穆开朗又平易近人。从单体建筑看，造型基本上采用传统的形式，但加以简化，色彩上不用红墙黄瓦而用蓝色琉璃瓦屋顶，花岗石的墙身，内部用了钢筋混凝土结构及相应的新材料、新技术和简洁的装饰。

主建筑祭堂有较大创新成分，形象独特。中山陵陵墓露天甬道长375m，宽40m，祭堂和墓室位于海拔158m高处，由陵园入口至墓室距离700m，高差70m，祭堂及墓室安置在连续空间序列的最高潮部分，庄严雄伟，令人肃然起敬（图8-10）。

祭堂的室内设计以黑色花岗石立柱和黑色大理石护墙衬托着中间孙中山的汉白玉坐像，容放石椁的大理石墓即安排在祭堂之内。祭堂顶界面设有简化的覆斗形中式藻井，堂内图案亦在我国传统样式的基础上去繁就简，室内氛围宁静肃穆（图8-11）。

图8-10　南京中山陵祭堂

图8-11　南京中山陵祭堂室内设计

中山陵其他建筑如石牌坊、陵门、碑亭与整个建筑组群一样，既有庄重的纪念风格、浓郁的民族韵味，又呈现着近现代的新格调，可以说中山陵是中国近代传统复兴建筑的一次成功的起步。

这股传统建筑复兴之风，在“中国式”的处理上差别很大。当时针对这些建筑的不同形式，有称之为“宫殿式”的中国建筑、“混合式”的中国建筑、“新古典式”的中国建筑、“现代式”的中国建筑等。其实，中国建筑师设计的这些中国式新建筑和外国建筑师设计的中国式建筑，都属于“历史主义”的创作现象（图8-12、图8-13）。

图8-12　南京金陵女子大学主楼，1922年

图8-13　香港铜锣湾圣玛利亚堂

（3）鼎盛期（1927—1937年）　1927年4月，从南京到全国多个省份的城市出现了民国以来的建设高潮。1928年1月，当时的首都建设委员会负责制订《首都计划》，并聘请美国建筑师墨非、古力治为顾问，以期在建造中有效借鉴国外城市建设成功的经验和失败的教训。其时，现代建筑思潮已陆续传入我国，建筑实践中，一种向国际式过渡的装饰艺术倾向的作品和地道的国际式作品也通过洋行建筑师的设计而纷纷出现。这种新颖、合理、经济的摩登形式，吸引了中国建筑师的注意和社会的兴趣，因此，很自然地为传统复兴建筑启迪了一条新路——仿“装饰艺术”做法的路，即在新建筑的体量基础上，适应装点中国式的装饰细部。这样的装饰细部，不像大屋顶那样以触目的部件形态出现，而是作为一种民族特色的标志符号出现。这是一种传统主义的表现，确切地说，是以装饰主义为特征的传统主义（图8-14）。

经过1927~1937年持续10年的建设，南京、武汉、上海、广州等一大批重要城市建设的面貌有了较大改观，各类建筑如会堂、官邸、学校、戏院、商号、饭店、菜馆、咖啡店乃至私人住宅纷纷涌现。此时期的建筑与室内设计作品有相当比例为我国建筑师自行设计营造，其风格除各类古典主义、折衷主义外，现代主义风格的建筑及室内设计也渐渐兴起，出现了民国建筑历史上“自立期”的鼎盛景象（图8-15~图8-20）。

图8-14　南京国民政府交通部，1930年

图8-15　南京国民政府（总统府）门楼，1929年

图8-16　南京中央体育场，1931年

图8-17　原南京国民政府外交部大楼

图8-18　国立中央博物院，1933年

图8-19　南京国立中央美术馆，1935年

图8-20　中国银行上海分行，1937年

（4）停滞期（1937—1945年）　1937年，卢沟桥事件暴发，日本帝国主义全面发动了侵华战争，侵华日军对其占领的包括南京在内的全国一大批重要城市进行了破坏性的掠夺，日伪统治者在占领区基本上都是利用原有的旧建筑，或对旧建筑进行一些局部的修复改造，国内的城市建设基本处于停滞状态，即使偶有兴建，要么是出于战争需要，要么是出于宗教需要及大官僚大资产阶级享受的需要，或是日伪政府出于粉饰太平的目的。较典型的例子如：建于1937年的重庆国民政府大楼（图8-21），建于1942年前后的重庆嘉陵宾馆及重庆的孙科住宅（图8-22）等。

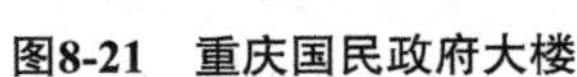

图8-21　重庆国民政府大楼

图8-22　重庆孙科住宅

（5）恢复期（末期）（1945—1949年）　经过14年抗战，日本于1945年8月15日宣布投降，南京及全国各主要城市又兴建了一批建筑，在本时期中，西方现代建筑思潮对我国有很大的影响，该时期的建筑与室内设计，除少数例外，大都进一步地采用西方现代建筑与室内设计手法，已很少有人再去考虑“中国固有的建筑形式”了。颇具代表性的建筑有南京下关火车站、南京北极阁的宋子文寓所（重建于1946年，杨廷宝设计）、北京府右街北大医院门诊部（建于1946年，张镈设计），南京招商局候船厅及办公楼（建于1947年，杨廷宝设计）和南京中山东路原国民党中央通讯社办公楼（建于1948年，杨廷宝设计）等。但是，由于国民党忙于内战，无力也无心投入经济建设，所以这一时期的建筑与室内设计的复苏也仅仅是昙花一现（图8-23、图8-24）。

图8-23　南京下关火车站

图8-24　南京招商局候船厅及办公楼

由于中国幅员辽阔，在民国时期各地区政治、军事、经济等各方面情况复杂，以上民国时期建筑与室内设计五个发展时期的概括只是相对的，在特殊地区和城市，如沿海城市列强租界区、租借地，长春等城市所在的伪满洲国地区等，其建筑的发展历程又有其特殊性，风格上往往更多地带有殖民主义的色彩（图8-25、图8-26）。

图8-25　长春伪满洲国军政部，1947年

图8-26　长春伪满洲国皇宫兴运门，1940年

8.2.2　室内设计

民国时期的室内设计（当时称室内装潢）风格、手法与上述建筑的分期大致同步。清王朝被推翻连带着各种旧的社会制度被动摇，与体现人的价值相关的室内居住环境的设计受到社会上包括上层阶级的所有阶层的关注，“以人为本”的平等价值观念越来越影响到中国人的价值判断，受西方设计思想影响的崇尚功能性与自由、舒适、美观、便捷的室内设计思想逐渐打破封建礼制的束缚，在我国大中城市生根发芽，受到上层社会及开风气之先的城市居民的欢迎，并逐渐建立起强有力的城市民众基础。

（1）室内空间的组织形式　民国时期，我国室内设计不仅注重个体空间的设计，更注重群体室内空间的组织，对于各个空间所在的位置能做出“以人为本”的合理化的功能性组织，使各个空间最大化地突显自身的使用功能。民国学者孔赐安在1935年第2期《青年界》上发表文章《住宅设计》中认为“设计房间时，最先要注意各个房间相互的位置……比如会客厅应在前面和大门相近，有客来便于引他进去。起居室应占住宅的中心地位，同卧室、餐室不可相隔太远。因为起居室是日常习用的处所，也多半是子女嬉戏的房间，应同其他各室通连，以资便利。”这种空间组织形式，主要是为了空间更好地发挥应有的功能，再如“寝室是夜晚休息的处所，应求安静……不妨在楼上”等。空间组织不仅是为了很好地发挥空间的功能性，也须考虑方便于人的使用，民国时期的室内设计充分考虑了这一点，如“寝室须同浴室厕所相近。餐室应该接近厨房，厨房应该靠近伙食间”等，都是这一时期注重功能性的室内设计在顾及人的使用的方便性的典型案例（图8-27）。

图8-27　上海宋庆龄故居客厅设计

（2）室内造型的表现形式　室内造型包括界面、家具、家用电器设备、装饰品等造型。这一时期，反对传统，表面无装饰的几何造型在室内设计中流行。无论平面还是立体造型，光洁的面，让人心情舒畅，给人以功能主义机械美的享受，现代感强，受到民众尤其是青年人的欢迎。早在民国初期，我国就有学者在《家庭布置》《现代家庭装饰》等书籍、杂志中归纳出我国当时室内造型上的从繁复向简洁的变化，认为“现代住宅爱清楚；十五年前爱用曲线，而最近爱用直线。”至20世纪30年代，我国受西洋建筑文化影响较重的沿海大城市中众多建筑内部，崇尚直线条的现代功能主义造型已经比较流行，当时文献记载民国时期（20世纪30年代）沿海大城市中建筑室内造型道：“一个房间内，一切的一切，均受长直的简净的形式构成之，便像雄壮的男性似的，我们能感到轻快，雅素与快美。”由此可见，当时直线条造型在室内造型中居于主导的地位（图8-28）。当然，直线条在室内造型中使用过多，会出现呆板面貌，当时的室内设计师使用的方法就是在室内造型“富有直线味的全体中，当以少数曲线调剂之。”这些曲线也是相对规则的流线、弧线或折线，能给以简洁、流畅的现代感，其使用目的只是为了调节直线过多时的负面视觉影响。在1933年第2期《艺风》杂志上刊登的雷圭元先生创作的客厅设计和主妇室室内设计作品中，几何化造型风格表现得非常明显，可作为这一时期我国室内设计造型设计的代表。

（3）色彩的表现形式　色彩是室内设计的灵魂，能给人留下深刻的第一印象并影响人的主观情感。民国时期，功能性空间虽然也注重色彩的情感性，但追求色彩简洁的几何化效果，注重色彩的识别功能，纯色运用较多，整体色彩设计注重调和、趋向统一。统一协调的色彩给人感觉简洁、大气。虽然民国时期我国研究人员已经认识到不同色彩在功能上会给人所带来的心理感受的差异性，并在《妇女杂志》文中指出：“赤黄橙等色，多有暖味，称暖色；此类色彩，都生积极的兴奋的感情。青色有寒冷的感觉，称寒色，此类色彩，都是消极的，有沉静的感情；紫与绿，处在寒暖之间，入于寒色就感寒，入于暖色就感暖”，但就用色而言，则认为“室内布置上所用的色彩，应当调和统一”，反对凌乱花哨，以适应现代人的审美心理需求（图8-29）。

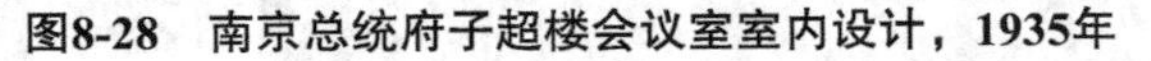
图8-28　南京总统府子超楼会议室室内设计，1935年

图8-29　南京美龄宫宴会厅室内色彩设计，1932年

（4）材质的表现形式　民国建筑，受西方“坚固、实用、美观”建筑设计观念的影响，在室内设计中材质首先讲求的是坚固，其次是实用，坚固是质量要求，实用是功能与经济节约的要求。民国时期，新式建筑受到欢迎，认为新式建筑要用这样的材料：“上覆以玻璃或铅皮，下铺以石屑或沙块，无横直之梁柱，砌四壁以石铁，此建筑新式房屋所用之材料也。”这就是当时人们所追求的时尚材质。这些材料功能显著、坚固耐用、现代气息强烈，被广泛运用于室内设计中。当时学者评价室内装饰中的材料运用时认为“20世纪的装饰，永远在利用新的和经济的材料”，以此来满足民众注重功能、讲求经济节约及追求新的材质感受的审美心理的需求（图8-30）。

（5）通风与采光等室内功能　民国时期，我国室内设计非常重视通风与采光，门窗被赋予通风采光的重要责任，相对于人造光源而言，出于健康、卫生的需求，太阳光的利用显得尤为重要。民国时期，理想的“居室的方向应该朝南，使阳光时时能够射入”，而“切忌朝北，因为终日都没有阳光照着。”可见，采光在室内设计中的重要性。在民国时期，室内设计以“通风采光保健慰安等切己的问题为重”，人们逐渐摈弃旧有的封建礼制与迷信思想，关注人身的健康与环境的卫生、舒适问题，“以人为本”意识走向自觉，人成为衡量一切行为的价值的尺度，这是现代文明的体现。

（6）家具与室内陈设　民国时期，中外方物质与精神文化迅速发展，我国室内陈设种类增多，但不管室内陈设数量如何，秩序化的布置常常成为大众共同的认识。民国学者钱用和在1937年第129期《广播周报》上发表文章《家庭布置及管理》认为当时民众在对待陈设布置的态度上“有钱人家和无钱人家有共同相同的地方，如整齐清洁的布置”。秩序化布置的陈设，给人整体感、简洁感强，这种布置不仅利于我们生活效率的提高，如“桌案几椅，首先不可乱置，必须处置有了秩序，请宾朋的时候不致碌乱的安摆了”，而且对我们的生活情绪、身心健康都会产生影响，当时人认为“倘若布置得没有了秩序，使我们修养的时候也不能得到充分地休息，岂不是增加我们身体上的困苦了么？所以家庭是应当布置有了秩序，那才能得着卫生上的幸福，精神上的愉快呢。像他人赞美人家家庭的良美如井井有条啊，模范家庭啊，无非是布置的良好而已。”陈设的秩序化布置，使得家庭内部显得有条理，能较好地发挥室内陈设的各项功能，为居住者带来简洁、轻松、舒畅的生活环境，符合现代人的居住要求（图8-31）。

民国时期，中外经济文化交流频繁，西方各种建筑设计思潮被介绍到我国，并在我国产生了深刻的影响，人的价值得到社会的普遍性肯定，室内设计“以人为本”的呼声渐高，人们在反思设计的意义及为谁服务的命题后，这一时期比以往任何时期更重视室内设计的功能性，以适应变化了的20世纪政治、经济、文化制度下的现代国民审美心理，受封建礼制与传统生活习俗影响的繁文缛节的装饰样式逐渐被摈弃，几何形态、注重实用性、方便性与经济节约性的功能主义设计思想在当时的大中城市室内设计流行。从空间布局到界面设计、家具设计、家用现代化设备的布置，从功能出发的设计思想成为民国时期我国室内设计的重要思想并一直影响到当代我国的室内设计。

图8-30　上海沙逊大厦室内设计，1929年

图8-31　沈阳张学良大帅府小客厅陈设设计，1915年

第9章　新中国时期（1949—2000年）

1949年10月1日中华人民共和国成立，标志着新中国的诞生，同时也标志着我国现代建筑序幕的开启。新中国的诞生在政治、经济与文化上都产生了一系列变革，这种变革不仅给人民生活与思想带来了巨大的变化，而且对建筑领域与室内设计领域有着深刻的影响。

9.1　发展概况

新中国建筑及室内设计的发展历程大致可以分为探索时期（1949—1965年）、动荡时期（1966—1978年）和开放时期（1979—2000年）三个时期。这三个时期主要为我国现代建筑与现代室内设计时期（也有学者认为我国建筑与室内设计从1920年进入现代时期，1978年进入当代时期）。

图9-1　重庆人民大礼堂

9.1.1　探索时期（1949—1965年）

1949—1965年这段时期百业待兴，建筑活动处于满足人们的基本生活需求的层次上。政府提出的建筑设计总方针为“适用、坚固、安全、经济、适当照顾外形美观”，后发展为“适用、经济在可能条件下注意美观”的建筑设计方针。此时，除了建造人民生活必需的住房以外，还建造了一批行政需要的办公楼及一些会堂与宾馆，如重庆人民大礼堂（图9-1）及北京和平宾馆、成吉思汗陵等。

图9-2　人民大会堂（北京）

1958年虽然各地大量的建筑为了“多快好省”而降低了质量，但是在1959年北京的一批国庆工程则是倾建设的优秀作品，并形成了我国建筑与室内设计史上的里程碑。这一批工程包括：人民大会堂（图9-2）、中国革命历史博物馆、北京火车站、民族文化宫（图9-3）、民族饭店、军事博物馆、全国农业展览馆、北京工人体育场、钓鱼台国宾馆、华侨大厦等“十大建筑”。十大建筑中，在室内设计方面，重点为人民大会堂项目，政府首次聘请了美术家和装饰设计专家配合建筑师进行了室内设计（含家具设计、陈设艺术品设计）与制作、施工。人民大会堂的室内空间造型，不论是水天一色的顶棚设计（万丈光芒满天星），还是门头、檐口等重要部位的设计，都制作了模型反复推敲，以求达到最佳效果。同时，对中西结合、民族形式等问题进行了探索。这些探索对于我国室内设计的发展是十分重要的。北京十大建筑

图9-3　民族文化宫（北京）

的室内设计制作，标志着新中国成立后的中国室内设计达到了一个历史性的高度，但限于当时的条件，这一成就尚未带来室内设计学科全局性的进一步发展。

9.1.2 动荡时期（1966—1978年）

这一时期的建筑活动主要围绕着国防和战略布局的一系列建设进行。一些援外工程、外事工程、窗口工程如广交会建筑、涉外宾馆、机场、体育馆、纪念馆等也在建设中，而这一类建筑与室内设计的联系密不可分，促使室内设计水平有所提高。

1974年建成的北京饭店东楼计20层，是当时北京规模最大的饭店，较好地解决了使用功能和技术问题。该工程曾集中了北京市一批室内设计师、美术家共同完成室内设计工作，室内设计典雅且富于装饰特点，是现代设计风格和我国传统风格的结合。1976年建成的白云宾馆是岭南派风格融入现代建筑的一个典范，它的设计在当时是走在全国的最前面。毛主席纪念堂于1977年建成，建筑与室内设计在该时期颇具代表性，由北京市建筑设计院和中央工艺美术学院等单位共同完成。

9.1.3 开放时期（1979—2000年）

党中央于1978年12月召开了十一届三中全会，将工作重点转移到社会主义现代化建设上来，我国经济开始进入快车道，建筑与室内设计也焕然一新，进入了繁荣时期。

改革开放初期，在改革政策的指引下，建筑与设计界思想得到了空前的解放，西方各种建筑与室内设计思潮纷纷流入，我国建筑师不再争论不休，而是兼收并蓄，创作热情高涨，作品水平大幅度提高。

20世纪80年代，随着境外游客的增多和国内旅游业的迅猛发展，旅馆建筑与室内设计的水平不断提高。1983年建成的广州白天鹅宾馆是我国首批五星级宾馆之一，汇聚了不少设计师的智慧与汗水。其室内环境优雅，空间流畅，使我国旅馆首次被世界一流酒店组织接纳为成员。开风气之先的白天鹅宾馆为国人打开了一扇看世界的窗口，也向世界展现了新中国的社会气象。1982年建成的北京香山饭店，室内设计具有很高的品位。其他如上海龙柏饭店、广州东方宾馆、深圳南海酒店、南京金陵饭店等，在室内设计的气氛乃至意境的创造上都表现了不同程度的追求和探索。之后全国各地宾馆数量猛增，为建筑与室内设计的发展提供了较多的实践机会，创作水平也有了相当的提高。

随着改革开放的深入，经济发展速度加快，人民生活水平大幅提高，人们对居住环境有了新的要求，室内设计开始走进普通家庭，城乡掀起了住宅装饰热。此外，商业竞争发展加速，商业界开始认识到室内设计也是商业竞争的重要手段之一，商店店面装饰及商业建筑室内设计日益受到重视，档次不断提高。

经济的持续高速发展，技术的不断进步，高层建筑与大跨度建筑大量涌现，各种写字楼、商贸中心、体育场馆及电视台、电视塔等（图9-4）高层建筑如雨后春笋般拔地而起，各类办公机构、企业单位等室内环境亟待改善，出现了一大批设计装修讲究的大厅、大堂、观演室、演播间、会议室、办公室、写字间等，并逐步形成了遍及全国

图9-4 20世纪90年代我国室内设计师设计的天津电视塔空中餐厅室内环境表现图（《中国建筑画选1991》）

的办公及公共场所设计、装饰潮，如北京中国社会科学院大楼、深圳国贸大厦、中国国际贸易中心建筑群、北京广播电视台、深圳体育馆、上海电视塔等（图9-5）。

图9-5　上海电视塔（东方明珠塔）

9.2　设计风格与流派

新中国建筑与室内设计的发展较为同步，各类建筑与室内设计思潮、风格亦存在内在的紧密联系，对建筑和室内设计同时形成较大的影响。归纳这些作品的风格或流派，大致有以下四种类型。

9.2.1　新古典主义

在建筑上可以说是一种新传统主义，民国时期我国建筑师就做过许多实践和探索，有人称为“新而中”的建筑手法。新中国初期及20世纪80年代改革开放后，有一部分建筑作品将传统建筑形式加以变化创新，应用在新建建筑上，取得了较好的效果。如山东曲阜的阙里宾舍、北京的北京图书馆新馆等。在室内设计上，新古典主义风格表现为以现代结构、材料、技术的建筑内部空间的空间处理和装饰手法（适当简化），以及陈设艺术手法来进行设计，使中国传统样式的室内环境具有明显的时代特征。如在国庆工程期间，以奚小彭先生为首的室内设计师所做的人民大会堂、民族文化宫等的室内设计，创造了具有典雅特征的中国传统风格基调的室内空间形象，是运用折衷主义手法的新古典主义作品。

9.2.2　新地域或新地方主义

新地域或新地方主义是指在原有地区建筑基础上提炼创新，努力探求地方特色，以使现代建筑与室内设计更加丰富多彩且具有不同地区及不同民族的特色。这类风格的作品不仅可以给人以艺术的享受，而且还能引起人们的怀念。典型作品有1982年在北京建成的由华裔建筑师贝聿铭设计的香山饭店（图9-6），其建筑与室内设计具有中国江南园林及民居的明显特征，格调高雅，具有很高的文化品位。1983年在广州建成的由建筑师佘畯南、莫伯治主持设计的白天鹅宾馆建筑和室内设计中庭以“故乡水”为主题，内有金亭濯月、叠石瀑布、折桥平台等，体现了岭南庭园风范，具有传统的地方风格特点。

图9-6　北京香山饭店

9.2.3　少数民族典型风格

在现代建筑的内部空间，象征性地表现少数民族建筑内部空间形式，并在内部空间的结构构件上较为直接地采用适当简化了的少数民族装饰图案，保持其民族色彩特征，选用少数民族陈设艺术品等所创造的室内环境气氛具有鲜明的少数民族风格特色，同时又具有现代特征，这一类设计风格可称为少数民族典型风格。北京国庆工程中的人民大会堂有全国各省、市的厅堂供会议期间各地方人民代表使用。这一部分厅堂的室内设计任务分别由各地区完成，以充分体现地区及民族特色。其中新疆厅以维吾尔族风格为主。西藏厅以藏族浓烈的色彩及藏式家具配置而具有鲜明的少数民族风格特色。西藏拉萨宾馆室内设计、北京民族文化宫室内设计及1988年北京民族文化宫厅堂装修改造设计由原中央工艺美术学院环艺系完成的作品都是少数民族典型风格的室内设计作品。

9.2.4 中国现代主义

中国现代主义在很大程度上汲取了西方现代主义中简洁、洗练的设计风格和表现色彩、质感光影与形体特征的各种手法，但是，由于结合我国国情和技术、经济条件，因而又带有我国自己的特色，故应称为中国现代主义。1985年工程由北京市建筑设计院柴斐义建筑师等设计完成的中国国际展览中心，外形利用简单的几何形体，有明显的现代建筑特征，室内裸露网架结构，主要入口及门厅上空突出剖面设计的变化，装修朴实无华，色彩单一明亮，以简洁的空间处理手法为突出陈列的展品创造了较好条件，也给人以强烈的现代感，是中国现代主义的设计作品（图9-7）。1991年建成的广州国贸中心大厦是当时广州最高的建筑，其室内装修简洁，以显示高档进口石材的自然纹理、材质华美为装饰手段，虽在室内空间构图效果上有进一步推敲、研究的必要，但可认为是具有中国现代主义倾向的室内设计作品。

图9-7 中国国际展览中心

9.3 典型的建筑与室内设计空间

9.3.1 人民大会堂

人民大会堂位于北京天安门广场西侧，1959年建成，其建筑与室内设计在新中国成立十周年时建设的十大建筑中最具代表性。总建筑面积17.18万m^2，由万人大会堂、五千人宴会厅和全国人民代表大会常务委员会办公楼三部分组成，整个建筑内有会议厅、休息厅、办公厅300多个。人民大会堂柱廊既非传统西洋古典建筑样式，也非传统中国建筑法式，而是独到的结合。万人大会堂宽75m，深60m，室内设计极富特色。其室内平面呈卵形，中央穹顶高33m，观众厅座席分上下3层，墙面与穹顶呈圆角相连，采用“水天一色、浑然一体”的手法，突显了空间的高阔与博大的气势（图9-8）。穹顶中央以五角红星大灯为中心，周围配以金色向日葵光束图案和满天星式的镶嵌灯，寓意全国各族人民紧密团结在中国共产党的领导下奋勇前进。人民大会堂的室内设计由全国著名的室内设计师和艺术家们倾心设计，反映了新中国成立后室内设计的最高水平（图9-9），在中国室内设计发展史上具有里程碑的意义。

图9-8　人民大会堂大礼堂　图9-9　人民大会堂宴会厅过厅（张绮曼，郑曙旸《室内设计资料集》）

9.3.2　毛主席纪念堂

毛主席纪念堂是“文化大革命”时期最后一座重要的建筑工程项目，其位于北京天安门广场南侧，由8个省市设计人员集体创作，北京市建筑设计院负责施工图的设计，室内设计由原中央工艺美术学院和北京建筑设计院等单位共同完成，主要设计人有吴观张等，于1977年建成。纪念堂建筑总高度为33.6m，面宽75m，在建筑立面处理上舍弃了大屋顶的中国古典式和简洁造型的现代式，而取“新而中”的折中式。在室内外设计的特色上，主要是布局严整，具有很好的空间序列性。此外，装饰要素引入了雕塑、雕刻、书法、绘画等艺术形式，装饰装修手法具有象征性和隐喻性，共同创造了纪念堂庄严肃穆而又亲切的氛围与意境（图9-10）。

图9-10　北京毛主席纪念堂北大厅（张绮曼，郑曙旸《室内设计资料集》）

9.3.3　香山饭店

香山饭店是建筑师贝聿铭在我国的早期代表作品，位于北京香山公园脚下，于1982年建成。香山饭店是新古典主义的作品，设计者努力从“粉墙黛瓦”的中国民居和园林中汲取营养，提炼相关语言与符号，并与西方现代主义风格、形式相融合，使宾馆的建筑与室内设计成了既有现代精神又有中国特色的作品。香山饭店所体现的创作方向，显示了强大的生命力，连同它的菱形窗、白墙、灰色线条等一时成为人们竞相效仿的对象（图9-11）。

图9-11　北京香山饭店大堂

香山饭店的建成引发了全国建筑学界关于“现代建筑与中国建筑传统”的热烈讨论，就香山饭店对中国建筑民族化的追求和探索而言，应该说设计者的努力是有积极而深远的意义的，贝聿铭先生曾讲：与其说香山饭店的设计是现代中国建筑之路的一个答案，不如说是对现代中国建筑之路的探索性提案。

9.3.4 广州白天鹅宾馆

广州白天鹅宾馆由广州市建筑设计研究院佘畯南、莫伯治、蔡德道、谭卓枝等设计，建成于1983年，是我国第一家由中国人自行设计、施工、管理的大型现代化宾馆。宾馆于1985年被世界一流酒店组织接纳为在中国的首家成员。宾馆位于广州珠江北岸，拥有客房843间，宾馆布局新颖合理，使得功能、空间和环境达到统一。室内设计特色是将室外的景观逐渐在室内展现，中庭采用整体的多层园林布局形式。其中庭室内设计极富创意，将新鲜空气、阳光、山石、流水等自然环境引入到室内，在室内环境中妙造自然。其具有民族风格的古典琉璃亭及假山瀑布“故乡水”，是比兴手法的恰当运用，这些景物及空间环境形象比附了祖国的大好河山，同时也比附寄托着思乡、爱乡的情感，为此室内环境空间序列的高潮，其水瀑寒潭、泉声淙淙无不激起了风尘仆仆的游子对家乡、对祖国的眷念和热爱之情，该环境意境的创造具有较强的艺术感染力（图9-12）。

图9-12 广州白天鹅宾馆中庭室内设计

广州白天鹅宾馆的室内设计是中国本土设计师在现代室内设计中寻求中国特色的佳作，影响甚广，在我国室内设计的发展进程中占有重要地位。

9.3.5 侵华日军南京大屠杀遇难同胞纪念馆

侵华日军南京大屠杀遇难同胞纪念馆选址于南京大屠杀江东门集体屠杀遗址及遇难者丛葬地，是我国首批国家一级博物馆。纪念馆于1983年底筹建，1985年2月，邓小平到南京视察，题写“侵华日军南京大屠杀遇难同胞纪念馆”馆名，当年8月15日即中国抗日战争胜利40周年纪念日建成开放。

纪念馆一期占地面积3万m^2，建筑面积5000m^2，由齐康主持设计，建成史料陈列厅、电影放映厅、遗骨陈列室及藏品库等，被评为“中国80年代十大优秀建筑设计”之一。纪念馆所要表现的主题是“生与死”及“痛与恨”，所以设计者在室内外环境设计中大量运用象征手法，以求再现当时“灾难”“悲愤”“压抑”“痛苦”的悲剧气氛，以表现死者“千万”“难以数计”的概念。如设计者设计的“卵石”广场，用卵石营造出荒凉、悲戚感以呈现出当时的情景，卵石地面寸草不长，是一种死亡的象征，焦枯增加了死亡的气氛。“生与死”则采用草地与卵石相对映，形成强烈的对比（图9-13）。走进陈列日军大屠杀罪证的展

图9-13 侵华日军南京大屠杀遇难同胞纪念馆室外环境设计

厅，黑色的背景环境引起人们对死亡、恐怖的联想，形成压抑和悲愤的氛围，而进入以抗日战争取得胜利为主要内容的展厅，其开阔的空间及明亮的色彩与前面的黑暗压抑形成了强烈的对比，人们不由联想到“生”的愉悦和幸福。在这里，对亡者之痛，对侵略者之恨，对新中国的爱终于成为观者与设计者的共识。侵华日军南京大屠杀遇难同胞纪念馆的室内外设计充分利用联想在环境心理中的特殊功能，运用象征的手法，借助情感的推动，将环境使用者的审美感知和理解联结起来，达到了意境创造的成功。

9.3.6　阙里宾舍

阙里宾舍建成于1985年，位于山东曲阜孔府附近，建筑面积13000m²，客房164套，由戴念慈、傅秀蓉、黄德龄设计（图9-14）。

设计者着力体现中华文明的源远流长及儒家思想在历史上的地位和影响，建筑尺度适宜，选材具有地方特色。在室内设计中运用了多种艺术手段，包括书法、壁画、浮雕和浮雕砖（图9-15），在家具和灯具的设计上亦朴实无华。其中门厅的设计颇具特色：四方的建筑空间根据人流路线和空间的导向性而设计，不对称的跑马廊和楼梯不但设计合理，其形体的变化也丰富了内部空间。门厅利用歇山屋顶的山花位置直接采光，且直接暴露结构。门厅内以“鹿角立鹤”作主要陈设，并采用了铜锣栏板为装饰，力求突出中国文化的气息。阙里宾舍整个建筑为探索现代的有中国特色的建筑与室内设计进行了有益的尝试。

图9-14　山东曲阜阙里宾舍

图9-15　山东曲阜阙里宾舍餐厅

9.3.7　民族文化宫

民族文化宫位于北京市西长安街，是一座具有博物馆性质的民族风情展览馆，是中华人民共和国成立十周年首都北京著名的十大建筑之一。设计者是北京市建筑设计院的张镈、孙培尧，建成于1959年。民族文化宫总建筑面积32000m²，中央塔楼13层，高67m，塔楼底层为交通枢纽，各类展厅、博物馆、图书资料室等均围绕中央大厅布置。东西两翼为文化馆，主楼及两翼小塔楼为典型的中国传统式坡屋面，屋面为蓝色琉璃瓦，椽、枋、飞檐色彩均与建筑物的色调相协调（图9-16）。民族文化宫建筑造型优美，色彩明快，具有浓郁的民族特色，是我国被列入世界建筑史的建筑。

1988年对民族文化宫建筑结构进行维修加固，内外装修也进行了更新，室内设计由梁世英、张绮曼、潘吾华、张月等主持，于1989年装修改造完成。新的室内设计力求与该建筑端庄典雅、绚丽明快的格调相吻合，力求充分表现各民族大团结欣欣向荣的景象，及中国传统文化与时代气息相结合的风韵。舞厅、餐厅的壮美，多功能厅的华彩，贵宾厅的圣洁，设计风格各具特点又在手法上相互呼应，并使室内空间得以充分利用，达到了功能与艺术的高度统一（图9-17）。

图9-16　北京民族文化宫入口装饰设计

图9-17　民族文化宫清真餐厅
（张绮曼，郑曙旸《室内设计资料集》）

9.3.8　上海图书馆新馆

上海图书馆是上海市综合性研究型公共图书馆和行业情报中心，也是全国文化信息资源共享工程上海市分中心、文化部公共文化研究基地，为首批国家重点古籍保护单位。上海图书馆新馆位于上海市徐汇区淮海中路，由张皆正、唐玉恩等设计，建成于1996年，建筑面积83000m^2。该建筑方案是于1986年方案竞赛中多个方案的综合优化方案，当时上海图书馆以“当代的、上海的文化建筑、图书馆建筑”来定位新馆的室内设计。对于新馆的建设，设计师确实做到了在高雅、简明的格调中反映其功能的先进性和文化的多样性。

图书馆有三个中庭式的高大空间，即主入口大厅、中庭式目录厅和西门厅，它们总体上统一，但形态各异。主入口大厅高三层，是进入各个阅览区的交通枢纽，自动扶梯、电梯和楼梯等竖向交通均集中于此，设计者在大厅南、北两侧利用大面积玻璃幕墙将室外的阳光和景色同时引入室内，大厅空间显得高大、敞亮又具有通透性。在东、西墙面上以“知识就是力量”为内容镌刻了24种不同的文字，以烘托学习向上的氛围及中外文化交流的意境。三个大厅皆以暖色为基调，统一用石材做地面或墙面，顶界面采用了当时并不多见的优质微孔吸声铝扣板，大厅的一层还设有一池静水，各界面共同营造了宁静、和谐的室内环境。而视听中心、展览厅、报告厅、学术活动室及贵宾室等各种功能活动区的设置，使上海图书馆成为我国现代图书馆向综合性、多样性及开放性方向发展的代表（图9-18）。

图9-18　上海图书馆入口大厅

9.3.9　上海金茂大厦

上海金茂大厦位于上海市浦东新区陆家嘴金融贸易区中心，建成于1999年，占地面积2.4万m^2，总建筑面积29万m^2，其中主楼88层，高度420.5m，建筑面积约20万m^2。建筑外观形似传统中国塔，裙房共6层，建筑面积3.2万m^2，地下3层，建筑面积5.7万m^2，外体由铝合金管制成的格子围住（图9-19）。金茂大厦1层和2层为门厅大堂；3~50层是层高4m、净高2.7m的大空间无柱办公区；51层、52层为机电设备层；53~87层为酒店；88层为观光大厅，建筑面积1520m^2。上海金茂大厦建筑由美国SOM建筑设计事务所设计，室内设计则由美国、加拿大及日本公司与SOM建筑设计事务所共同完成。尽管设计主创为外方设计师，但大厦集现代和传统于一体，是20世纪末我国超高层建筑中特别具有代表性的作品之一，荣获伊利诺斯世界建筑结构大奖，为2019上海新十大地标建筑。

在室内设计上，大厦内部以黑色、金色、米色为主基调，借助多处部位乌金木与金箔的装饰，使得室内空间金碧辉煌，而局部铁艺花格的应用，又显出海派文化的影响。金茂大厦自酒店56层酒吧开始向上直到塔尖的酒店中庭可谓气魄宏大、绚丽璀璨，面积达80㎡的中庭壁画，在灯光的照射下色彩斑斓，客房层围绕着这个超级共享空间的空心筒体布置，形成“金色年轮”的室内景观和华丽温馨的氛围（图9-20）。此外，金茂大厦室内设计中大量使用书法挂屏、明式家具等中国传统元素，将中国传统文化与现代建筑观念及现代建筑技术紧密结合，处处显得现代而又充满东方韵味（图9-21）。

图9-19 上海金茂大厦

图9-20 上海金茂大厦“金色年轮”的室内景观

图9-21 上海金茂大厦旋转餐厅

9.4 教育与学术

新中国成立后，于1957年原中央工艺美术学院（今清华大学美术学院）成立了“室内装饰”系，从此开始了中国室内设计人才的专业化培养。该时期，十大建筑提高了室内设计的地位，初步改变了室内设计从属于建筑设计的局面，此后中国的室内设计已经逐步成为独立的学科和专业。

“文化大革命”时期，中国的室内设计教育处于逆境，专业人员纷纷改行，高等学校停止招生达数年之久，直至1977年恢复招生。本科恢复招生以后，全国艺术类及综合类高校设置室内设计、室内装饰、环境艺术设计等专业的院校逐年增多，招生规模也不断扩大。1978年为了适应改革开放新时期的需要，中央工艺美术学院率先开始招收室内设计专业的硕士研究生，以培养较高层次的专业设计人才。1988年原国家教委正式批准将室内设计专业扩展为“环境艺术设计”专业（后在本科目录中又定名为“环境设计”专业），教学及研究范畴已从室内设计向室内外空间环境设计扩展，注重培养学生室内外环境意识的整体设计思维与创造能力，环境设计教育在我国呈现出蓬勃发展之势。室内设计学术界也迅速兴盛起来，出现了大量的室内设计与装修的著作。与室内设计和装修有关的杂志已近数十家，其中，中国建筑学会室内设计分会会刊、南京林业大学和江苏省建筑装饰研究院主办的《室内设计与装修》，重庆大学主办的《室内设计》，西安市工业合作联社主办的《新居室》，中国建材工业出版社和中国建筑装饰装修材料协会主办的《装饰装修天地》，中南林业大学主办的《家具与室内装饰》，以及广州珠江建筑装饰集团主办的《广州建筑装饰》等均有一定的影响。

第10章　中国民居

我国建筑从原始的巢居、穴居开始，到木架构成熟，建筑的种类繁多，形成了多样化、多层次的格局与面貌。民居是普罗大众借以起居生存、遮风避雨的居住空间，也是姿态万千的中国建筑艺术和民俗文化的结晶，其建筑与室内设计艺术绚丽多姿，以三维的空间为载体发展和流传下来，是历史的重要组成部分。

10.1　传统特色民居

10.1.1　北京四合院

我国汉族住宅除黄河中游少数地点采用窑洞式住宅外，其余地区多用木构架结构系统的院落式住宅。北方住宅以北京的四合院住宅为代表。这种住宅的布局讲究尺度和空间安排，一般按中轴线对称分布，房舍、院落在方正、整齐中见变化，朴素、幽雅，显示出符合封建宗法礼教的尊卑有序、层次井然的家族氛围。院落一般为南北方向，典型的北京四合院一般为两进以上的院落，有的院落可以达到四列五进，形成长长的纵向轴线（图10-1）。

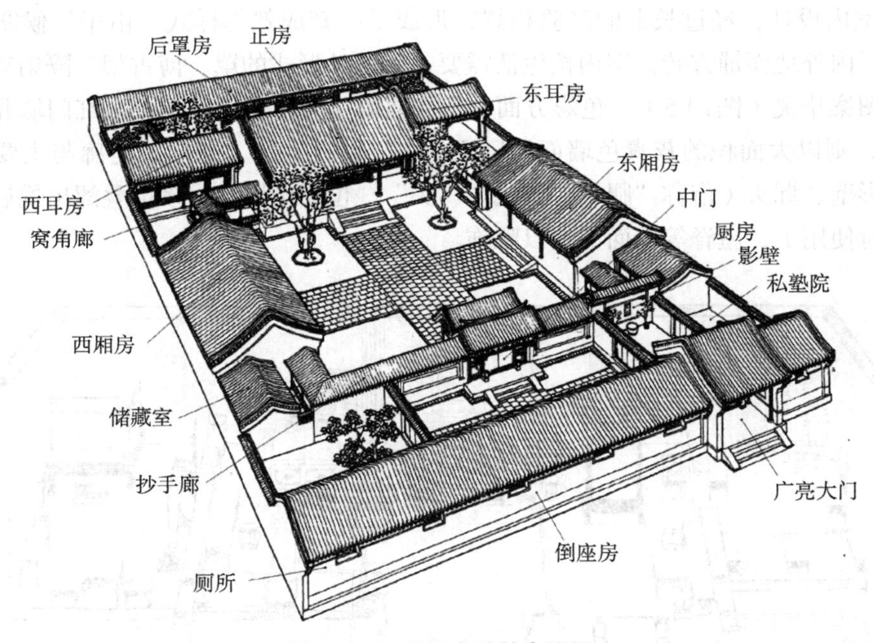

图10-1　一般四合院的布局图

住宅大门多位于东南角上。大门形式可分为屋宇式和墙垣式，屋宇式一般为一间，但依房主地位尚可有三、五、七间的或更多间的门，只有部分开启，门扉装在中柱之间的称为广亮大门（图10-2），门扇上有门钉，上楹用门簪，抱框用石鼓门枕，并配有符合主人地位的雕刻和彩画。门扇设在檐柱处，称为如意门，为一般民居用，数量最多。无门屋的墙垣式门更低一级，与如意门一样略加砖雕装饰。门内迎面建有影壁，一般影壁表面用清水磨砖，加以线脚、雕花、图案、福禧字等作为装饰（图10-3）。自此转西至前院。前院之南与大门并列的一排房屋称为倒座房，通常为客房、书塾、杂用间或男仆的住所，之北为带廊的院墙。中央有一座形体华美的垂花门，所谓垂花门，是指檐柱不落地，悬在中柱穿枋上，下端刻花瓣联珠等装饰木雕的门（图10-4）。入得门里即为面积较大的内院，这是四合院的核心部分。内院院北的正房供长辈居住，东西厢房是晚辈的住处。利用游廊围绕四个拐角处，联系垂花门、厢房与正房，游廊不仅可以遮雨、遮阳，而且可以丰富庭院空间层次的变化。另在正房的左右，附以耳房与小跨院，置厨房、杂屋和厕所，或在正房后方，再建一排后罩房。更大的住宅则在二门以内以两个或两个以上的四合院向纵深方向排列，有的还在左右建别院，并在左右或后部营建花园。

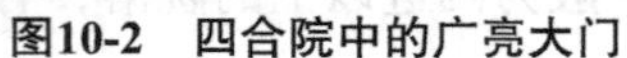

图10-2　四合院中的广亮大门　**图10-3　四合院内的影壁**　**图10-4　四合院内的垂花门**

四合院的室内设计，经过长期的经验积累，形成了一套成熟的样式。由于气候寒冷，一般在室内设炕床取暖，内外地面铺方砖。室内按生活需要，用各种形式的罩、博古架、隔扇等划分空间，上部装纸顶棚，图案华美（图10-5）。色彩方面，贵族府第，可使用琉璃瓦、朱红门墙和金色装饰。一般住宅的色彩，则以大面积的灰青色墙面和屋顶为主，并在大门、二门、走廊与主要住房等处施彩色，于大门、影壁、墀头（俗称“腿子”，或“马头”，位于山墙上，多由叠涩出挑后加以打磨装饰而成，往往成对使用）、屋脊等砖面上加以雕饰。

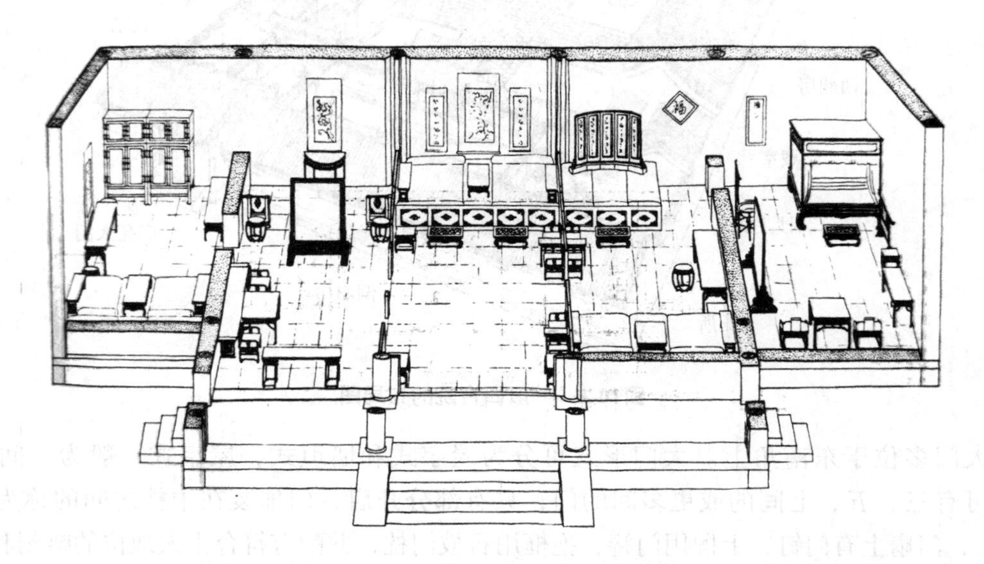

图10-5　四合院室内设计透视图（刘敦桢主编《中国古代建筑史》）

10.1.2　苏州民居

图10-6　苏州民居靠河的边门

长江下游江南地区的住宅，往往以封闭式院落为单位，沿着纵轴线布置，但方向不限于正南正北。苏州地处江南地区，由于水网密布，人多地狭，因而传统民居在造型和平面上都形成独有的地方特色。苏州民居合院式的建筑，一般四周的房屋被连接在一起，中间围成一个小天井，称为“天井院”住宅。住宅多以三间或五间的单体建筑为构成单元，称为“落”，天井或庭院称为“进”，“落”和“进”前后交替布局，两侧再以高墙封闭围合，这样就形成了纵深串联的多进院落住宅。

民居大多数有主要和次要两个出口。大型住宅除了前后门外还设有边门，一般后门或边门会有一个靠河（图10-6）。在多进的民居中，第一进为门厅，第二进为轿厅。正厅是大、中、小型民居都有设置，为民居中的主体建筑，供接待贵宾、婚丧嫁娶和家族祭祀之用（图10-7）。正厅一般都是两层的楼房，而且带有两侧的厢房，楼上是卧室，楼下是主人和内眷生活起居之处。正厅的后面是内厅，大户人家的院落最后还设置绣楼，供女儿居住。

图10-7　苏州耦园的厅堂布设

院子采用东西横长的平面，围以高墙，同时，在院墙上开漏窗，房屋也前后开窗以利通风。住宅的结构，一般为穿斗式木构架，或穿斗式与台梁式的混合结构。屋顶多为硬山式，或山面出于屋面上，构成封火山墙。梁架与装修仅有少数精致的雕刻，不施彩绘，墙用白色、瓦为青灰色、木料则为栗褐色，色调雅素明净。

在室内设计方面，客厅的设计最富特色与变化：有两厅双置，成为南北对厅，或东西双厅、鸳鸯厅（即一厅分为前后两个独立的厅）等，形式变化自由，是苏州民居天井院中最富情趣之处。厅堂室内根据使用目的，用罩、隔扇、屏门等进行自由分隔，顶部做成各种形式秀美的天花，称为轩，也有利用结构夹层将厅内柱吊起而不落地，称为花篮厅。客厅和书房前后庭院布置山石林木，幽静雅致，建筑装饰精美，是主人宴宾会友、听曲休闲之处（图10-8）。

a）

b）

图10-8　苏州居民

a）苏州民居的院内环境　b）苏州民居中的厨房

10.1.3 皖南民居

皖南地处于古徽州长江以南，地名起源于唐朝江南道，清朝设立皖南道。皖南民居大多位于以村为单位的聚落中。村的形成和发展，主要靠地缘与血缘，地缘决定生存条件和环境，血缘关系着村落的凝聚力及子孙后代的发展。可见古人注重追求人与自然关系的和谐，以及社会环境本身的和谐。村的选址，往往符合“枕山、环水、面屏”的原则。现存的皖南民居以明、清时期的为多，所在的村落环境大都有山川之胜，原田之宽。

皖南民居素以平面布局严整而著称，其基本形制是方形内向，总体有正方形和长方形两类。按空间序列分，有独立单元式、前后两进式和两进之侧并接单元式。独立单元式居民常为两层楼房，组成三合院或四合院（图10-9）。正房多为三间，入口多开在中轴线上，楼梯大都置于明间后墙与后壁之间。大户人家在三合院和四合院的基础上还可以发展、变化出各种复杂的形式，如两个三合院、两个四合院、一个三合院和一个四合院，呈现形状从平面上看有“口”字形、“H”形和“日”字形。甚至还可以继续组合、发展出更复杂的院落形式。在一条纵轴线上前后院落的排列俗称“步步升高”，而每一个院落都有一个正堂。四层院落称为“四进堂”，五层院落称为“五进堂”，在皖南甚至还有“九进堂”。每进一堂便递高一级，这就是所谓的“前低后高，子孙英豪”。

皖南民居的内部为楼房形式，正房是人字形屋顶，大都是三开间，中间开间的楼上、楼下都是不带门窗的敞厅形式（图10-10）。厢房是单坡屋顶，楼上楼下都有槅扇门窗。无论是正房还是厢房，都是木结构朝向院落，没有砖结构，且外围一圈都由高墙围合。此外，所有屋顶都向院内倾斜，没有向外面倾斜的屋顶，一旦下雨，雨水都会流到自家的院子里面。明清时，徽商把这种“四水归堂”的形式赋予了人文意义，认为下雨是“老天降福”，水都流到院子里是“肥水不外流”，意味着“聚财”（图10-11）。

皖南住宅室内外注重装饰，其三雕（木雕、砖雕、石雕）精美绝伦。尤其是木雕，重点部位是面向天井的栏杆靠登，楼板层向外的挂落和柱梁节点。木雕的刀法流畅，形象丰满、华丽而不琐碎，艺术水准极高（图10-12）。在住宅室内界面处理上，喜用色彩淡雅的彩画，将天花面绘浅色木纹或花卉图案，用以改善室内折射亮度。

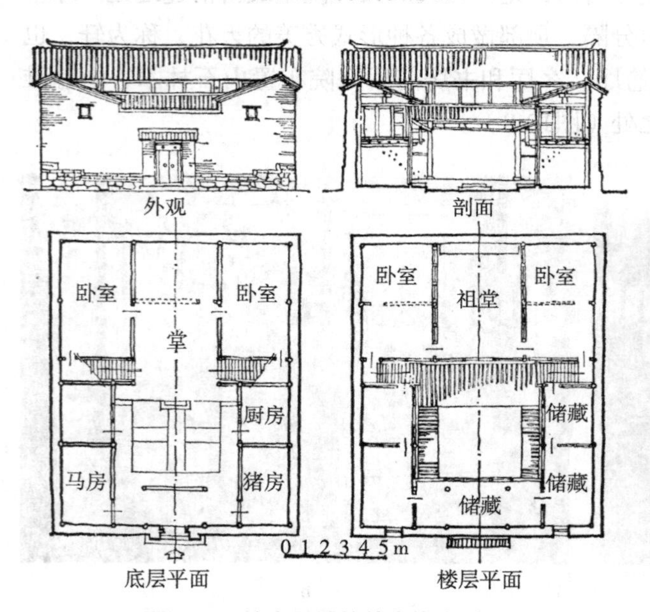

图10-9 皖南民居的基本构成图

图10-10 皖南民居厅堂

图10-11　四水归堂

图10-12　皖南民居木雕

10.1.4　浙江民居

浙江一带属暖温带到亚热带气候，房屋的朝向多朝南或东南。浙江民居的典型特点是比较开敞外露，多外廊，深出檐，窗洞很大，给人以舒展轻巧的感觉。民居棱角笔直，无笨拙臃肿、敷衍堆砌、形象粗糙之感。精湛的施工技术，使建筑大为生色。

图10-13　浙江鲁迅故居堂屋

天井院住宅的基本形式有两种，一种是由三面房屋一面墙组成，正屋三开间居中，两边各为一开间的厢房，前面为高墙，墙上开门。在浙江将这种形式称为“三间两搭厢”。也有正房不止三开间，厢房不止一间的，那么按它们的间数分别称为五间两厢、五间四厢、七间四厢等。中央的天井也随着间数的加多而增大。另一种是四面都是房屋围合而成的天井院，在浙江称为“对合”。

图10-14　浙江鲁迅故居卧室

浙江民居的正房称上房，隔天井靠街的称下房，大门多开在下房的中央开间。正房多为三开间，是天井院的主要部分，一层的中央开间称作堂屋，这是一家人聚会、待客、祭神拜祖乃至举办红白喜事的场所，因而是全宅的中心。在室内设计上，堂屋开间较大，不安门窗与墙，使堂屋空间与天井直接连通，利于采光与空气流通。堂屋的后板壁称为太师壁，壁两侧有门可通至后堂。太师壁前面置放长条几案，案前放一张八仙桌和两把太师椅，在堂屋的两侧沿墙也各放一对太师椅和茶几。有地位的人家，往往还取名为某某堂、某某屋，这些书刻堂名的横匾悬挂在堂屋正中的梁下。整座堂屋家具的布置均取对称规整的形式。太师壁前的长条几案是堂屋中最主要的家具，它做功讲究，多附有雕饰。几案正中供奉祖先牌位及香炉、烛台，两侧常摆设花瓶及镜子，以取家“平平静静”的寓意。太师壁的正中悬挂书画，内容多为青松、翠竹、桃、梅等具有象征意义的植物山水题材，讲究的人家也有在堂屋两侧墙上挂书画的（图10-13）。

浙江民居天井院两侧为家长住房，两厢为晚辈住房，也有的于西厢背后再加天井，或发展为另一个院落（图10-14）。和其他地区一样，一般人家院落以不封闭式为多，平面与立面的处理非常自由灵活。经济条件好的人家，建筑力求采用高档材料，细部装饰华丽，住宅在平面上采用对称的布局，四周围用高墙封闭，并附以花园、祖堂。

10.1.5 高原窑洞

我国河南、山西、陕西、甘肃等北方黄土高原地区，人们为了适应地质、地形、气候和经济条件，自古就有挖窑而居的习惯。窑洞坚固耐久、保温、隔声且防火。主要的建筑形式有靠崖式、下沉式、独立式三种形式。靠崖式是在天然土崖上横向挖洞，常数洞相连，或上下数层，有的在洞内加砌砖券或石券，防止泥土崩溃，或在洞外砌砖墙，既保护崖面又可安设门窗。规模大的可做成并列多间或上下多层，外部也可另建房屋形成院落，称为靠崖窑院。下沉式是在平地上向下挖院式天井，再在井壁横向挖窑洞，分正房和厢房，入口坡道在东南角。独立式实际上是窑洞形的地面建筑，冬暖夏凉。它与一般四合院没有太大不同，只是正房做成砖砌窑洞状，前面有木构檐廊，屋顶覆土成平顶。

图10-15 靠崖式窑洞

（1）靠崖式窑洞 靠崖式窑洞（图10-15），是在黄土山坡边缘，朝山崖里开挖的洞穴，顶部成拱形，底部为长方形。这种窑洞前面是比较开阔的沟壑，便于采光通风，让居住的人不会感到空间压抑，同时会留一块平地作为院落，以利人们从事户外活动。它比起下沉式窑洞及独立式窑洞的修建都要简单，只要有黄土山坡或土塬较为垂直的边缘地区，都可以向黄土里掏挖靠崖式窑洞。窑洞的前面必须要有一块平地作为居住者出入和户外活动之用。

图10-16 下沉式窑洞

（2）下沉式窑洞 下沉式窑洞是在没有山坡、沟壁可利用的自然条件下，先在地上挖一个方形的地坑，形成四壁闭合的底下院落，然后再从这个院落里向四壁横向挖进去，形成窑洞，并将一孔窑洞挖成坡道形的隧道，作为院落的联络通道（图10-16）。

图10-17 平遥独立式窑洞院落

下沉式窑洞的房间也分为正房和厢房，正房是设置祖堂的地方。而正房对面的倒座房或是一侧的厢房，被用来作为厨房、牲口房、储藏间和放置农具的库房等辅助用房。经济较为富裕的晋南、豫西地区，下沉式窑洞清洁、舒适，和地上的院落民居一样富有浓郁的文化色彩。

这种居住形式还必须设置一个入口通往地面，入口的形式、方位等除依地形、地势等客观条件来考虑外，还往往受风水的影响。它是中国民居中非常具有民族特色的一种形式。

（3）独立式窑洞 独立式窑洞是在地上用砖或石料砌成拱券的房间，将拱券后面用墙封上。拱券的前面装上木质的门窗，拱券的上面覆土，形成窑洞形式的房子。独立式的窑洞是窑洞中最高级的一种（图10-17）。窑洞的门窗立面形式，各地大相径庭，但使用木料最集中、装修最讲究的部位便在门窗之上。

10.1.6　四川民居

四川多山，民居常利用地形灵活且经济地做成高低错落的台装地基，在其上建造房屋，平面及朝向都较自由。主要房屋仍具有中轴线，但左右次要房屋则不一定采用对称方式，总体有正方形、长方形和不规则形等多种形式，朝向依地形而定。房屋结构通常用穿斗式木构架，高一至三层不等（图10-18）。墙壁材料因材致用，有砖、石、夯土、木板、竹笆等。四川民居往往以院落为中心，围成三合院等形式。正中建堂屋，供奉祖先和待客，侧室供长辈居住，两厢住晚辈或作厨房及仓库。

由于气候温湿，祛湿成了突出的问题，四川民居更讲通透（图10-19），除有天井通风采光外，还常在屋后与围墙之间再留一个1m多宽的抽风天井或通风口。也有许多民居，不设院墙，而是顺从地形，融于乡野，因此，往往更显清新别致。

四川很多地区多雨，典型的四川四合院民居屋面在拐角处往往是相连的，以利雨天通行。天井平面一般为横长方形，也就是宽而浅，天井四周的房屋较少设置前廊，但是由于朝向天井一侧的房屋屋檐出挑很宽，且屋面较低，所以出挑的曲面形成了不带柱子的前廊，且铺地与屋面相一致，出挑屋面下的铺地高出天井，不易积雨水，这样，雨天人们仍可最大限度地利用天井空间进行活动而不被雨淋。

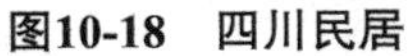
图10-18　四川民居

图10-19　四川民居的墙面开窗

10.1.7　福建民居

客家住宅沿着五岭南麓，分布于福建西南部及广东、广西两省的北部，以福建最广和最为典型。由于长期以来客家聚族而居，因而产生体形巨大的群体住宅。这种住宅的布局主要有两种形式，一种是大型院落式住宅，平面前方后圆，内部由中、左、右三部分组成，院落重叠，屋宇参差；另一种为平面方形、矩形或圆形的砖楼与土楼（图10-20）。

（1）五凤楼　五凤楼是福建土楼的最初形态，和广东梅州围拢屋的形式非常接近，是客家民居中的精品。五凤楼是一种极富传统的防御性建筑，这种建筑后面较高，本身就具有防卫功能，前面的建筑虽然不及后面高，但是墙体比较厚实，大门也相当坚固，在旧时农业社会已经可以满足一般的防卫要求。

比较典型的五凤楼式是“三堂两横”，所谓“三堂”就是在住宅前后中轴线上，从前到后分别设置下堂、中堂、上堂三座建筑；而“两横”则是在三廊的左右两侧各建一座厢房，从建筑平面图上看这“两横”恰好是“两竖”。在五凤楼的前面，有一方禾坪（晒谷场）和一池半圆形的水塘；而在五凤楼的后面应有一块高地，并用院墙围合成一个半圆形。前面的水塘与后面的高地前后拥护着中间的建筑，这种完整的平面反映了传统造型思想和礼制规范。

a）

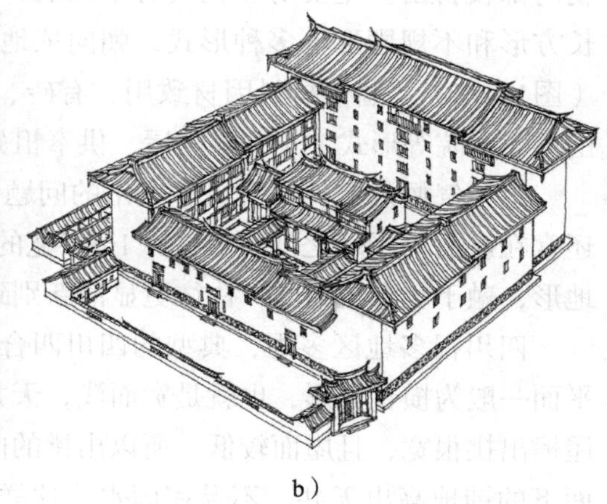

b）

图10-20　福建民居五凤楼

a）五凤楼的建筑外观　b）五凤楼的平面布局

（2）半月楼　半月楼是福建土楼特殊形式中的一种。半月楼最集中的地区在闽南的诏安县秀篆镇和粤东的饶平县饶阳乡。半月楼的主要特点是由许多个两层楼围合而成一个半月形平面的大楼，有两圈、三圈，还有四圈围合的（图10-21）。直径也有大有小，像诏安县太平镇的一个半月楼，直径就超过100m。半月楼的最前面是一个半月形的池塘，池塘和楼正好在正面构成圆形。楼的中心是一座公堂和一座祠堂。围绕祠堂和公堂的是半圆形的两层楼房，有四圈到五圈。

（3）单元式方楼　从数量上说，福建土楼的方楼是土楼主要的种类（图10-22）。方楼又可分为单元式和内通廊式。单元式方楼每一户都是从底层到顶层的独立单元，每一层与左右邻居都互不相通。单元式方楼一般高达三四层，通常底层设卧房。底层向中心院落一侧伸出单坡屋顶的坡屋室作为餐室。再向前面，建一个小门厅，小门厅和餐室之间就成了自家的小院子。小院子的一侧建一个廊子连接门厅和餐室，廊子又兼作厨房。

图10-21　福建半月楼民居

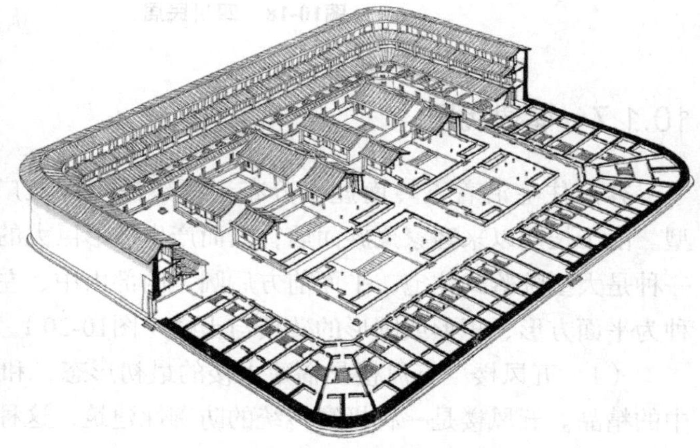

图10-22　福建的单元式方楼解构图

（4）圆形土楼　圆形土楼是福建土楼中比较有特色的一种，其数量少于五凤楼和方楼。最好的圆形土楼要数福建省华安县大地乡的二宜楼。二宜楼建筑装饰精美，卫生条件良好，楼内充满温馨的生活气息（图10-23，图10-24）。

图10-23　福建民居二宜楼

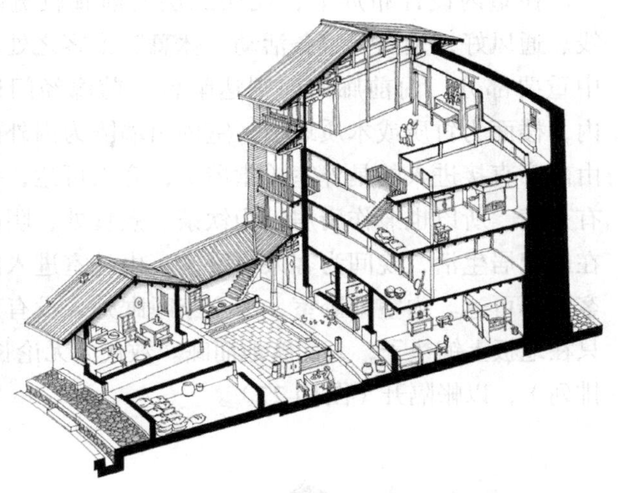

图10-24　福建民居二宜楼的空间解析图

承启楼也是一座非常著名的土楼，位于福建省永定县高头乡高北村，它是福建民居内通廊式圆形土楼的典型。承启楼的外径为62.6m，由4个同心圆的环形建筑层层相套，组合而成（图10-25）。楼的中心是祖堂，由一个小的圆形院落构成，一门、一堂，天井呈半圆形。第二圈高一层，是由20个开间构成的圆环建筑，功能是书房，每一个书房前都还有一个很小的天井。第三圈高两层，是由34个开间构成的客房。最外面一圈高四层，是由72个开间构成的住宅。最外面一圈建筑的底层全部是厨房，二层全部是谷仓。三层、四层全部是卧室。另外，一层还设置有一个大门和两个侧门。在平面的四个方向上，各设置一个楼梯，从底层一直通向四层。全楼共有370多个房间，住房的大小完全一致，在讲求等级制度的封建社会，这种设计带有超越时代的平等理念。

图10-25　福建民居承启楼

10.1.8　干栏式民居

干栏式传统民居历史悠久，建筑特点为人处其上，畜、产居下，底层架空。我国南方广西、贵州、云南、海南等处，位于亚热带地区，气候炎热且潮湿多雨，为了通风、采光及防盗、防兽，该地的侗族、苗族、瑶族、壮族、傣族等许多少数民族广泛地使用这种民居形式。干栏式民居根据从下层透空柱梁空间的高度而言，分高楼式和低楼式。由于地区不同，住宅的布局和结构又会有所变化。

（1）傣族民居　傣族上层阶级如土司，其府、宅结构以木架为多，但也有全部用竹料的。普通民居使用干栏式竹楼建筑，在德宏和西双版纳分布很广，体量一般都很大，是我国各民族干栏式住宅中占地面积最大的一种，通常只有二楼一层为居民所使用。

在云南西双版纳的傣族村寨中，每一户有一个单独的院落，各户以竹篱划分为面积相仿的地盘。民居采用歇山式屋顶，房屋正脊很短，屋面坡度很大，屋顶的下面还有坡屋顶，看上去很像檐式屋顶（图10-26）。

在室内设计布局上，民居二层的前廊较宽敞，光线、通风好，是白天家务活动、休息、聚客之处，为宅中重要部分。由前廊向前则达晒台。前廊经门进入室内，楼面为竹质或木质地板，室内由墙隔为内外两室，由前廊直接进入的是外室（堂屋），客人可达，一般设有火塘，所以也兼作厨房，为饮茶、煮食处，阴雨天则在此起居生活，晚间为客人寝卧处。由外室进入内室，客人不可达。内室即卧室，为全家睡眠处，没有桌椅，只在地板上铺垫子，人们席地而睡。数代人无论长幼往往同居一室（睡觉的位置是依照长幼秩序依次排列），以帐隔开（图10-27）。

图10-26　西双版纳傣族民居

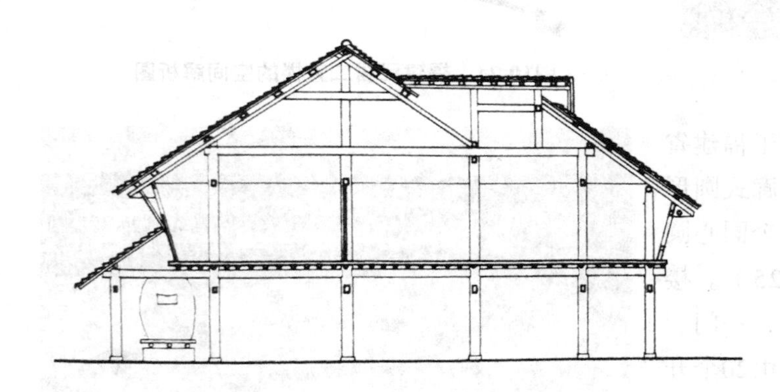

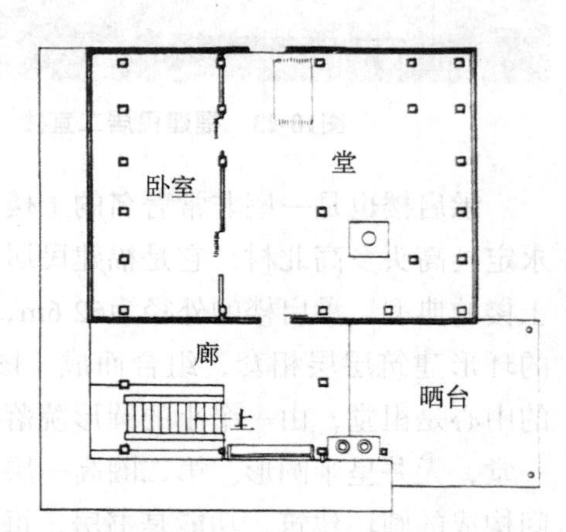

图10-27　云南傣族民居立面与平面图（刘敦桢主编《中国古代建筑史》）

（2）西江苗寨　贵州西江苗寨由十余个自然村寨组成，依照地势起伏分布着1000多户民居。西江的苗族民居为高干栏形式的建筑，木构架采用穿斗式，屋顶为悬山式。由于有相当数量的民居是建造在30°以上的山坡上，因而坡地民居往往都将宅基地先处理成两级的台地，建筑物前面架空，后面就架在堡坎之上（图10-28）。多数民居为三开间，入口设在民居的后面，道路直接通向二层，这里是民居的主生活空间。颇具特色的是，每家都在二层堂屋出挑的前面空间布置一设有美人靠座椅之处，供家人及客人观景，很有生活情趣。

图10-28　贵州西江苗族民居

10.1.9 蒙古包

蒙古族、哈萨克族等民族为适应北方游牧生活而使用移动的毡包作为住宅（图10-29），以期使用最少的建筑材料，获得最大的居住面积，也方便了搬运和运输，同时还利于抗风，这是蒙古包的最大特点。草原、沙漠中缺乏建筑材料，因此毡包用羊皮覆盖，以枝条做骨架，构造很简单。毡包的直径一般为4~6m，高2m多，顶部为圆孔，为一木制圈，白天敞开，晚上掩盖。蒙古包的骨架枝条节点用皮条绑扎，形成一个网架，蒙以羊皮或毛毡，再用绳索束紧。架设时，地面铲去草皮，略加平整后铺沙，在沙上铺皮垫、三层毛毡。

在室内布局上，蒙古包入口对面为主人居处，在主位左侧为供佛处，右侧为箱柜，再左为客位，再右为女主人居处。在入口左侧放鞋靴，右侧为炊具燃料。全包中央设火塘，供取暖、烧饭之用（图10-30）。富户拥有六七座毡包，一个小部落群聚集一处，往往有60~70座毡包。

图10-29　蒙古包的一般形式

10.1.10　维吾尔族民居

我国维吾尔族大都居住在新疆地区，这里气候干燥炎热、降雨量小，昼夜温差大，是典型的温带大陆性气候。维吾尔族平顶式民居没有明确的中轴线及对称要求，也没有规定的朝向，房子为平顶。由于少雨，住宅周围不设排水设施。民居各个房间都围绕户外活动中心或顶部封闭的户外活动中心布置，住宅的外部造型也形式多样。有代表性的地区为南疆的喀什、和田（旧称和阗）（图10-31）。

在建筑结构与布局上，喀什传统的高台民居很有特色：街道小巷蜿蜒曲折，四通八达；过街楼、半街楼比比皆是；民居往往以平房和楼房相穿插，空间开敞，形体错落，灵活多变。喀什高台民居（图10-32）庭院内部的建筑空间，大多都由屋顶、中部起居室、地下存放室三个层次构成，空间组合十分紧凑。在室内空间布局上按功能设有起居室、餐厅、客室及厕所，局部设地下室作为储藏空间。维吾尔族住宅注重建筑装饰，在喀什地区的被称作“阿以旺”的住宅，室内壁龛多者达100多个，这些壁龛都用石膏花纹作装饰，壁龛常做成尖拱门状，极富装饰效果。檐口、内壁上缘、壁炉的炉身和炉罩，也都用石膏刻花作装饰。所有维吾尔族地区民居还喜爱采用木雕装饰，像木柱、雀替、檩头上都作木雕装饰，另还善用贴雕，如柱头、封檐板、天花等处重复的几何花纹，往往用木板预先锯成雕好再贴上。

图10-30　蒙古包的室内场景

北疆的吐鲁番和伊宁民居常采用土拱建筑，用土坯花墙、拱门等分割空间，院内以葡萄架加强绿化并联系各组房屋。房屋布置也以前后室相连，大体与喀什一带民居相同。

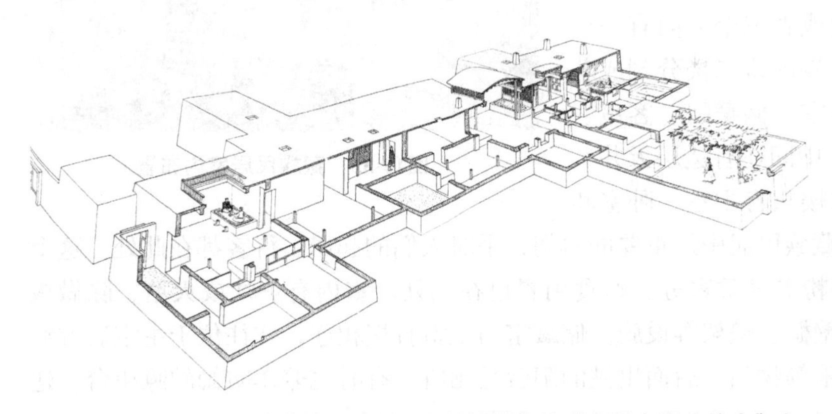

图10-31　新疆维吾尔族住宅剖视图（刘敦桢主编《中国古代建筑史》）

图10-32　新疆喀什传统的高台民居

维吾尔族住宅在室内外设计上有着不同于其他民族住宅的特点：第一，设置户外的家庭活动中心，围绕庭院设有敞廊、平台，台上铺地毯，可供生活起居及夏日露宿。第二，有一间主要房屋为客房。第三，室内界面装饰华丽，地面铺地毯，壁面用织物作装饰，如壁毯、门帘等。第四，不置高坐具，室内家具也较少，用小壁龛存放被褥。第五，出于卫生方面的考虑，不用火塘而用壁炉、火墙、火炕采暖。第六，屋顶开窗，或向天井开窗。

10.1.11 藏族民居

藏族人民主要生活在西藏、青海、甘肃及四川西部等地广人稀、山高且气候多变的地区（图10-33）。为了适应这样的特殊自然环境，藏族民居在造型和室内空间的安排上有着许多其他地区民居所没有的独特之处，譬如，藏族民居常常设置一些门廊，而门廊又在凹进的空间里，这样既可以采纳阳光，又不必担心冷风的吹袭。传统藏族民居往往设有卧室兼厨房的特大房间，一家人合住一室，只有家中的喇嘛和造访的客人另住一室。大房间的炉灶或火塘内日夜有火，这样不仅可以随时煮食，而且一家人可以取暖，热能可以充分得到利用。

图10-33 藏族民居

藏族住宅往往外部用石墙，内部以密梁构成楼层和平顶屋，高三层左右，大户人家也有高达六层的，如西藏囊色林庄园（图10-34）。城市住宅常以院落作为全宅的中心。乡间住宅多依山建造，少有院落，高以三层为多。一般藏族民居第三层即是屋顶，顶层一般分为两部分，前面一部分是晒坝，也就是一种较大的平屋顶阳台，在这里打晒粮食及晾晒杂物，不受邻近房屋的遮挡，也不用担心牲畜动物偷吃。平时在这里做家务或休息也很舒适自在，冬天还可以晒太阳取暖。后面的部分则是房屋，房屋仍然是平屋顶，屋顶开阔，有居高临下的优势，便于瞭望与防守。顶层经堂是一家中最神圣、庄严的地方。顶层其余的房间称为敞间，敞间就是开敞的房间，不封闭，便于通风，吹干存放的粮食。二楼的楼梯井在楼层中间，楼梯井的四周或者三个方向有一个交通区域，交通区域的外围，以木板墙将二楼分割成若干个房间。较大的住宅由主卧、卧室、储藏间、客室、阳台、敞间、经堂等（图10-35），中间还有透层天井，环绕天井是一圈走廊。小型住宅二楼只有主室、卧室和储藏间，其余为一个敞间。主室是藏族民居中最重要的房间，平时人们的起居、待客都在此处。这个房间还兼作厨房，提取酥油，磨麦粉等日常家务，饮食用餐也在此处。室内有炉灶或火塘，除做饭外，还可供人家取暖。另外，还有壁橱、壁架等设施。储藏室与主室直接相连，往往位于主室后方靠近炉灶的地方，用以储藏粮食和柴禾等物品。后面出挑的阳台是厕所，有时也兼作防御的瞭望台。建筑底层不住人，用作牲畜房和草料房。

图10-34 西藏囊色林庄园

图10-35 藏族民居室内布置

藏族民居色彩朴素协调，基本为材料本色：泥土的土黄色；石块的米黄色、青色、暗红色；木料部分则涂暗红色，与明色调的墙面、屋顶形成对比。在贵族的住宅中，将窗框做成梯形，女儿墙檐口有黑紫色或土红色的装饰带，大门有门屋，并且用彩画。室内张挂丝绸的帷幕，墙上挂壁毯作装饰。

10.2　其他典型传统民居

10.2.1　开平碉楼

广东开平碉楼最早建于清初，最多时达3000余座，主要分布在开平市的中西南部。建造碉楼的主要目的是防御土匪及躲避洪水，因此都会建成高塔状。开平碉楼一般高三到六层，也有高达九层的，其平面都呈正方形或长方形，和一般房子差不多。

开平碉楼大致可以分为三种：更楼、众楼和居楼。更楼是楼体较细的一种碉楼，其功能是让民团在楼上观察和瞭望盗匪的行踪（图10-36）。众楼是楼体较宽的一种碉楼，其功能是让村民能够进入碉楼内部躲藏起来（图10-37）。居楼多为洋楼的形式，是使一家人居住、防卫功能合二为一的住宅形式（图10-38）。

图10-36　广东开平碉楼中的更楼

图10-37　广东开平碉楼中的众楼

图10-38　广东开平碉楼中的居楼

碉楼的造型从上到下可以分为三个部分：楼体、挑廊和屋顶。碉楼最上面的是屋顶，向里收分，装饰功能较强，既有古希腊、罗马的风格，又有哥特、巴洛克和洛可可风格等，最多的是折衷主义的中西混合式。开平碉楼的楼体部分简朴无华，而屋顶部分却千姿百态，颇具审美价值。

由于碉楼的功能主要是供人们夜晚暂避危险，因而楼体在内部空间布局方面，二层以上每层设置若干卧室，并设置一个洗手间，方便村民夜间休息。最下面一层作为库房，用于储存粮食及饮用水。

10.2.2　白族民居

白族主要分布在云南、贵州、湖南等省，其中以云南省的白族人口最多，主要聚居在云南省大理白族自治州。此外四川省、重庆市等地也有分布。白族是一个聚居程度较高的民族，受汉文化影响较深，其建筑、雕刻、绘画艺术又有着自己的特色与风貌。

白族民居的构成单元是一个三开间、两层楼的房子，当地人把这种房子称为“坊”。“坊”的设计布局为：楼下三间，中间的明间（堂屋）是待客和祭祀祖先的地方，两边的次间是卧室。三间房子外面有廊子，廊子宽度相当于房间进深的一半，宽敞的廊子可以保护廊下木质前墙和堂屋的六扇格子门不受雨打，廊下可作休息、餐聚及家务劳动的场所（图10-39）。楼上的三间一般都是敞通的，没有廊子，中央明间上部空间设置佛龛，供平日祭祀。楼上其余的地方一般用来储物，也有少数人家将楼上次间再隔出一间作卧室。

图10-39 白族民居中的廊

在院落布局方面，白族民居最为精彩的是“三坊一照壁”和“四合五天井”两种形式。“三坊”就是三座三开间、两层楼的房子，“一照壁”就是一个影壁墙。由三坊围合成一个三合院，另一边由影壁墙来封闭，就是“三坊一照壁”。“三坊一照壁”的点睛之处在于与正房宽度一致的大照壁。照壁前面砌筑花台，种植花卉。在阳光下，两层楼高的白色照壁的反光明显起到了增加室内亮度的功能。

“四合五天井”是比“三坊一照壁”更大的一种院落布局模式，由四个“坊”围合而成，因而称为“四合”，但是这种院落就没有了照壁的位置。“四合”之间围合的是一个大的天井，“四合”的连接之处，形成了四个小的漏角天井，一共五个天井出现在这种院落之中，故名“四合五天井”。

白族民居的建筑装饰以丰富的彩绘形式见长，重点主要集中在门头和墙面的边角处，具有浓烈的民族气息（图10-40）。

图10-40 白族民居的门头

10.2.3 朝鲜族民居

我国朝鲜族主要分布在吉林、黑龙江、辽宁东北三省，集中居住于图们江、鸭绿江、牡丹江、松花江及辽河、浑河等流域。朝鲜族聚居的土地，山川灵秀，森林覆盖率较高。朝鲜族村、屯大多数分布在沿山的平川地带。民居选址一般在地势相对较高、交通方便又靠近河流的地方。民居建筑的房屋以单体为主，不讲究朝向，最多有一个厢房，但院落却非常大。

图10-41 朝鲜族民居

朝鲜族民居绝大多数都是四坡水的草屋顶，歇山顶一般只有瓦房才有（图10-41）。民居的平面布局比较固定，一般来说有六间和八间两种形式。以八间为例，房屋平面似两个田字形相连接的形式。第一个田字形为四间卧室，分为前两间和后两间。前两间分别是父母和祖父母居住，如果有客人则让出其中一间给男客人居住。后面两间是闺房、孩子住处以及储存衣物的空间。四个房间每个之间都有门相通，而且每个房间都有门通往屋外。如果是六间屋，卧室为日字形平面。只有前后两间，前面住父母，后面住儿女。朝鲜民居正间一侧是屋地和灶坑。屋地是进门脱鞋的地方，屋地的里面是灶坑，灶坑用木板覆盖（图10-42）。

图10-42 朝鲜族民居的室内空间

因北方冬季长而寒冷，朝鲜族民居十分注重室内采暖。首先房屋大都不高，然后利用满屋火炕取暖，民居整个居住空间都在炕上，所以热效很高，室内温暖如春。

10.3　现代住宅

从新中国成立至20世纪70年代末期，就居民的普通住宅而言，由于条件的限制，大部分城市居民多代同室居住及多户共居一个大杂院的情况比较普遍。住宅建设首先要解决的是“分得开”和“住得下”的问题，室内设计在广大城镇居民的住宅改善和建设中只能是简单和低标准的。

20世纪80年代中期，《中国技术政策蓝皮书》中引入了“套型”的概念，“套型”概念的引入，意味着将居住文明水平纳入到解决住宅问题的评价体系之中。随着进一步的改革开放，经济形势的持续好转，住宅设计开始由睡眠型向起居型转变，室内设计逐步在住宅建设中被重视。这时期，为了满足家庭中会客、学习、休息等不同的功能要求，以公寓式住宅体系为代表的现代居住方式得以推广，在住宅室内设计中，客厅（起居室）的设计逐渐成为设计装修的重点，同时，适应现代住宅的组合家具等具有现代造型理念的家具、隔断、半隔断也受到居民的青睐。

随着经济腾飞及住宅商品化的发展，“居者有其屋”的理想有了实现的可能，自20世纪90年代开始，住宅装修热持续升温。由于住宅小区的建设、安居工程、小康住宅等住建项目的不断推出，促进了室内设计业的大发展。1991年全国人大通过的“八五计划纲要”明确提出：“加快住宅建设，发展室内装饰业和新型建筑材料”。可见，住宅的室内设计（室内装饰）成了我国提高人民生活水平的重要举措。总的说来，自20世纪80年代至2000年，我国现代住宅室内设计的发展有以下特点：

（1）注重配合住宅的各类套型进行深化设计　精心研究各类住宅建筑套型的深化设计（室内设计），分离并增强家庭生活中起居、会客、娱乐等功能要求。从最初的“食寝分离”到“居寝分离”，甚至卫生间也做到“干湿分离”，通过室内设计使住宅室内环境宜人并走向现代化。

（2）注重多种类型住宅的设计　对不同城市、不同职业、不同人口的构成、年龄和生活习惯的居民，做出适合不同要求的居室室内设计。20世纪90年代前后，还对高层建筑大空间住宅及逐步兴起的别墅类住宅建筑进行了室内设计的尝试，使住宅室内设计的类型更加丰富，品质更加优良（图10-43）。

图10-43　20世纪90年代我国室内设计师设计的别墅卧室表现图（《中国建筑画选1991》）

（3）注重探索和借鉴外来设计样式和设计理念　该时期，西方各种室内设计思潮与风格不断涌来，先行一步的港、澳、台家居室内设计样式对内地（大陆）设计师和居民的影响尤胜（图10-44、图10-45）。内地（大陆）设计师们从最初的“拿来主义”逐渐转向有意识地借鉴和探索，中式、日式、法国式、西班牙式以及简约、复古、现代、田园、混搭的种种概念与风格使得住宅室内设计与时尚紧密相连。

（4）注重新材料、新设备、新家电的使用与布置　新中国成立后，特别是改革开放后，老百姓的生活条件有了翻天覆地的变化。时代的发展、科技的进步使得新型住宅装修材料如轻钢及铝型材、新型玻璃、塑料、人造石及各类新型复合装修材料不断涌现；新型管线及灯具带来照明体系的变革。此外，住宅卫生设施更新换代，新型给水排水材料品种繁多，洗脸台盆、浴缸（或淋浴房）和坐便器

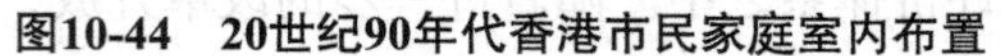

图10-44　20世纪90年代香港市民家庭室内布置

图10-45　20世纪90年代台北市民家庭客厅室内布置（《装潢世界》第61期）

成为标配；家庭热水供应方式改变，燃气、燃油、电及太阳能迅速普及；厨房从液化气到管道煤气到天然气，从排风扇到抽油烟机，从单门冰箱到双门冰箱，还有消毒柜、电饭煲、微波炉、洗碗机等均列入我国现代住宅室内设计的范畴。老百姓客厅中的录像机、组合音响、电视机等不断升级，这些新家电的变化也通过室内设计语言的强化得以突显。

（5）注重室内外环境的整体设计　随着学术界对室内设计概念的拓展，环境设计的理念渐为人们所接受，住宅建设已不只注重室内环境设计与装修，对室外地形、绿化、景观等也被列入环境整体设计范畴。

（6）建筑与室内设计一体化（装修）新模式的提出与实践　由于住宅室内设计（装修）存在二次设计、施工带来的浪费和对建筑结构不同程度的损坏，20世纪90年代末，原建设部提出“商品住宅装修一次到位”，这为住宅建筑与室内设计、施工一体化提供了新思路与新模式。此后，全装修、精装修等住宅建筑与室内设计（装修）一体化的实践逐步在全国推开。

下篇 外国部分

第11章　原始时期

原始社会时期开始产生艺术的萌芽，但这种艺术形态往往发自一种实用性的物质或心理需要，如希望通过其获得自然力之外的力量，或者满足一种宗教仪式中的象征性，甚至就是简单地为了可以御寒果腹、安全防卫。但正是这些最基本的需要推动了整个人类文明的发展，同时，栖息地作为人类生活中不可或缺的一部分，其萌芽在原始社会时期也已初现端倪。

11.1　旧石器时期

11.1.1　部落文化

人类在漫长的探索中，学会了使用粗糙的石器、骨器和火，学会了以简单的语言进行沟通，他们以狩猎、采集为生，并由最初的巢居形式逐渐转变成了穴居形式。

建造人类遮蔽所的最早线索可以追溯到法国南部的特拉阿马塔，距今约有40万年，虽然只有极少的遗物可以证实这种茅屋形式的出现，但仍然可以通过一些现代社会中“原始”人类的社会实践暗示来推测这种用树枝建造的茅屋式样（图11-1）。今天，很多封闭的部落还保持着原始时期传统的生活方式，并对现代社会发展的进步概念采取不信任的态度，因此，他们的生活方式可以被看作是对原始生活方式的一种说明。许多“原始”的小屋具有一些共同的特征，它们一般都很小，而且几乎全都呈圆形（图11-2），其尺度反映了当时在材料加工和维护工艺上的局限性，而圆形的采用仿佛来自于一种动物的本能，就像鸟类和昆虫筑巢时会自发地采用各种圆形的式样一样。

图11-1　“第一座住屋”

图11-2　现代部落里的原始生活

11.1.2　生活形态

逐渐地，人们开始寻找天然形成的洞穴来作为自己栖居的场所，自从有了穴居生活也就有了雏形的内环境装饰，在旧石器晚期，即距今3万到1万多年之间，开始出现洞穴壁画、岩画、雕刻和建造物等艺术形式。旧石器时期在绘画上具有代表性的洞穴是法国的拉斯科洞窟和西班牙的阿尔塔米拉洞窟。

图11-3　拉斯科洞窟的壁画

发现于1940年的拉斯科洞窟，由主厅、后厅和边厅以及连接各部分的洞道组成，主厅和两个通道的壁面和顶部绘制了大量的野牛、驯鹿和野马等原始动物，原始画家先用粗壮、简练的黑线勾画出动物轮廓，再用红色、褐色、黑色等颜色渲染出动物的体积和结构，画面雄壮而富有动感，充满粗犷的原始气息和野性的生命力（图11-3）。

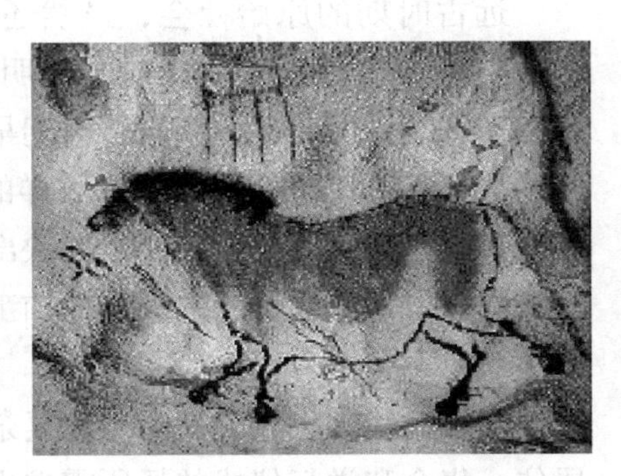

图11-4　阿尔塔米拉洞窟内的壁画
——受伤的野牛

阿尔塔米拉洞窟发现于19世纪下半叶，包括主洞和侧洞，侧洞以著名的壁画《受伤的野牛》而闻名于世，被称之为“公牛大厅”，其长18m、宽9m，顶部绘有十八头野牛、三头母鹿、两匹马和一只狼，其中，受伤的野牛刻画得最为生动，使动物受伤后蜷缩、挣扎的动态和结构都得到了表现，阿尔塔米拉洞窟壁画比拉斯科洞窟壁画的轮廓更为细腻，而且明暗起伏更为丰富，与色彩渲染紧密结合，更形象地表现出了动物的身体结构，甚至感情也更为细腻（图11-4）。

虽然目前并不能立刻推断这些洞窟壁画的目的就是原始人类为了装饰自己的居住环境而作，但它们确实或多或少地起到了这样的作用。

11.2　新石器时期

11.2.1　建造方式

地球在漫长的岁月中慢慢发生着变化，冰河期渐渐消失，气候转暖，人类开始走出洞穴，筑屋而居。在新的自然环境中，人类逐渐脱离了经历数十万年之久的采集、狩猎生活，开始进入以磨制石器和定居生活为特征的新石器时期。

新石器时期的巨石建筑是当时最为突出的文化形式，同时也是主要的美术成就，很难断言这种神奇的石料围合方式一定与居住有关联，也许只是一种宗教仪式的派生物，但作为远古时期遗留下来的一种建造方式，明显地折射出了当时人类的建造力和空间围合的审美倾向。巨石构筑物的类型极为丰富，总地来说大概有五种：第一种是把未经加工的细长形巨型石块直接竖立起来，如法国巴尔达尼的“仙女石”；第二种是在两块竖立的巨石上再架一块扁石，形成一种门形的建造物，如英国索尔兹伯的环形列石和欧洲其他国家的一些马蹄形立石；第三种是在三四块较矮的立石上放上一个扁平的石片，形成一种桌状的石屋，如法国被称为“商人的桌子”的巨型建筑；第四种是用许多垂直的石块呈直线平行排列而成，最为典型的代表是法国的卡尔拉库，一共有982块立石，分十行排布，全长超过1220m；第五种是用巨石建成的带有墓道的墓室，丹麦出土的这类墓室是其代表样式。英格兰南部的

图11-5　英格兰的巨石建筑——斯通亨治

圆形巨石栏“斯通亨治”是巨石建筑最典型的代表，其宏伟的环形结构、宗教的肃穆和悲剧性的壮美令世人瞩目（图11-5）。

由于受到地理条件、气候条件、材料的可能性等因素的影响，原始的住房形式还呈现出多种形式。爱斯基摩人用雪堆筑成圆顶的小屋；撒哈拉沙漠地区的人们则通过挖坑筑造出被称为“马特玛塔屋”的地下住房。但这些空间形态并非是通过现代室内设计的概念设计而成，而是出于一种生存的需要，并由当时的建造技术所决定。

11.2.2 装饰萌芽

远古时期的原始社会，虽然还谈不上整体的环境装饰风格，但考古发现的某些器皿，说明当时已经产生了对美的认识和一种装饰的萌芽。新石器时期早期出现了陶器，中期又在原始形态的基础上有了带装饰纹样的陶器（图11-6），它们除了满足人们的生活需要外，也反映出了当时人们的一种审美意识，同时，对生活器皿的装饰性加工也是室内陈设发展的一种萌芽。

图11-6　新石器时期的圆锥形陶罐

随着时代的发展，社会日趋复杂，生活日渐完善，人们对居住、集会和举行仪式的场所需求也随之产生，于是村舍、堡垒、坟墓等建筑形式也应运而生。在法国、瑞士、意大利等地都发现有新石器时期的水上村落残迹，房屋以水里的木桩为基础，上有木制屋架，四壁以编织成形的树枝围合，再涂以泥巴，并与陆地之间架有简单的桥梁，以防野兽的攻击。住房形式的进一步完善，推进了房屋装饰的发展，早先完全以实用或宗教目的为引导的室内空间布局，开始向以追求美感为宗旨的装饰性方向发展。

第12章　古代时期

在不断的社会实践中，人类从最初的对栖息地的简单要求慢慢转向更高的精神需求，加上生产力的不断发展，使建造能力大大提升，古代时期出现了一大批规模宏大的建筑群，风残日蚀，今天见到的大多都已是断壁残垣，但通过对其遗存的资料加以分析研究，还依稀可以看到它们曾经辉煌的空间形态，当然，还有一部分保存较为完好的建筑实例，更是成为今天研究建筑室内空间发展历史的有力佐证。

12.1　古代两河流域

底格里斯河和幼发拉底河下游的美索不达米亚平原被公认为是人类最早的文明发源地。前4000年左右，这里就出现了定居的农业民族，到前3500年，苏美尔人从中亚经伊朗迁徙到此，建立了最早的城市，直到前538年被波斯帝国吞并为止，可以将这一地区的历史大致分为四个阶段，即苏美尔——阿卡德时期、巴比伦时期、亚述时期和新巴比伦时期。

12.1.1　苏美尔——阿卡德时期

（1）建筑形式　由于土坯建造的建筑在岁月的消磨和洪水的冲刷中渐渐消失，早先的建筑大多已经不复存在，保存至今最古老、最完整的苏美尔建筑是乌尔纳姆统治时期建造于乌尔城的月神南纳神庙（图12-1）。这座神庙建造在由泥砖层层叠起的平台之上，因而又被称为“塔庙”，其底层基座长65m、宽45m，四个角分别指向东、南、西、北四个正方位，现存部分高约21m，有3条长坡道登上第一层台顶。它经历4000余年风霜，见证着苏美尔文明的不朽成就。

a）

b）

图12-1　乌尔城月神南纳神庙

a）神庙远景　b）神庙还原后的样貌

（2）装饰手法　两河流域的南部是一片河沙冲积地，因此缺乏建筑使用的石料，苏美尔人用黏土制成砖坯，作为主要的建筑材料，由于当地多暴雨，为了保护土坯墙免受侵蚀，一些重要建筑的底部趁土坯还潮软时被嵌入了长约12cm的圆锥形陶钉，陶钉紧密地挨在一起，底部被涂成红色、白色、黑色三种颜色，组成图案，起初都为编织纹样，后产生了花朵形、动物形等多种样式，后来，彩色陶钉又进一步被各色石片和贝壳所代替。这一做法，一方面用以防水，另一方面使建筑空间产生了独特的装饰效果。

图12-2　萨尔贡宫殿的人首兽身像

12.1.2　巴比伦和亚述时期

前1755年，巴比伦的统治者汉穆拉比再次统治了苏美尔地区，使巴比伦城一跃成为整个中东地区最主要的权力中枢之一。前1743年，游牧民族喀西特人和赫梯人先后入侵巴比伦尼亚，直至前1169年位于阿卡德北部的闪米特族亚述人掌握政权，亚述王朝被建立了起来。

（1）建筑形式　亚述人不重来世，不修筑陵墓，其豪华的建筑和室内装饰仅见于宫殿，这一时期建造出了大批历史上宏伟富丽的宫殿建筑，胡尔西巴德的萨尔贡二世宫殿是其最为突出的代表，它建在一个高18m，边长300m的方形土台上，由30多个内院、200多个房间组成，入口处还有一对高1.8m的带翼人首兽身像（图12-2），可从正面、侧面两个方向观看，气势极为雄伟壮丽。

图12-3　亚述王宫内的装饰浮雕

（2）装饰手法　亚述王宫是用大量的石板浮雕来装饰的，每一座王宫都有高达2~3m的浮雕镶嵌在宫殿内部的墙面上，构成极为壮丽的室内装饰风格，亚述浮雕以写实的手法主要表现了战争、狩猎等惊心动魄的紧张场面，充满激烈的动势，并表现出了众多的人物关系和复杂的背景，显示出当时的人们已经对透视感和远近感有了进一步的体会（图12-3），这为建筑室内空间设计的发展又奠定了一个进步的基础。

12.1.3　新巴比伦时期

前612年，巴比伦人推翻了亚述王朝的统治，又建立了新巴比伦王国，历经十代国王的倾力打造，使巴比伦城成为古代世界最伟大的城市之一。

（1）建筑形式　19世纪末，德国考古学家对巴比伦城进行了为期10年的挖掘工作才使其重新展现于世人面前。这座正方形的城市长达11mile（1mile=1609.344m），城围两道厚墙，上面设有塔楼。其中最重要的主门是伊什达门，它有前后两道门，四座望楼，大门墙上覆盖着彩色的琉璃砖，蓝色的背景上用黄色、褐色、黑色镶嵌着狮子、公牛和神兽浮雕（图12-4）。王宫内墙同样用彩色琉璃砖装饰，并镶嵌有植物和狮子等图案。

图12-4　巴比伦的伊什达门

（2）装饰手法　大约在前3000年，两河流域的劳动人民在生产砖的过程中发明了琉璃，它防水性能好，色泽鲜艳，又无须像石片和贝壳那样全靠在自然界采集，因而很快成为该地区最重要的饰面材料，至新巴比伦时期，琉璃砖被大量应用在建筑饰面上，施工工艺也达到了很高水平。琉璃饰面上有时有浮雕，它们预先被分成片段做在小块的琉璃砖上，在拼贴时再拼合起来，题材大多是程式化的动物、植物或者其他花饰。大面积的底子是深蓝色的，浮雕是白色或金色的，轮廓分明，装饰性很强。构图形式通常有两种，一种分几段处理，题材横向重复而上下各段不同；另一种在大墙面上均匀地排列动物像，不断重复，如巴比伦的城门伊什达门的装饰。

12.2　古代非洲

土地广袤、自然资源丰富的非洲具有悠久的历史和光辉的艺术。从19世纪中叶起，考古学家在非洲各地发现了大量的史前岩刻、岩画，以及特色鲜明的各种遗址古迹。

12.2.1　古代埃及

前5000年，埃及社会出现了阶级萌芽，前4000年左右出现了奴隶制国家。到前3000年，上埃及国王美尼斯征服下埃及，建立了统一的专制王朝。以后的埃及经历了古王国、中王国和新王国三个统一时期。古埃及文化留有较为完整的材料可供研究，因此，虽然没有完整的室内遗存，但仍然可以从许多遗物中获得对建筑内部空间的清晰概念。

（1）审美观：造型与比例　古埃及人在几何设计方面已经获得了伟大的成就，其对图形的应用技巧令人惊叹。在吉萨金字塔群的建造中已知道用南北轴线来进行精确的定位，金字塔的斜边坡度通常为51° 50＇35＂，研究发现，这正是一个三角形底边和斜边形成的垂直长边和短边构成的“黄金比”长方形，这个图形的短边和长边之比等于长边和二者之和的比。这种黄金比曾在历史上多次被发现，作为一种特殊的比例关系被认为既具有美学意义又具有神秘色彩。

埃及的空间设计有规律地利用了这种精确的比例关系，而且许多其他简单的几何概念也在建筑、艺术和日常用品的设计中得到了应用，埃及的许多作品具有明显的美学效果也许正是来源于对这种和谐关系的把握。

（2）建筑形式　古埃及信奉神权，所以神庙、陵墓的建设盛行，且建筑形象上呈现出一种沉重、雄伟和永恒的风格。古埃及建筑多采用巨大坚实的石墙，为了追求稳定，墙体下大上小，呈斜坡形，与现代挡土墙相似，建筑空间内有宏伟密集的柱子，上架石短梁，再盖以平板。在这些人类有史以来建造的第一批巨型建筑物中，最具代表性的就是金字塔和太阳神庙，随着石作技术的发展与完善，金字塔的造型也由最初的单层变为多层阶梯形，又进一步发展为光滑的正四棱锥体，举世闻名的吉萨金字塔群（图12-5）和狮身人面像是埃及古王国时期这类建筑体的典型代表。中王国时期，由于首都从沙漠边沿的孟菲斯迁到了峡谷地区底比斯，埃及的陵墓形式也随之转变成了石窟陵墓。

图12-5　埃及吉萨金字塔群

至新王国时期，开始出现大量的神殿、享殿、方尖碑等纪念性建筑，其中最具有代表性的建筑是卡纳克和卢克索的阿蒙神庙。卡纳克的阿蒙神庙总长366m，宽110m，前后一共造有6道大门，其中第一道最为高大，它高43.5m，宽113m。卡纳克的阿蒙神庙的大殿内部净宽103m，进深52m，紧密地排布着134根柱子，中央两排12根柱子高21m，直径3.57m，上面架有9.21m长的大梁，其余柱子高12.8m，直径2.74m（图12-6）。早在古王国末期，有些石柱的细长比已达到了1：7，柱间净空2.5个柱径，中王国的一些柱廊比例更加轻快。但卡纳克的阿蒙神庙的柱子，细长比只有1：4.66，柱间净空比柱径还小，柱子采用多边形，类似陶立克柱式，带着希腊建筑的特点。卢克索的阿蒙神庙规模也极为庞大，总长约260m，在两进院子之间有7对20m高的大柱子，其余一些比较小的柱子柱头作纸草花束的形状，比卡纳克的阿蒙神庙的更为精致（图12-7），而墙体是用石膏、砂石及石灰粉混合而成的砂浆砌筑体。

a）

b）

图12-6 卡纳克阿蒙神庙

a）神庙全景 b）神庙柱子

a）

b）

图12-7 卢克索阿蒙神庙

a）神庙全景 b）神庙内景

四合院、密柱、回廊、穿堂、阁楼、几何图案装饰、褐色砂岩、花岗石、四面坡顶和中庭水系是古埃及建筑体系的基本特征，并被经久沿用。

（3）装饰手法 从古埃及庙宇的平面布局可以看出人们在空间、墙壁和柱子的比例关系上已经应用了复杂的几何系统，同时带有神秘的象征意义。受到一定美学观念的影响，简单的双向对称成为古埃及人不变的理念，从壁画《池塘》中可以清楚地看到古埃及室内布局的对称性（图12-8）。

图12-8　壁画《池塘》

在室内装饰上，古埃及人热衷于使用各种人物、故事场面、纹样等为母题对墙壁、柱面等处进行精细的雕刻，有的壁面甚至完全被雕刻所布满。如古王国第五王朝的作品《装饰门》，实际上就是一件木刻品，门的三面刻满了象形文字和立于两侧的男女立像，门楣上有男女相对而坐，均以对称式结构，十分庄重和谐（图12-9）。柱面装饰更普遍，这一点在卡纳克和卢克索的阿蒙神庙中都得到了充分的体现。埃及人喜欢应用强烈的色彩，颜色主要为明快的原色，如红色、黄色、蓝色和绿色，有时还有白色和黑色，后来渐渐只在直线形的边缘和有限的范围内使用强烈的色彩，室内和顶棚通常涂以深蓝色，表示夜晚的天空，地面有时用绿色，可能象征着尼罗河。

图12-9　《装饰门》

关于埃及家具的资料主要有两个来源，一是壁画中对皇家贵族住宅内日常生活场景的再现；二是坟墓中遗留下来的一些实物，包括椅子、桌子和橱柜等。其中许多家具装饰富丽，既具有使用功能，又可作为主人财富和权势的表现。比较典型的椅子是一个简单木骨架带有一些坐垫，其中坐垫以灯芯草或皮革带编织而成，椅腿的端部经常雕刻成动物的脚爪形。土坦克哈曼法老墓中出土的一些精美器具可作为古埃及家具的典型例证，它们都具有古埃及独特的色彩和装饰花纹，其中的礼仪宝座只能从椅腿上看到其乌木的基本结构，椅面上镶嵌着黄金和象牙，板面涂有油漆和象征性的符号（图12-10），座椅的功能从属于财富、地位和权力的表现，这一点在丰富的材料和精细的手工工艺中得到了充分的反映。

另一些遗存的小用品、陶器和玻璃花瓶体现了古埃及当时的装饰风格，有些小木盒常常还镶嵌有象牙装饰，用以存放化妆品和私人装饰品。这些用具在设计中非常注意其几何形的比例关系，尤其是黄金分割比的关系。遗留下来的一些纺织品也说明了当时的古埃及人已经具有了高超的纺织技术。

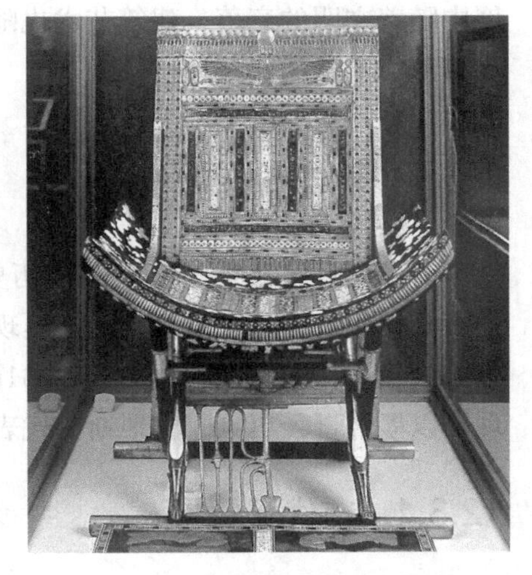
图12-10　土坦克哈曼法老墓中的宝座

12.2.2　古代非洲其他国家

在中南部非洲，随处可见铁器时代的遗迹、古时梯田和人工灌溉工程的遗址。建有数千幢房屋的恩加鲁卡古城遗址，建于500年左右的大津巴布韦石头建筑物遗址都是中南非古代文明的标志。非洲中部和南部也先后出现过一些有名的国家，诸如拥有发达农业、采矿业和对外贸易的莫诺莫塔帕王国、建立起高度中央集权制度的刚果王国、雕刻艺术品达到相当水平的库巴王国、社会分工很发达的布干达国等。

（1）建筑形式　被誉为“尼日尔河谷宝石”的杰内古城，位于马里中部尼日尔河内三角洲最南端，以独特的撒哈拉——苏丹建筑风格著称于世（图12-11）。杰内古城建于800年，总占地面积20hm^2，由防护城墙围挡的11个街区形成自然的城市规则，城内的大清真寺占据了集市广场，宽窄不一的沙石街巷蜿蜒向两大广场延伸，保存完好的古建筑约有2000多座，建筑风格统一，是苏丹建筑艺术的杰出代表。

图12-11　杰内古城全景

在14世纪清真寺旧址上重建的杰内大清真寺竣工于1909年，在建筑形制上还原了原有建筑的基本特征（图12-12）。它没用一砖一石，而是用一种特殊的黏土和树枝建造而成。寺院占地面积6375m^2，建筑面积3025m^2。100根粗大的四方体泥柱支撑着祈祷大厅的屋顶，屋顶上开有104个直径为10cm的孔洞，寺门宽阔高大，寺院的主墙由3座塔楼组成，塔楼之间有5根泥柱相连。杰内古城的民居也颇具特色，远远望去宛如一块块切削整齐的大泥块。院墙用泥沙涂抹，院子中央有一个公共场院，整个院子只有一个出口，木制大门用粗大的铁钉装饰，现在马里北部的建筑仍保留着杰内的古建筑传统。

图12-12　杰内大清真寺

（2）装饰手法　南非的建筑整体上属于一种低能耗的生态建筑，尤其是一般居住用房，注重隔热保温，建筑用材就地取用，因地制宜，主要有石材、黏土、砖、木材和茅草等（图12-13）。用灰泥涂抹的捣实黏土块是这些气候干旱国家的常用建筑材料，表面有时刻画有纹样装饰来使建筑更为精细。

图12-13　南非常见住宅用房外观

非洲的建筑与空间发源悠长，独树一帜，但在其后的发展中随着文明的衰落，建筑艺术也随之滞缓，在西方国家的入侵中，又与西方文明产生了新的碰撞，逐渐形成了新的建筑风格倾向。

12.3　古代拉丁美洲

美洲印第安文明有其悠久的历史，通常认为，距今一万多年以前在中美洲就有了文明程度较高的石器文化，但真正造型艺术的出现是在前2000年左右，这时在中美洲的原始村落开始出现陶罐和陶土小人像。从哥伦布到达美洲后的16世纪这1500多年间，美洲印第安人的建造艺术进入繁荣时期，出现了以墨西哥、玛雅、安地斯为代表的三大文化中心。

12.3.1　古代墨西哥

1~7世纪，在墨西哥中部的谷地兴起了美洲古代最早的城市提奥蒂华坎。这是一个整体设计井然有序的城市，它的分布像一个规整的棋盘，中心大道作为城市的中轴，纵横的道路把城市分成方形的网格。这里也是古典时期中美洲的宗教中心，大小金字塔群分布在城市中，其中最大的是太阳金字塔（图12-14）。它是美洲古代最大的金字塔，高65m，每边长219m。由5个重叠的、逐渐往上缩小的砖

图12-14　提奥蒂华坎的太阳金字塔

砌台基组成，顶部原来有神庙，金字塔仅仅是作为提高神庙位置的基座。

12.3.2　古代玛雅

玛雅艺术中最突出的成就就是建筑，但在不同的地区，玛雅建筑又呈现出不同的特点。墨西哥的帕伦克是玛雅人的重要城邦，帕伦克城的核心是宫殿和神庙，最有名的是碑铭神庙的金字塔形建筑（图12-15）。金字塔形神庙的基座不是原来人们认为的实心，在神庙地板下藏有一条秘密通道，通到25m的地下深处，通道尽头是一间陈列石棺的墓室，这表明美洲金字塔形神庙也具有陵墓的作用。在碑铭神庙旁还有几座神庙和一座宫殿，宫殿建在100m × 80m × 10m的阶梯形土台上，由柱廊围合的四个庭院组成，其中一个其上还建有“天体观测塔”。每年冬至落日时分，在此可看见太阳恰好从碑铭神庙顶部落下，与神庙内埋葬的国王合为一体。

a）

b）

图12-15　碑铭神庙金字塔

a）金字塔外观　b）金字塔内墓室

阿兹特克帝国的盛期，其首都铁诺支第特兰扩展成为一个占地面积45km^{2}的大都市。城市建筑在湖中各岛上，岛屿之间堤坝相连，都市有完整的供水系统，巨大的建筑物上涂以石膏，白光耀眼，瑰丽壮观。城市的主要建筑是祭祀城市守护神休兹拉波特利和雨神特莱洛克的铁诺支第特兰大神庙（图12-16），大神庙由高大的金字塔台基和顶上的双神庙组成。这种双神庙在阿兹特克神庙建筑中经常出现，成为阿兹特克建筑的一大特色。金字塔阶梯的顶端还装饰着巨大的羽蛇头，神庙顶上装饰着榫进去的骷髅石刻。

墨西哥尤卡坦半岛北部的奇琴·伊察城是玛雅文明的重要遗物，保存有许多著名的建筑遗址。城中最重要的建筑是库库尔坎金字塔神庙（图12-17），其底边长55.5m，高30m，台座分9层，每面正中有台阶91级，加上塔顶神庙刚好365级，为玛雅历法中太阳历的一年。

图12-16 铁诺支第特兰大神庙模型解析图

图12-17 库库尔坎金字塔外观

12.3.3 古代安地斯

印加帝国是安地斯地区最庞大的帝国，西班牙人到达时，正处在极盛时期，统治范围达到整个南部美洲。印加艺术中最独特的成就是巨石建筑，他们用巨大的岩石砌成房子，不带任何装饰，却异常简洁有力。这些巨石建筑与自然环境结合紧密，据险而建，显得宏伟坚固。如马丘比丘城（图12-18），它建在群山环抱的峰顶，山脊的两边是深约500m的山谷，建筑物仿佛是从石头里长出来的，成为山的一部分。城市后面有千仞峭壁作为天然屏障。这座城市既是祭祀太阳神的圣地，又是险要的堡垒，成为印加帝国风格建筑的杰出代表。

图12-18 马丘比丘城全景

12.4 古代亚洲国家

虽然在当时的世界范围内建筑及室内空间发展的方向以欧洲国家为主导，但全球各地许多其他国家所表现出来的独特的民族特征和丰富的形式元素，也极大地拓展了人们对建筑空间的设计理念，并进一步在当今信息全球化的大趋势下影响着人们的整体审美观念。

12.4.1 波斯王朝

前6世纪中叶，波斯人居鲁士大王（前559—前530年）开创了阿赫美尼德王朝。曾将最初的首都巴萨尔嘎塔迁移至波塞颇里斯，历经了自大流士（前522—前486年）始三代王朝的营造，使之成为集聚诸多建筑精粹的大都城，其后虽经亚历山大彻底破坏，在留存至今的废墟遗物中仍能见到精致特别的浮雕、丰富优美的柱头雕刻和建筑样式（图12-19）。出土遗物如纯金装身具、银盘、拉皮兹拉茨里壶、雪花石膏器皿、希腊妇人像等，从中可以了解到当时各国的工艺特点。同时，还留有当时的夏都艾克巴塔那王宫和冬都斯萨王宫等遗址，建筑形制可见一斑。

图12-19　大流士与薛西斯觐见厅遗址

226年，波斯人创立了萨珊王朝。因为在伊朗高原缺乏木材和适当的石材，主要建筑材料采用日晒干燥的砖瓦，其建筑技术也要求与其特殊的建筑材料协调一致，建筑基本样式为在方形的屋基上建筑半圆形屋顶。近于半圆球形屋顶连接的方法，适用于大建筑的屋顶构造，曾给予西欧建筑以巨大的影响。

12.4.2　古代印度

印度文明最早繁荣在印度河两岸，也被称为印度河文明，该区域现地处巴基斯坦西部，以印度河中游地区的莫亨觉・达与哈拉帕两大遗迹为代表（图12-20）。这些遗迹留下了前3000年左右金石并用时代修筑的砖瓦建筑物，如圆形水井、排水沟、公共浴场等。

图12-20　莫亨觉・达遗址

前185年统治北方的孔雀王朝最后被补沙罗笈多的巽伽王朝所代替，在这段漫长的历史过程中阿育王所提倡的佛教一直繁荣发展，同时佛教艺术也取得了很高的成就，其中在建筑空间上最引人注目的是犍陀罗洞窟艺术。

古印度的佛教建筑空间艺术表现主要以窣堵坡（佛塔）、毗河罗（寺庙）建筑中的支题（窟殿）为主，又以佛塔最为典型，体现的是佛教寂灭无为的理想，但强烈的世俗式爱好和对自然生活的天真感受，仍表现出其优秀的民族特色，早期最著名的是佛教建筑山奇大塔（图12-21）。山奇大塔位于印度山奇，是用来

a）

b）

图12-21　山奇大塔

a）全景　b）北门石雕

掩埋佛陀或圣徒骨骸的建筑，大约建于前250年，高12.8m，立在4.3m高的圆形台基上，台基的直径是36.6m，顶上有一圈石栏杆，围着一座托名佛邸的亭子，冠戴着三层华盖，它的四周有一圈石栏杆，每面正中设有一个牌坊门。栏杆为仿木结构，在立柱之间用插榫的方式横排着3根石料，断面呈橄榄形。立柱顶上用条石连成一个环。这样的栏杆是印度建筑中特有的，壁面覆满了深浮雕，题材大多是佛本生故事，门楼也为仿木结构，比例匀称，形式轻快。

图12-22 凯拉萨那塔寺院

8世纪中叶，由哥帕拉建立了帕拉王朝，帕拉王朝历代君王热心保护佛教，使佛教在东印尔、奔嘎尔等地区得以延续发展近400年，使印度佛教美术展现了最后的光辉，并给予尼泊尔、西藏、东南亚诸地区佛教美术以重大影响。

中世纪后期，印度教建筑达到全盛，产生了北型、南型、南北中间型三大建筑样式，建造了很多结构复杂的寺庙和神殿。如中印度卡纠拉合以康达利雅·玛哈德维寺院为中心的二十几座寺院，东印度位于峨里萨的捧着太阳神苏里亚的苏里亚寺院，以及同样位于峨里萨的诸寺院（8~13世纪）。在四方形的伽蓝上修造高塔，塔的各个侧面松散地描绘着纹样的建筑样式被称为北型，而南型寺院的特点是修筑有浴池，围绕着方形寺域设有回廊以及高大门栏，这些门栏也和神殿一样在壁面上布满了复杂的雕刻。位于艾洛拉的凯拉萨那塔寺院（8世纪）可看作南型古寺的典型案例，其整个门栏、神殿、回廊等都是用一座山岩切削而成的（图12-22）。中间型寺院神殿则呈较低的星形配置，神殿的左、右、后三方设内殿，并使用比南型更为繁复纤细的透雕石板做窗，南印度的雕刻以优美、柔和、细腻的手法见长，这种风格在12~13世纪建于南印度迈素尔地区的南北中间型诸寺院中表现得最为明显。

12.4.3 古代东南亚

前3世纪，印度佛教开始向东南亚传播，其后逐渐成为东南亚各国的重要信仰，在柬埔寨、缅甸、泰国都遗留下一些举世闻名的佛教建筑。佛教建筑也与其他宗教建筑一样，是利用立体造型的艺术语言，创造一种与宗教哲学观念紧密相连的活动空间，表现出肃穆、神秘、深沉、自在内省的佛陀精神，建筑与雕塑融合为一个整体，并与周围环境和谐统一。

（1）缅甸　在缅甸，佛塔称为帕哥达，其有两种形式，一种是由印度的覆钵塔变形而来的钟形塔，底部为多层重叠，顶上呈圆锥形，以阿巴雅塔那为代表。另一种以方形平面为基坛，连续重叠若干，上面承载圆锥形塔顶，以阿楠达塔为代表（图12-23）。阿楠达塔把佛教塔形与印度教寺院的希喀接型高塔组合在一起，是缅甸民族风格审美意识的再创造，其塔高56m，在龛室内有高达10m以上的四座佛像和石雕佛传及佛本生图。另外，18世纪重修的修维达贡塔，高约113m，镀黄金，以美观称世。

图12-23 阿楠达塔全景

缅甸大金塔也是著名的佛教建筑，位于首都仰光茵雅湖附近（图12-24）。大塔像一个巨型的大喇叭矗立在佛塔林立的海洋之中，成为群塔之首，其塔高近百米，塔身贴满金箔，在阳光的照射下闪闪发光，塔顶瘦长为黄金铸成，装有5440颗钻石和1431颗宝石。四周悬挂着1065个金铃和420个银铃，微风吹拂，铃声清脆悦耳。塔身四面有门，并有石狮镇守，塔的台座高约数十米，上面为大理石铺成的平台，有四条长廊式的阶梯相通，整体形象崇高雄伟。

图12-24　缅甸大金塔外观

（2）柬埔寨　洞里萨湖区是柬埔寨丰饶的农耕地域，1世纪左右印度文化开始传入这一地区，孕育了这里的克美尔族文化。

受中国与印度两大文明影响，柬埔寨的美术造型活动也开展较早，并呈现出较高的水平。6~8世纪印度——克美尔美术被认为是蒲列・吴哥时代的创作活动，代表遗址有杭戚祠堂、阿斯拉姆・玛哈洛塞、蒲罗姆・巴扬等，建筑样式都属南印度风格。

9世纪末，亚宿维尔曼一世王选择洞里萨湖西北隅的土地建设了安哥尔托姆，即吴哥大王城（图12-25）。吴哥城围城边长14.4km，为正方形布局，四边各有大门，正东为胜利门，城中心有巴俑寺院，城内除王宫之外尚有一些其他建筑。

12世纪初的斯尔亚维尔曼二世王建吴哥寺之际，正是克美尔建筑发展的顶峰。柬埔寨吴哥寺又称吴哥窟，是柬埔寨佛教艺术最大的宝库（图12-26）。建于12世纪前期吴哥王朝都城南门外1km处，是国王耶跋摩二世的陵墓，陵墓周长约5.5km，墙外有190m宽、8m深的人工河，建筑群的中心是一座金刚宝座塔，建在2层宽大的平台上，每层平台的边沿有一圈副廊，角上有亭，第2层平台角亭的顶子高耸如塔，每边有

图12-25　吴哥大王城

a）

b）

图12-26　吴哥窟

a）建筑群鸟瞰　b）近景

图12-27　巴僧寺近景

门，这些门串联成纵横2根轴线，平台很高，角亭和大门之间都有长长的台阶。连接2个平台门的廊子，分段升高，在正门形成叠叠重重的山墙，高高台基上的宝塔围合一圈廊子，和4个长方形的过厅以及中央的方形神堂又组成一个田字形的布局，把5座塔连接起来，中央神堂上的塔高约25m，连台基和两层平台一起高65m。四角上的塔比中央的略小一点，相距比较远，构图较舒展。吴哥寺的主体金刚宝座塔，基本上是集中式垂直构图，更注重外部形体，两部分既有鲜明的对比，又有相互的渗透和转化，和谐统一。

13世纪初，贾雅维尔曼七世兴建了佛教寺院巴僧。该建筑整体颇为神秘，在二层回廊的每个转折处以及与第一层回廊门楼相对处均建有四面塔，共计28座，作为本堂（僧堂）的高塔在第三层的中央，是一座由16座四面塔簇拥着的45m高的主塔，其周围还有9座四面塔，呈复杂的金字塔式立体结构，特别是在高塔的一面雕刻着大眼鼻、厚嘴唇、浮着妖气般微笑的人头面，让人们对其构思感到吃惊（图12-27），在其回廊壁上还有以湿婆神传说等为主题的浮雕，更臻精美。

（3）岛屿国家　由于印度海上交通贸易的发展，从笈多王朝到帕拉王朝，南印度发达的建筑艺术波及爪哇、婆罗洲、苏接威西等岛屿。7世纪在苏门答腊建立的修里维贾亚王国和8世纪支配爪哇岛的相林托拉王朝都吸收了印度文化，使当地的美术创造活动非常活跃，不过其主要建筑物和雕刻大部分只存留在爪哇。在中部爪哇的蒂恩高原，建立了一些最古老的湿婆派寺院，其建筑和雕刻模仿南印度的为多，当然也随着时代发展渗入了一些爪哇土著的特点。

8世纪相林托拉王朝在印度尼西亚建造了婆罗浮屠（图12-28），婆罗浮屠是著名的佛教名塔，其在底边长为111.5m的方形地块上建二层基坛，上建五层方形塔基，上再建三层圆形塔基，顶上矗立着吊钟形塔顶，为一总高达31.5m的巨大石构佛教建筑。五层方形塔基在复杂的曲折中环绕着许多障壁和佛龛，壁面及四周回廊装饰着浮雕和图案，在各圆形塔基上建造有圆形莲花座，莲花座上有着吊钟

a）

b）

图12-28　婆罗浮屠

a）鸟瞰图　b）近景

形塔，在回廊、基坛的四方及各塔内均安置着一尊佛坐像。整个外观让人感到其是一种精心布置得非常和谐的几何形构造。方形塔层的装饰非常漂亮精细，在四周的回廊两侧壁面有各种故事浮雕，总计约有1400面左右，长达6km，其中尤以佛传、本生、譬喻、散财童子游历图等引人注目，另外，尚待解释的浮雕仍有460多面，众多的浮雕面及佛龛佛像布局，使整个建筑物成了一个立体曼陀罗的说法图。

12.4.4　古代日本和古代朝鲜

（1）古代日本　日本的建筑艺术是亚洲建筑艺术的重要组成部分。就日本的发展状况而言，可以将日本艺术大致分成三个阶段，即先史时代、佛教时代及世俗时代。

日本的佛教时代是指538年由百济传入日本的金铜像始，直到12世纪左右的数百年间。593年圣德太子摄政临朝，他倡导佛教，广修寺院，此后，1000多年来修筑了许多佛教建筑。这些建筑形制庄严，结构精巧，布局合理，不仅能充分与佛教精神相吻合，而且显示了日本人民的高度智慧。代表性作品有唐招提寺金堂、东大寺大佛殿、当麻寺三重塔、室生寺五重塔等。其中唐招提寺金堂正面七柱七开间，雄大的七圆柱并列，撑出三端向上的斗拱，加强了深邃沉着之感，显示出独特之美，堂内架设着巨大横梁，宏大壮丽的屋顶和屋脊两端构筑着鸱尾等，其均衡、稳重的风格堪称当时之代表性建筑（图12-29）。

日本在佛教时代的建筑，无论是寺院、神社或者官厅、民舍大都是以木结构的各种穿榫组架为主。它们的屋脊结构以其不同特点，被称为“切妻造”“入母屋造”“宝形造”等各种类型。不过，无论哪种屋脊结构都是以大屋顶、大斜度为其特点。1053年，建筑在宇治河畔的平等院凤凰堂（图12-30），中有头驱，侧有两翼，似凤凰展翅之势，因此而得名，是日本美术史上富于变化、独具匠心的建筑范例。

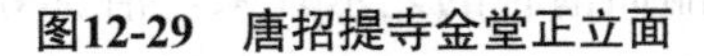

图12-29　唐招提寺金堂正立面

图12-30　京都平等院凤凰堂

从13世纪一直到现代，世俗时代的产生是与佛教美术时代的末尾交错进行的。这个时代日本艺术的表现内容由纯粹的宗教性质渐渐转向了人类的世俗社会。建筑方面，从民间住宅到诸侯府、将军府都展现出了对理性和感觉的追求，而逐渐出现了一些民族特征鲜明的建筑样式。木结构仍然是日本民房的主要形式，其特点是整个建筑底部离开地面，柱梁相互接榫，使整栋房屋成为一个整体，再以桧树皮、茅草、炼瓦等材料覆盖。整个房屋的内部结构是席地拉门，如果将若干拉门拆除即为一整间，也可隔开为数间。

主要建造于寺院或宫廷的日本庭园式建筑内容也很丰富，其主要特点是山水草木听其自然，囊括园外之景于其中，谓借景。京都西芳寺庭园、大仙院庭园、银阁寺庭园等都是各具特点的代表性构筑。在14世纪、15世纪之后，渐渐开始流行枯山水，即以白砂铺地，整洁地、概念化地、象征性地表现某些自然景象，京都龙安寺庭园为这一类庭园之典型（图12-31）。另外，与民间、庭园、宗教多种建筑相结合的一种小型茅舍——茶室建筑也别具风味，体现了人们对静谧、和谐、回归自然等的一种理念追求。

a）

b）

图12-31　京都龙安寺

a）庭园　b）枯山水

（2）古代朝鲜　古代朝鲜有着悠久的历史文明，由于其地处亚洲大陆东端，是将大陆文化传递到日本的跳板，因而形成了其介于大陆文化与日本文化中间的文化特性。

4世纪左右，佛教由中国传入朝鲜，由北向南在极短的时间内普及了朝鲜半岛全域。当时正值高句丽、百济、新罗三国鼎立时代。高句丽于393年在平壤建立九寺。即使在佛教被承认最晚的新罗国都，在短时间内也形成了所谓“寺寺星张、塔塔雁行”的景象。朝鲜的佛教建筑还包括安置舍利的石塔建筑，如日本之广造木塔一样，朝鲜被称为“石塔之国”，在朝鲜的广大原野上散布着1000多座石塔，这些石塔代表了古代朝鲜建筑的水平和高度。

12.4.5　伊斯兰教建筑

伊斯兰教是由穆罕默德（570—632）创始的。穆罕默德生于阿拉伯半岛的麦加城。伊斯兰建筑以其优雅含蓄的艺术风格赢得了世人的赞誉，在世界建筑史上写下了光辉的篇章。

清真寺是成就最为突出的伊斯兰建筑之一。一般来说，清真寺以连续的外墙构成封闭的内院，四角立高塔，院墙中设有覆着饱满穹顶的殿堂，殿堂面朝麦加方向为正堂，堂外立一面高高的矩形墙体，开着一个门，两门穹隆上密布钟乳形的装饰，呈现出繁丽而清雅的艺术效果。清真寺的院内、外景色都很壮观，一座座圆浑而又尖起的穹顶在众多的高入云端的尖塔簇拥下交相辉映，形成一种跃跃欲起的升腾之势。清真寺的装饰在世界建筑装饰中独树一帜，特点鲜明。

早期的伊斯兰建筑主要采用不同色泽的砖作横、竖、斜向或凹凸的花纹砌成的装饰，再局部嵌入石刻浮雕；盛期逐渐发展为以彩色琉璃或小镜片来做镶嵌，并发展到“铺天盖地”，由穹顶到墙面，由门院到塔楼无处不做装饰。其图案依照伊斯兰教规，只用植物纹、几何纹或文字纹，这些图案生动活泼，千变万化，绚丽多彩，幻妙无穷，并具有一定的抽象意味，形成了独特的阿拉伯纹样。

早期伊斯兰清真寺较有代表性的建筑是7世纪的圆顶清真寺（图12-32），它坐落在宗教圣地耶路撒冷，是全世界清真寺中杰出的建筑之一，也是宗教圣地耶路撒冷的地标。其平面呈八边形，每边

21m长，大圆顶高54m，直径21m，平面布局以一个正方形在另一个正方形上的45° 旋转为基础，形成八角形的八个顶点，直立在三组结构体系中，起支撑圆顶鼓座的作用。1994年，约旦国王侯赛因出资650万美元为圆顶表面覆上了24kg纯金箔，使它彻底扬名天下（图12-33）。

a）

b）

图12-32 圆顶清真寺

a）外观 b）室内

图12-33 圆顶清真寺穹顶

伊朗的伊斯法罕国王清真寺是17世纪伊斯兰清真寺中最成熟的建筑，也是伊斯兰最具有代表性的建筑之一（图12-34）。这座清真寺以它华美绚丽的外表和高达45m尖起的穹顶，昂然凸出于众建筑群之上。主厅的大门直立于矩形外墙面，门洞上有多层带尖的券，以增加向上的趋势，门洞通向大厅内部的门窄而矮，两座门之间的穹隆，因做工考究而显得格外雅致，它是中晚期伊斯兰建筑的一种特有装饰形式。伊斯法罕国王清真寺的外观有极其精美繁丽的装饰，整个建筑全部用琉璃贴满，无一空白，犹如一件用绚丽多彩的花布裹起来的巨大器物，其装饰纹样均为抽象的植物纹、几何纹等，看上去如万花筒一般变幻万千，令人难以捉摸。特别是那巨大湛蓝基调的穹顶，在浩瀚无垠的大漠风光里，显得无比圣洁、端庄，却又如同海市蜃楼一般使人感到缥缈而孤寂。

a）

b）

图12-34 伊斯法罕国王清真寺

a）外观 b）室内

清真寺作为伊斯兰建筑特有的形式，其特征有两方面：第一是构造上的特征，即从建筑的角度看，它具有简朴、轻便、合理的特点，它的有效空间很大，几乎没有什么多余的东西，马蹄形的尖拱门是伊斯兰建筑特有的样子，它合理地分散了上部结构的压力，中央教堂的圆顶是向拜占庭建筑学来的，但清真寺的圆顶多以木构架作骨骼，以减轻顶部的重量；第二是艺术上的特征，清真寺内多是变形的图案装饰，绝大部分是几何形的花草图案，色调大部分是冷调，明朗清净，与炎热的沙漠景观形成强烈的对照。

拜占庭帝国消亡后，圣索菲亚大教堂的旁边，修建了著名的“蓝色清真寺”，是伊斯兰最奢华的建筑之一（图12-35）。该清真寺的圆顶直径27.5m，另有4个小圆顶立在旁边，6根尖塔高43m，比一般5根尖塔的清真寺多了1根，2万多片蓝瓷砖与朝贡而来的珍贵地毯及寺内260个小窗引进的和煦阳光，融入淡黄色、圆形排列的玻璃灯光中，幻光明舞，虚拟出一个广阔的小宇宙，淡蓝色的陶瓷锦砖将寺内空间装饰得圣洁而神秘。

a）

b）

图12-35 蓝色清真寺

a）外观 b）室内

在伊斯兰建筑艺术中陵墓的成就也是巨大而显著的，它以变化多端而富于节奏的形制和精制繁美的装饰效果将伊斯兰建筑推向了一个新奇而神秘的境界。建在中亚撒马亚罕的帖木儿墓（图12-36），是伊斯兰有名的墓室建筑，墓室外轮廓作八角形，正面正中作高大的凹廊。鼓座底部的内层穹顶顶高超过20m，外层高35m以上。外层穹顶近似葱头形，外表最大直径略大于鼓座，由两层薄的钟乳体同鼓座分开，因此显得格外饱满。穹顶表面由密密的圆形棱线组成，更加充分地表现了穹顶的视觉饱满度，鼓座大约8m多高，把穹顶举起在八角形体积之上。陵墓是一座完整的纪念碑建筑，整体造型显示了宏伟庄严的效果，通体灿烂的琉璃砖贴面又赋予了它华丽的外观，建筑性格鲜明而热烈。

图12-36 帖木儿墓外观

16世纪，由巴布尔王兴起的蒙兀儿王朝是一个伊斯兰教王朝。在建筑上有城廓、伊斯兰教寺院、伊斯兰教陵墓等。装饰这些建筑的图案、细密画以及大量使用金银宝石的工艺美术品等是这一时代的重要遗物。由阿克巴王（1556—1605年）在德里建造的胡玛俑王（1530—1556年）陵墓采用白大理石和赤红瓦形成极其美丽的外观，对后世的建筑形成了很大影响。

在众多精美的陵墓建筑中最为著名的是印度的泰姬·玛哈陵（图12-37）。整个陵园建筑群四周由墙垣围合成一块宽293m，进深576m的矩形平面，从圆门入内，先为一进深123m的前院，有一道由穹顶和塔构成的二道门，再前进即为一片草地，它的中央建有呈十字形的水渠及水池。主体建筑泰姬·玛哈陵为了显示其圣洁的意味，通体洁白明丽。其两侧建有水池，再向两侧靠围墙处又有对称的赭红色建筑物。洁白的陵体建筑端庄地坐落在白色大理石的石基上，无比静穆素雅。台基上建筑呈四方体抹去四角的八面体。四个立面保持一致，作对称处理。中央开带尖券的大门，其余两侧各开两层的尖券门洞。墓门名贵的石料上，镂空透雕着植物图案，玲珑剔透，纤巧雅致。陵体上，中央顶起饱满的穹顶，由八角形的亭子支撑，空透灵巧，别有情趣，具有虚实相应的韵律，建筑整体清澈明朗，安宁肃静。

a）

b）

图12-37　印度泰姬·玛哈陵

a）外观　b）室内

12.5　古代欧洲

12.5.1　古代希腊

前8世纪起，在巴尔干半岛、小亚细亚西岸和爱琴海的岛屿上建立了许多小型的奴隶制国家。随着后期的不断移民，又在意大利、西西里和黑海沿岸建立了许多国家，由于这些国家之间的政治、经济、文化关系十分密切，因而统称为古代希腊。

创造希腊古典文明的主要民族多利安人和伊奥尼亚人到达希腊本土之前，在地中海东北部的爱琴海地区曾存在过奴隶制初期的国家，这一时期的文明通常被称为“爱琴文化”或“克里特—迈锡尼文化”。希腊文明的发展通常被分为荷马时期、古风时期、古典时期和希腊化时期。

（1）审美观：美与数的和谐　古希腊的神话是古希腊艺术的土壤，其神话所反映的平民化的人本主义世界观，深刻地影响着希腊在造型艺术上的发展，它带来的一个重要的美学观点是：人体是最美的东西。古罗马建筑师曾在一则希腊故事中提到，古希腊的多里克柱式是模仿男人体的，而爱奥尼柱式是模仿女人体的，这种审美观念确实贯彻在整个希腊柱式的风格中，多里克刚毅雄伟，而爱奥尼柔美秀丽。

古希腊的美学观念还受到初步发展起来的自然科学和相应的理性思维的影响。哲学家毕达哥拉斯认为：“数为万物的本质，宇宙的组织在其规定中是数及其关系的和谐体系。”亚里士多德也说：

“美是由度量和秩序所组成的。”这种美学观点很明确地体现于古希腊的建筑，尤其是柱式中。例如，一个开间被三陇板划分为两份，被钉板划分为四份，最后被瓦当划分为八份，从而自下而上形成了1∶2∶4∶8简洁的等比关系。

这种严谨的数字关系和对人体的模仿并不矛盾，他们认为人体的美也由和谐的数的原则统辖着，当事物的和谐与人体的和谐相统一时，就会产生美感。因此，古希腊古典时期成熟的建筑及柱式既体现出一丝不苟的理性精神，又体现着对健康人体的敏锐的审美感受，充满活力，这是平民的现实主义和科学的审美趣味相互联合产生的结果。

（2）建筑形式

1）神庙建筑空间。希腊的神庙是从爱琴时代的正厅发展而来，原来正厅是作为宫殿的大殿，之后逐渐发展成了“神的宫殿”。木构神庙现已无存，但它们的特性仍然可以在后来的石构神庙中得到体现，间距紧密的立柱支撑着上面的短石梁和人字形屋顶，这些带形横梁形成的檐部刻有一些细节，象征着木质椽子的端头，甚至还体现出了木构建筑的榫头交接。

帕提农神庙是古希腊神庙中最为杰出的代表，也是雅典卫城中最主要的建筑物，它集中体现了希腊人民的智慧和艺术成就。帕提农神庙采用了周围柱廊式的造型，平面为长方形，由两个内部空间组合而成，每个空间平面都遵循着1∶1.618的黄金比例关系（图12-38）。它的正立面也正好适应长方形的黄金比，采用了8根多里克立柱，与两边侧面的34根柱及背面共46根高10.43m的多里克柱子组成了宽30.88m、深69.50m的围廊（图12-39）。围廊内的矩形殿身被划分为前后两个部分，每部分的入口处有一排小一号的多里克立柱。神庙正殿的内部使用了双层迭柱的手法，最后面用3根柱子连接起来，形成一个围廊，以增强轴线，突出神像空间；后半部分是国库，由一群少女负责管理，又称为少女室，里面用4根爱奥尼柱支撑着屋顶，这是古希腊建筑中第一次将爱奥尼柱式和多里克柱式在同一建筑中同时使用。

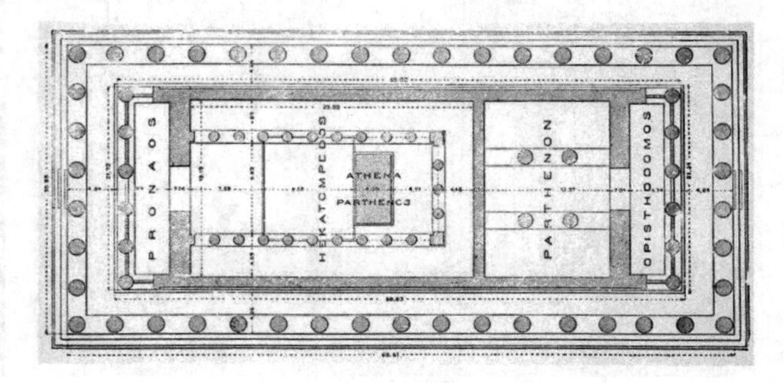

图12-38　帕提农神庙平面图

图12-39　帕提农神庙全貌

帕提农神庙的设计中还有一项重要造型手法的应用，就是综合地对视差进行了校正，如角柱加粗，柱子有收分和卷杀，柱子均微微向内倾斜，中间柱子的间距略微加大，边柱的柱间距适当减小，将台阶的地平线在中间稍微凸起等，以纠正光学上的错误视觉，使建筑的整体造型和细部处理更为精致挺拔。

相距不远的伊瑞克先神庙规模不大但别具特色，根据地形和功能的需要，其成功地应用了不对称的构图方法，打破了庙宇建筑上一贯采用的严整对称的平面传统，成为古希腊神庙建筑中的特例（图12-40）。神庙由三部分组成，以东面神殿为最大，北面门廊次之，南面女像柱廊最小。神庙东立面采用的爱奥尼柱式是古典盛期的杰出代表，细长比1∶9.5，轻盈柔美，同时，在南部凸出部分的矮墙上，用6根女像柱支撑着檐部，每个雕像都双手自然下垂，体量集中在一只腿上，另一腿的膝盖微曲，具有婀娜欲动之势，神态自然，雕刻精致，每个雕像都向中间微倾，既校正视差，又达到了稳定和整体的艺术效果（图12-41）。

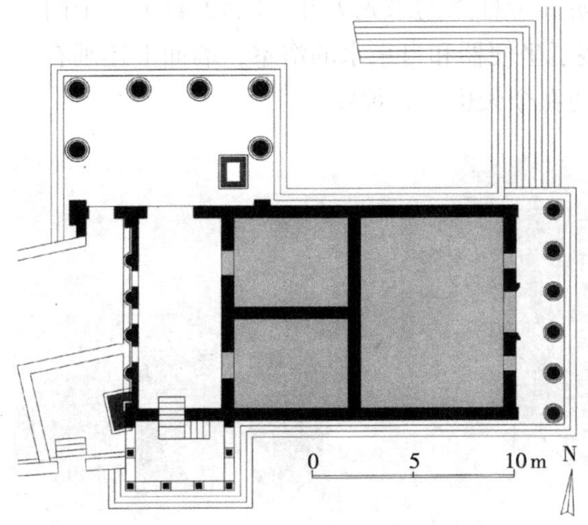

图12-40　伊瑞克先神庙平面图

图12-41　伊瑞克先神庙的女像柱

2）宫殿建筑空间。迈锡尼卫城是迈锡尼文明的杰出代表，它建造在一个可以俯瞰平原的山头之上，周围用6m厚的巨石垒砌的石墙围护。卫城的内部以宫殿为中心，周围分布着住宅、仓库和陵墓等建筑，甚至还有一个蓄水池。宫殿的核心是一个大柱厅，称为“美加仑”，由四根上粗下细的柱子支撑，中央是一个大火炉，地板和墙面都装饰着色彩华丽的图案和壁画（图12-42）。卫城周边还有一些穹顶覆盖的建筑，其中最有名的是迈锡尼国王的墓室，其由一条长长的通道引向墓门，墓室的内部平面为一直径14.5m的圆形，上面用叠涩的方法筑起一高13.2m的穹隆，这座建于前1250年的穹隆在其之后的1000多年里，一直是世界上最大的穹隆结构建筑物。

图12-42　“美加仑”的模拟再现图

克里特岛上的种种考古发现，米诺斯人也是天才的发明家和工程师。从米诺斯王朝的城市发掘中，可以看到每层结构都为土砖结构，只有一些较大的宫殿遗址会使用石料建造。最著名和最完整的宫殿遗址是位于克诺索斯城的米诺斯王宫。这座王宫最初建造于前2000年，但前1700年被毁，后克里特人又以极大的热情投入到宫殿的重修中，并在随后的200多年里发展到了令人瞩目的高度。

新王宫依山而建，有数个入口，进入西面主入口后向南经过一条用壁画装饰而成的狭长的“仪仗通道”，向东转来到大门厅，再转向北有一宏大的楼梯直通楼上国事大厅，从国事大厅北出口向东可下楼来到中央大院。楼梯边上有一座“御座厅”，该处被考古学家伊文思进行了复原，四壁由石灰石砌成，正面壁前有一张石椅，即所谓的“欧洲最古老的御座”，石椅背后的墙上画有两只长鹰头的狮子，保卫着国王（图12-43）。中央大院南北长约51.8m，东西宽27.4m，是整个建筑群的中心。大院的东侧是

图12-43　米诺斯王宫的“御座厅”

国王和王后的起居室，四层高的建筑内部遍设楼梯、台阶和带柱廊的采光天井（图12-44），千门百户，曲折相通。起居室的南面有一间房，甚至附有一间装了坐便器和自来水的浴室，墙面上还画有正在嬉水的海豚（图12-45）。这种室内空间的布局方式即使在今天也令人惊叹。

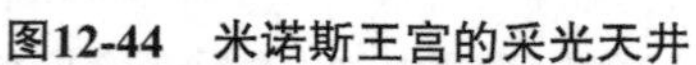

图12-44 米诺斯王宫的采光天井

图12-45 起居空间中的浴室

3）公共建筑空间。除了神庙之外，古希腊的主要建筑类型并不一定都强调封闭的室内空间，埃比道拉斯剧场是这方面的典例。古希腊早期的剧场只是依山修成的几层形状不规则的看台，前面有小小的表演场地。埃比道拉斯剧场是比较成熟的作品，它坐落于伯罗奔尼撒半岛的群山环抱之中，中心表演区直径约20m，由夯实的泥土筑成，歌坛前面是建在环形山坡上的看台，如同一把巨大的折扇，直径113m左右，32排座椅，以过道相连，分上、下两部分（图12-46）。该剧场体现出了造诣很高的设计理念，可以很明显地看到其形式与今天的礼堂、报告厅、电影院等室内空间的关联性。

4）住宅建筑空间。希腊的住宅空间一般都是单一的组合形式，围绕着一个露天的院子进行房间的布设（图12-47）。城市中的一些住宅紧邻着街道，除入口之外，大部分外墙都是光的。建筑材料主要是日晒砖，有时也用粗石砌筑并将表面粉刷成白色。平面布置的变化根据不同家庭的喜好而定，但很少有对称或其他规则式的布置。厅堂是一种带门廊的客厅，与入口靠近，主要为男主人和他的朋友使用。另外，露天的院子常被柱廊所围绕，这是一种多用途的起居与工作空间，还有厨房和卧室，这些空间主要供妇女和儿童使用。较大一些的住宅有时也有两层楼，但极少有两个院子的住宅。

图12-46 埃比道拉斯剧场

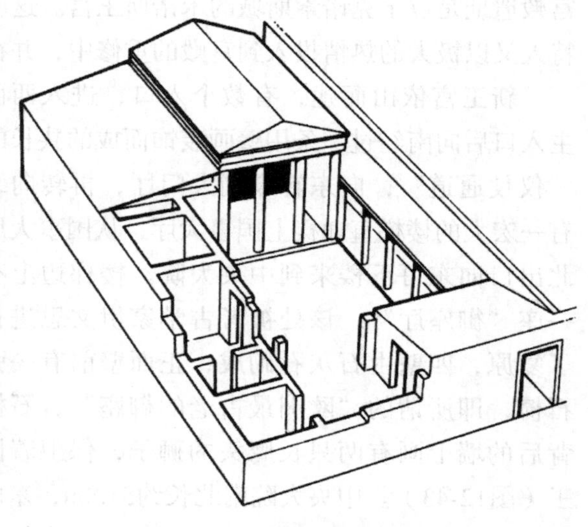

图12-47 希腊的住宅空间

（3）装饰手法　从考古发掘的一些资料可以看到，用陶砖铺面的浴室和管道设施在当时已不少见，但有些证据只能说明普通市民的房间一般是普通的光墙面，表面刷成白色，地面是夯土地，有时也用砖铺设。

古希腊的家具没有实物遗存，但可以从希腊绘画的形象上，尤其是花瓶和其他陶器上的绘画形象中得知一个家具设计的基本概念。例如，西吉斯托石碑上的浮雕表现了一位优雅的妇女坐在一把新颖的希腊式座椅上，这种椅子又称之为克里斯莫斯椅，向外弯曲的木椅腿支撑着一个方形的框架，上面带有皮革制成的坐垫，后椅腿继续向上形成椅背，在椅子的前面还有一个小小的踏脚板（图12-48）。

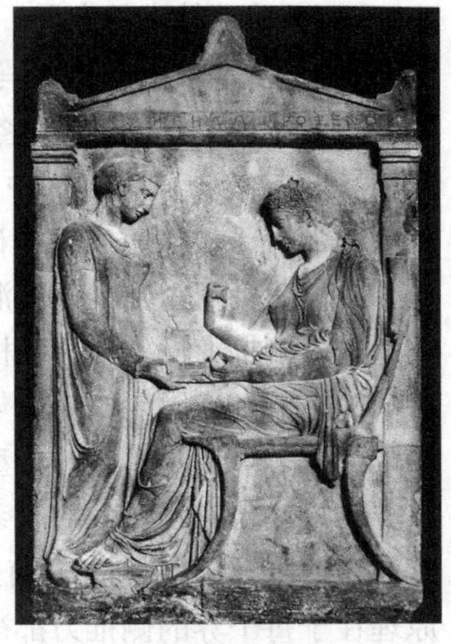

图12-48　西吉斯托石碑上的浮雕

古希腊早期的造型艺术起源于前9世纪至前8世纪，在带有简单几何纹样的陶器上，他们把哀悼死者的场面按程式化的构图描绘在上面，哀悼者举手向头，整齐地排列于左右两侧，风格极其简约朴素（图12-49）。陶器是古代希腊人的生活必需品和外销商品，具有实用和审美意义。

希腊陶器工艺先后流行三种艺术风格，即“东方风格”“黑绘风格”和“红绘风格”。东方风格指前7世纪至前6世纪流行的一种陶艺风格，由于对东方出口，因此考虑到东方人的审美习惯，主要以动植物装饰纹样为主，有时直接采用东方纹样，有时为增强装饰趣味性，将动植物加以图案化。黑绘风格指在红色或黄褐色的泥胎上，用一种特殊黑漆描绘人物和装饰纹样的陶器。红绘风格与黑绘风格相反，即陶器上所画的人物、动物和各种纹样皆用红色，而底子则用黑色，故又称红彩风格，流行于前6世纪末到前4世纪末，这种风格的优越之处在于能够灵活自如地运用各种线条刻画人物的动态表情，充分发挥线条的表现力。

图12-49　古代希腊陶器

12.5.2　古代罗马

罗马的历史可追溯到前8世纪，前5世纪以前的罗马处于氏族部落时期，以后经历了共和国时期和帝国时期，帝国时期的罗马已成为跨越亚洲、非洲、欧洲三大洲的大帝国。

古罗马的设计艺术在很大程度上吸收了希腊的经验，意大利半岛上的伊达拉里亚文明则是一个中介，它曾受在意大利的希腊殖民地文化的影响，罗马和希腊的直接接触是在罗马人入侵希腊之后，最终希腊变成了罗马帝国的一个组成部分。

（1）审美观：宏大而现实　罗马人不像希腊人那样富于想象，他们是一个冷静、务实的农业民族，他们的艺术也没有像希腊艺术那样的具有浪漫主义色彩和幻想成分，而是具有写实和叙事性的特征。同时，罗马艺术也没有像希腊艺术那样的单纯，它渊源复杂，既受到伊达拉里亚文明的影响，又吸收了希腊、埃及、两河流域地区的文化因素，在同一时期，罗马帝国各地区的艺术风格也各有差异，除了以罗马城为中心的帝国正统艺术外，还存在着各种地方风格。因此，罗马人在审美倾向上也并不是一味追求希腊式的，归纳起来可以有以下四点：①强调现实意义，注重功利；②强调个性、写实；③针对公共实用和个人实用，关注现实生活；④注重性格和情感表达，追求宏大、华丽。

（2）建造技术的发展

1）天然混凝土。古罗马伟大的建筑成就来源于罗马人民对建造技术的进一步发展，另一方面，新材料的应用也是创造更多空间可能的重要基础之一。罗马时期的天然混凝土大大促进了拱券结构的发展，它的主要成分是一种火山灰，加上石灰和碎石之后，凝聚力强、坚固，而且不透水。起初这种天然混凝土被用来填充石砌的基础、台基和墙垣内的缝隙，大约前2世纪，开始成为独立的建筑材料，到前1世纪中叶，天然混凝土在拱券结构中几乎完全取代了石块，从墙基到拱顶都是天然混凝土的整体，侧推力比较小，结构非常稳定。

2）拱券结构。拱券结构是罗马人在空间构筑上最大的特色和成就之一。罗马建筑的典型布局、空间组合、艺术形式等都同拱券结构有着密不可分的联系，罗马建筑的宏伟壮丽也正来源于此。这时期出现的主要是筒形拱和交叉拱（图12-50），其结构原理在于每个券的侧推力都被相邻券的侧推力所平衡，而在整个结构的最边沿，侧推力又与厚重的墙体所产生的反作用力平衡。随着拱券技术的进一步成熟，罗马人还发展了穹顶结构，这种原型的拱顶呈半球形或比半球形更小一点，覆盖于一个圆形空间，并要求沿它的周围进行支撑。

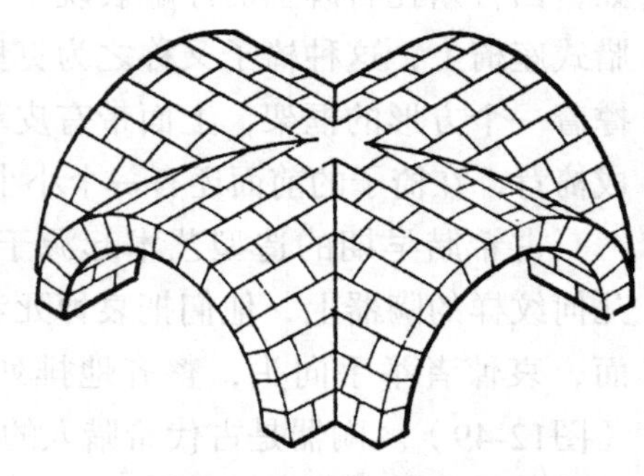

图12-50 交叉拱的结构示意图

3）理论体系。古罗马出现了现存最早的关于建筑空间营造的理论著作《论建筑》，即后来的《建筑十书》，它由古罗马建筑师维特鲁威写于前90~前20年间，书中涉及了许多技术性资料，如筑城技术，砖和混凝土的制造，机械、时钟、供水系统的构成等，以及关于设计师的培养教育。书中还论述了许多具体的建筑类型，如神庙、公共建筑和住宅等，讨论了相关的美学问题，并对罗马的多里克柱式、爱奥尼柱式和科林斯柱式进行了深入的阐述。将设计的目标定义为实用、坚固、美观三要素。该书直到今天依然被认为在了解设计内涵上具有独到的见解，其中所提供的一些资料成为今天研究古代西方建筑及室内空间的主要依据。

（3）建筑形式

1）神庙建筑空间。受古罗马人世俗生活理念的影响，古罗马神庙建筑与其说是对宗教生活的一种追求，不如说是对建筑构造发展的一种极大推进。

万神庙是古罗马时期最典型的神庙空间之一，始建于前27年，是一座希腊围柱式的长方形建筑。2世纪，哈德良皇帝对其进行了改造，将其建成了罗马特有的圆形穹隆顶建筑。至3世纪，卡拉卡拉皇帝又在殿前建了一座长方形神庙与之相连，并作为整个神庙的入口。万神殿是其中最主要的建筑空间，也是拱券建筑的杰出代表，其内部空间的高度和跨度均以一直径为43.43m的圆为基础形式，墙厚6.2m，上部为一个半球形的穹隆顶，顶的正中央开有一个直径8.9m的圆形天窗，是整个室内空间唯一的采光口（图12-51）。顶部用叠涩砖和浮石作填料的混凝土混合筑成，基础和墙壁由凝灰岩和华灰石作填料的混凝土筑成，并在周边墙体上开有7个壁龛和8个封闭垂

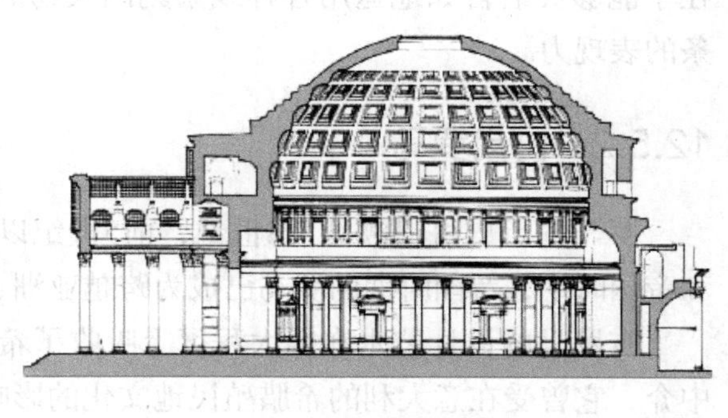

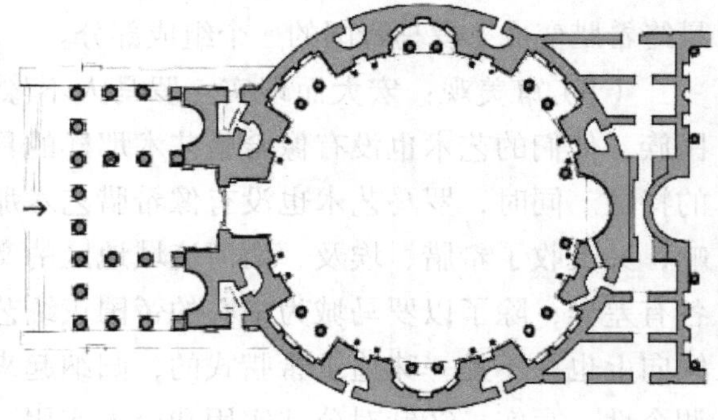

图12-51 万神庙平立面图

直的空洞以减轻自重。神殿的内部空间处理得很统一，壁龛的立面都做成用两根科林斯柱子支撑一檐部的造型，两层檐口将神殿的内部墙面水平划分成上小下大的两部分，比例接近黄金分割比，水平划分的内部由柱子和神龛线脚构成垂直划分，墙面和柱子都用大理石装饰，室内感觉和谐统一（图12-52）。穹隆顶用凹陷的方形图案作装饰，可在减轻屋顶自重的同时构成了由下至上逐渐缩小的五排天花，加上顶部采光产生的阴影变化，使室内空间取得了奇异而幻妙的效果（图12-53）。

a）

b）

图12-52　万神庙

a）立面划分形式　b）内部空间

图12-53　万神庙顶部幻妙的光影效果

维纳斯与罗马神庙曾经是罗马城中最大的神庙，始建于121年，位于大角斗场和罗马广场的圣道旁。在由天然混凝土浇筑而成的高大的平台上，神庙的两侧围绕着希腊式的列柱围廊，围廊以10柱×18柱的形式组成，气势恢宏（图12-54），从中可以看出设计者哈德良皇帝对古希腊文明的吸收和利用。该神庙的平面形式极为特殊，由两座神庙背靠背组合而成，构成两个内部神殿，各朝向建筑的两端，神殿内两侧墙上各有一排柱式，柱间设有壁龛，在两个空间相互连接的一端，圣坛上有半穹顶覆盖，应该是供奉神像的位置（图12-55）。这座神庙在经历了1000多年的风雨之后遭遇了毁坏，如今只剩下一小部分遗迹。

图12-54　维纳斯与罗马神庙边景

图12-55　维纳斯与罗马神庙圣坛

2）公共建筑空间。罗马人的审美倾向和生活态度催生了罗马的公共建筑，使公共室内空间的发展得到了巨大的推进。

位于罗马市区东南部的科洛西姆竞技场是举世瞩目的罗马古建筑之一，始建于共和末期，帝国初期，其平面为一个长轴189m、短轴156m的椭圆形，场内有60排座位，能容纳5万多名观众，看台分成上下五个区，每区都有直接通向场外的楼梯和通道，共设有80个出入口，确保了人流的井然有序。竞技场的中心是一个长轴87m、短轴54.8m的椭圆形表演区，第一排看台比表演区高出5m，角斗士和野兽从看台底层出场，进行表演（图12-56）。其严密的结构和空间组织体现了古罗马人对建筑空间和流程安排的充分理解以及巨大成就，从中可以很明显地看到今天很多大型体育竞技场馆的雏形，甚至其基本的空间理念和布局还具有异曲同工之处。

帝国时期，很多皇帝都以建造公共浴场来笼络无所事事的奴隶主和游氓，因此在当时，浴场迅速成为重要的公共建筑物，质量和工艺都得到了极大提高，很多浴场具有采暖措施，地板、墙体甚至屋顶都设有管道，用于输入热水或热烟，因此较早地抛弃了木屋架，成为公共建筑中最早使用拱顶的建筑物。公共浴场最杰出的代表是卡瑞卡拉浴场和代克利先浴场。

卡瑞卡拉浴场的主体建筑长228m、宽115.8m，平面近似于长方形，呈对称式布局，可同时容纳1600人沐浴。中央大厅为温水浴室，宽55.7m、进深24m，长方形平面，采用3个十字拱横向相接。露天浴场、温水浴室、热水浴室以及它们之间的过厅构成主体建筑物的中心对称轴，其他入口、门厅、更衣室、小间热水浴室、小间温水浴室、按摩室、少年室、柱廊等大小空间对称地布置在该轴线两侧，轴线上空间的纵横、大小、高矮、开合交替变化，空间流转贯通、丰富多变。主体建筑内部用大理石贴面，所有厅堂和空间的墙壁及地面都用彩色的云石和碎锦石装饰，镶着马赛克，绘着壁画；并在空间内部陈设着精致的柱式和雕像，十分富丽豪华（图12-57）。

图12-56　科洛西姆竞技场内景

图12-57　卡瑞卡拉浴场复原图

代克利先浴场由代克利先皇帝建造于306年，主体建筑比卡瑞卡拉浴场规模更大，长240m、宽148m，可容纳3000人同时洗浴，其一部分后来被改建为圣玛丽亚教堂，因而，其中采用混凝土交叉拱结构的冷水浴大厅（图12-58）和穹顶直径为20m的温水浴室得以幸存至今。

另外，巴西利卡也是古罗马公共建筑中的重要代表，古罗马的巴西利卡是用作法庭、商业贸易和会议的大厅，长方形平面，两端或一端有半圆形龛，主体大厅被两排柱子分成三个空间或被四排柱子分成五个空间，中央比较宽的是中厅，可以适应法庭诉讼、审判的需要；审判席可以位于建筑端头半圆形龛内的高台上；侧廊造得比中厅要矮些，所以在中厅上部的墙面上可以设置高侧窗，建筑结构一般是石墙支撑着木质屋顶。譬如，位于罗马广场的君士坦丁巴西利卡就是典型的案例（图12-59）。这种建筑容量大、结构简单，并逐渐发展为基督教堂的基本形式，对后来的建筑空间起到了决定性的影响。

3）住宅建筑空间。古罗马人以实用主义为原则，这使得市民的家居生活变得更为丰富多彩。其居住性建筑大致有两类，一类是沿袭希腊晚期的四合院式，或明厅式；另一类是公寓式的。

四合院式的典型代表是潘萨府邸和维蒂住宅，其中心一般是一间矩形大厅，屋顶中央是一露天的天井，地面的相应位置有一个池子可以盛装雨水，周围有柱廊支撑着木构的瓦屋顶，从这里可以通向住宅内的大多数房间，入口的轴线上通常有一正式的客厅，它与餐厅比较靠近，住宅房间的窗户很小，光线主要靠从门洞射入，由于门大都面向庭院，所以可以保证足够的采光。住宅内有鲜艳的壁画，陈设着三脚架和花盆，甚至还有雕像（图12-60），有些房间不开窗户，而用壁画来模拟宽广空间的幻觉，如将墙面刷成深色，画上花环、葡萄藤、小天使等，或者在墙上画透视深远的建筑物和辽阔的自然景色，而住宅的后院大都是柱廊围绕的花园（图12-61）。

图12-58　代克利先浴场

一般的城市居民多数住在公寓里，这种出租型的房屋以楼房居多，起于共和时期，而兴盛于帝国时期。比较高级的公寓底层整层住一户，带有院落；低级一些的，底层开设店铺，作坊在后院，上面住人；最差的，每户沿进深方向布置数间房间，通风和采光都比较差。

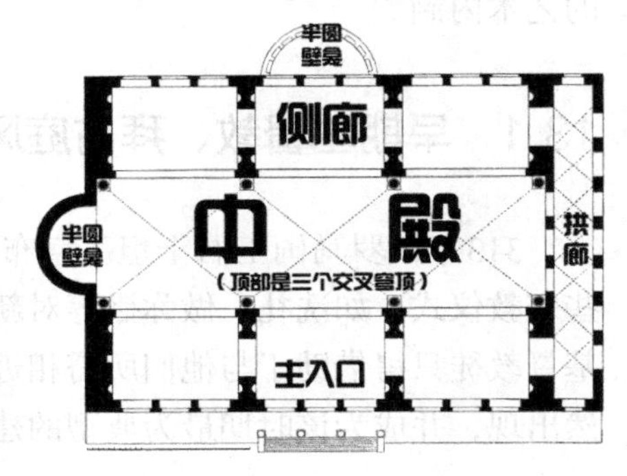

图12-59　君士坦丁巴西利卡平面图

（4）装饰手法　罗马建筑室内的墙面一般在下部建筑线脚和壁柱的细部涂有颜色，形成墙裙；墙面上部用固体颜料和天然染料制作壁画，以室外景观、神话故事和日常生活场景的题材为多（图12-62）；地面上也出现了一些装饰细部、马赛克画等，室内色调以黑色和朱红色为主，即所谓的“庞贝色”。

罗马的家具从古希腊的原型发展而来，倾向于大规模的装饰细部处理，大都应用上等的木材，并镶嵌有象牙和金属。折叠凳和定型的椅子发展成为一种等级和身份的象征，而忽视了对舒适性的考虑。从维蒂住宅现存的一些壁画中，可以看出当时还存在其他各种富丽的家具形式。而现存的家具和室内陈设普遍是由那些不易燃烧的材料构筑而成的，如石头的躺椅和桌子，铁和铜质的油灯和花盆，以及一部分壁画和马赛克画，从这些物件可以想象出昔日罗马的室内环境。

图12-60　维蒂住宅的矩形大厅

图12-61　维蒂住宅的后花园

图12-62　庞培古城的壁画样式

第13章　中世纪时期

中世纪是指从476年西罗马帝国灭亡到15世纪文艺复兴运动开始的一段时期，文艺复兴时期的意大利人认为该阶段是处于文明与复兴之间的一个时代，因此将其称为“中世纪”。

中世纪最大的特点就是基督教对当时的社会生活方式和意识形态造成了决定性的影响，各种艺术形式均不可避免地具有浓厚的宗教色彩，充当着教会的代言人，建筑和室内空间形态也不例外。然而，古希腊罗马根深蒂固的文化传统也不会在一朝一夕被基督教文化颠覆殆尽，而是一个漫长的相互融合的过程。基督教文化在地中海沿岸的地位确立以后，又吸收了一部分当地的文化成分，产生了新的样式，被称为“蛮族艺术”，至前10世纪左右，才形成相对统一的风格。因此中世纪的室内空间也和其他艺术形态一样具有在东方文化、古希腊罗马传统文化和蛮族文化基础上融合而成的基督教文化的艺术内涵。

13.1　早期基督教、拜占庭风格

313年，罗马国王君士坦丁宣布米兰敕令，承认了基督教的合法地位。基督教开始公开活动，一些宗教仪式，如洗礼、做弥撒等对新的建筑形式产生了巨大的需求量，为满足这一迫在眉睫的需求，基督教徒只得借助于与他们所需相近的巴西利卡来勉为其用。与此同时，一大批教堂如雨后春笋般悄然出现，并成为该时期最为典型的建筑空间形态。

13.1.1　空间形态的转变

（1）巴西利卡的演变　310年，君士坦丁大帝在特利尔为其母亲修建了一座巴西利卡式的宫殿，后被作为纪念圣彼得的教堂，成为最古老的巴西利卡教堂之一。这座古老的教堂长70m，宽27m，没有侧廊，木质构筑的屋顶高约30m，大厅尽头原先用作审判室的凹室被恰到好处地改造成了牧师向教徒们传经布道的祭坛，这使得巴西利卡产生了一个根本性的变化，原来位于平面长边的主入口被移到了和祭坛相对的平面短边上。虽然只是一个小小的变化，但对于空间的感受力却变得完全不同，巴西利卡前后左右的对称性决定了当人从长边入口进入时会感觉到一种宁静与宽广，但从短边入口进入时视线会立刻被整齐排列的天花、窗框、墙角等共同形成的强烈的透视吸引到祭坛，以及祭坛上的十字架（图13-1）。而这也正是基督教教堂与神庙空间最大的区别所在。

图13-1　古老的巴西利卡教堂

在室内装饰方面，早期的巴西利卡教堂墙面都用石砌，通常是色彩丰富的大理石，屋顶由大型木构件覆盖，中厅上部的墙体由密集排布的柱子所承托的过梁或拱券来支撑，呈线性排列的柱子将中厅和侧廊划分为两个不同的区域，建筑细部有了进一步的演变和发展。柱子通常以一种罗马柱式为基础，一般用科林斯柱式，有时也用爱奥尼柱式，柱子上部的墙面和天顶大多绘有阐述宗教主题的壁画或马赛克镶嵌画，地面常用色彩强烈的石头铺砌出几何图案（图13-2）。巴西利卡教堂的演变就像是对古罗马建筑的一种直接搬用，甚至有些建筑材料，如柱子等，直接来源于早先的罗马建筑。

图13-2 巴西利卡教堂的室内装饰

（2）建筑构造的发展 5~6世纪，随着教会的发展，东正教不再像天主教那样注重圣坛上的神秘仪式，而是宣扬信徒之间亲密一致的关系，集中式的教堂逐渐增多，这大大推动了新的结构形式的产生，尤其是穹顶和帆拱的出现，使集中式建筑越做越宏伟，在整个流行正教的东欧，后期教堂的基本形制都是集中式的。

穹顶技术是在波斯和西亚的经验上发展而来的，早期大多是一个正方形的空间，上面扣一个半球形的穹顶，两种不同几何形式的衔接过渡成为这种结构的基本问题，传统的方法是在方形的四个角上用半锥形拱将其变成八边形再砌穹顶，或者用石板层层抹角，将方形变成16边或32边形之后再砌穹顶。这种形式到拜占庭时期得到了重大突破，广为流传的基本做法是，沿方形平面的四边发券，在四个券之间砌筑以对角线为直径穹顶，称之为帆拱，完成后的顶部仿佛是一个完整的半球形在四边被发券切割而成，而四个券完全承担了顶部的重量。这种结构形式表现出了极大的优越性，首先，是穹顶和方形平面在形式上承接得自然流畅；其次，由于屋顶的荷载被集中到了建筑的四个角上，建筑不再需要完全连续的承重墙，使得穹顶之下的空间开敞具有了可能性。依法炮制，就可以在各种正多边形平面上使用穹顶，并得到集中式的室内空间，这是穹顶技术的巨大成就，虽然古罗马的十字拱也摆脱了承重墙，但却无法得到集中式的平面构图形式。

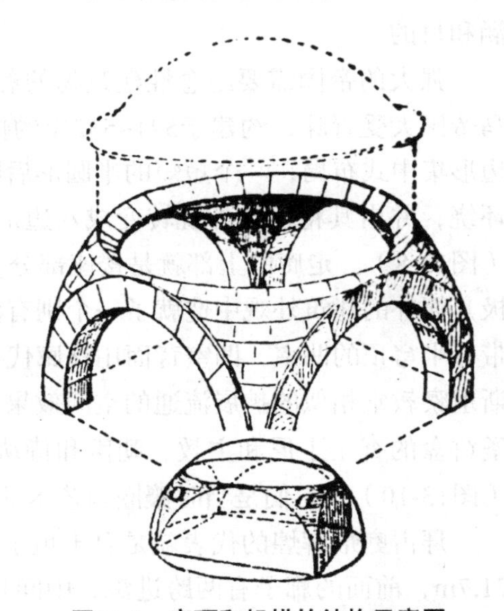

图13-3 穹顶和帆拱的结构示意图

后期，这种结构形式得到了进一步的发展，在四个券的顶点部位作水平方向的切割，在切口上再砌筑穹顶，再往后又出现了在水平切口上先砌上圆筒形的鼓座，再加穹顶的做法（图13-3）。总之，帆拱、鼓座和穹顶的相互结合使得拜占庭的建筑屋顶在构图上得到了极大的艺术表现力。

为了平衡穹顶在各个方向的侧推力，古罗马人采用了极厚的墙体，而拜占庭的建筑师们对此又有了新的创造，他们在四面对着帆拱下的大发券砌筑筒形拱来抵制这种侧推力，筒形拱的下面两侧再做发券，靠里一端的券脚落在承托中央穹顶的支柱上，使建筑外墙完全不受侧推力的影响，而内部只有承受穹顶的四个支柱，内部空间和立面处理都变得灵活多样，使集中式教堂获得了开敞的、贯通的内部空间。由于受到这种结构形式的影响，教堂中央的穹顶和其四面的筒形拱组成了等臂的十字形，形成了许多十字形的教堂。可见，结构的进步对空间形态的变化起到了极大的影响，尤其在人类社会的早期，这种影响几乎是决定性的。

13.1.2 典型的建筑空间

圣玛利亚大教堂是罗马现存最古老的巴西利卡式基督教教堂，呈三柱廊式，内部空间有着强烈的聚焦感，中间由线形排布的梁柱结构支撑起高敞的中厅，古罗马的柱列现在被用来支撑开有高侧窗的墙体了（图13-4）。屋顶由木头做成，绘有整齐的方格状天花，祭坛上方的半圆形穹隆顶表面用彩色的小玻璃和石头拼贴出马赛克画，内容都为圣经故事，为了确保整体画面在色调上的统一性，通常在马赛克画面后铺一层底色，而为了追求马赛克小块在光线下闪烁的效果，有时故意做成不同方向的微斜。以红色、绿色两色为主的马赛克地面，使整个空间显得色彩斑斓（图13-5）。

约建于330年的圣科斯坦察教堂是最有名的早期集中式教堂，它原是作为君士坦丁大帝女儿的陵墓而建，后被用作基督教洗礼堂，13世纪成为教堂，是集中式空间处理的典型代表。在建筑内部，中央穹顶空间被双柱组成的回廊环绕着（图13-6），廊顶覆盖着镶有彩色马赛克画的筒形拱，日光通过高侧窗射入，在大理石墙面和马赛克画上形成变化莫测的效果。圣科斯坦察教堂的空间特点是双柱上方的短梁均以向心排列的方式指向中央空间的圆心，产生了很强的向心性，人不论走在哪里，视线都会不自觉地被牵制到空间的中央位置，反之，中央空间也实现了外围空间的交流和联系（图13-7）。这时的室内空间已不再是单纯建筑组成的内部附属部分，而是逐渐成为建筑的主要内涵和目的。

强大的帝国需要纪念性建筑物的彰显，集中式教堂以其独有的象征意义在皇权至高无上的东罗马帝国大受青睐，约建于521~532年的拉韦纳圣维塔尔教堂是当时最重要的集中式教堂之一，它呈八边形集中式布局，一个短短的半圆形后殿向东延伸。中央空间的上方覆盖着高敞的穹顶，周围被走道环绕，并由其将建筑外观转变成八边形，入口的门厅斜成一定角度，以便与八边形的两条邻边相连（图13-8）。走廊的上部就是楼座部分，光线由高侧窗射入，色彩丰富的大理石和绚丽的马赛克画在极其简朴的建筑外观中造就了一个别有洞天的室内空间。在立面上，其中央空间除祭坛外的七个面都带有半穹顶的凹室，凹室背面用柱廊代替墙面，并与外围更低的两层环形拱顶走廊相通，形成与圣科斯坦察教堂相似的扩展流通的空间效果（图13-9）。祭坛的半球形穹隆顶下方左侧的墙壁上绘着手持圣饼盘的查士丁尼和主教、朝臣和侍从的图像；右侧绘着手捧圣餐杯的皇后狄奥多拉和侍女的图像（图13-10），它们是当时镶嵌画艺术的杰出代表。

拜占庭最辉煌的代表就是君士坦丁堡的圣索菲亚大教堂，这座集中式教堂东西长77.0m，南北长71.7m，前面的廊子有两跨进深，中间是一个施洗用的水池，周围环着柱廊，形成曲折多变的内部空

图13-4 圣玛利亚大教堂

图13-5 圣玛利亚大教堂顶部的马赛克画

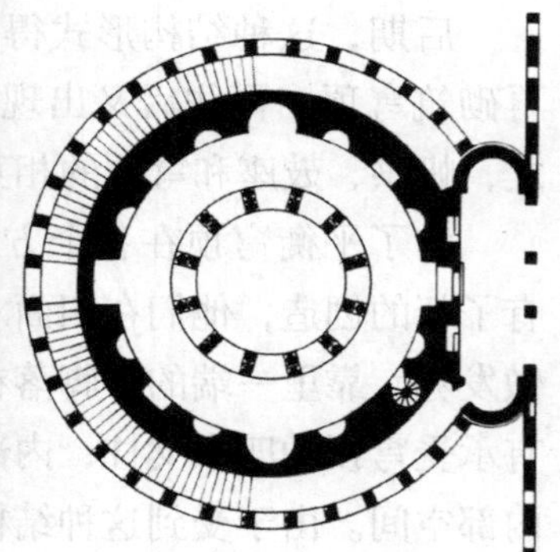
图13-6 圣科斯坦察教堂平面图

间，与其他拜占庭的希腊十字式教堂有所不同，圣索菲亚大教堂中央穹顶下的空间同南北两侧是明确隔开的，而东西两侧则相对统一，这使内部空间的纵深变得很大，非常适合宗教仪式的需要。同时，其比万神庙更为宽阔高敞的中央空间也是当时空间营造的又一巨大突破，圆形的穹顶放在帆拱上，穹顶的基部有一圈小窗，是将室外光线引入的重要途径。在整体幽暗的室内环境中，整个穹顶仿佛没有依托，飘浮在空中。圣索菲亚大教堂的空间装饰具有灿烂夺目的色彩效果，柱子多数是深绿色的，柱头由镶着金箔的白色大理石构成，墩子和墙全部采用白色、绿色、黑色和红色等大理石贴面，穹顶和拱顶镶嵌着金色和蓝色底子的马赛克，地面也由彩色马赛克铺装而成。身处其中，就像待在一个百花盛开的世界（图13-11）。

图13-7　圣科斯坦察教堂内部空间

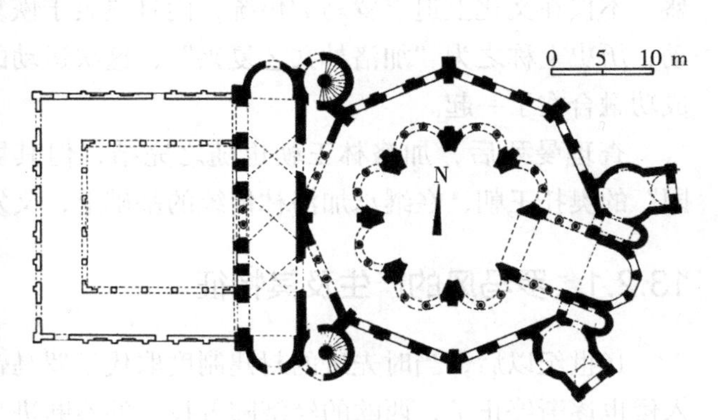

图13-8　圣维塔尔教堂平面图

图13-9　圣维塔尔教堂内部空间

图13-10　圣维塔尔教堂顶上的壁画

图13-11　圣索菲亚大教堂

13.1.3　室内装饰与家具陈设

与早期基督教和拜占庭教堂同时出现的世俗性建筑几乎仅留下了一些废墟，因此很难得到准确的研究资料，这一时期的室内装饰和家具研究主要还是集中在对教堂空间环境进行的，但从一些零散的遗存中还是可以看到，当时的椅子和桌子大部分以希腊、罗马的样式为主，但其中许多已由曲线形式转变成了直线形式。从拜占庭的教堂中表现出来的东方的装饰风格，对家具产生了极大的影响，材质为木材、金属、象牙等，同时，金、银、宝石、玻璃镶嵌以及浮雕成为其主要的装饰手段。

另外，拜占庭时期的织画十分发达，上面的动物图案姿态优雅（图13-12），表现出了拜占庭人的一种生活态度，细密画也得到了进一步的发展，珐琅之类的工艺品品种繁多，其装饰纹样和当时的建筑室内装饰图纹有着异曲同工之处。

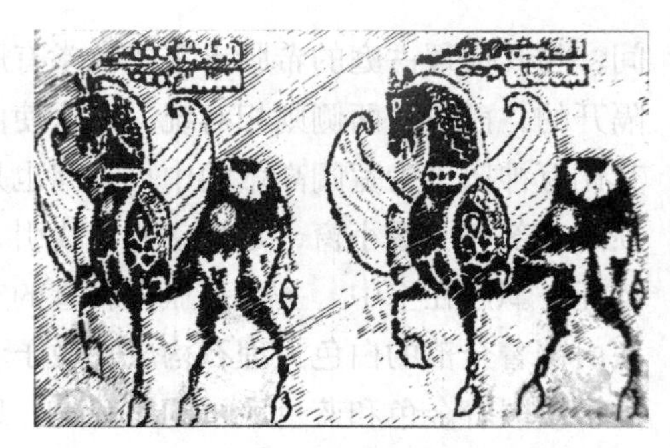

图13-12　拜占庭时期的织画

13.2　罗马风与伊斯兰风格的影响

8世纪，当年的蛮族已发展成为了整个欧洲大陆的封建领主，法兰克国王查理曼经历了数十年的战争，终于将西欧大部分地区统一了起来，并建立了加洛林王朝。查理曼的理想是恢复昔日罗马的繁盛，不仅在文化上追求罗马的传统，而且热衷于恢复罗马帝国的封号。他亲自领导了这次文艺复兴运动，历史上称之为“加洛林文艺复兴”，这次运动的最大意义在于将北欧的日耳曼精神与地中海文明成功融合在了一起。

查理曼死后，加洛林王朝也随之完结，但其影响并没有因此消失，尤其是号称“神圣罗马帝国”的奥托王朝，在继承加洛林传统的基础上，又发展出了更为肃穆宏大的风格形式。

13.2.1　罗马风的产生及其特征

10世纪以后，当时先进的封建制度取代了罗马帝国时期的奴隶制度，11世纪以后，大规模的外族入侵也逐渐停止了，西欧的经济随着技术的不断进步开始稳步增长，人口不断增加，11世纪后半叶，西欧的景象空前繁荣起来。罗马风就是在这样的环境中滋生并发展起来的，在欧洲很长的一段时间内，人们将哥特艺术以前的所有艺术都称之为“罗马风”。

罗马风的形成受到多方面的影响，但有几点是最为基本的，第一，西欧经济水平提高，封建制度逐渐稳固；第二，作为社会精神支柱的教会势力与贵族力量并行发展，修道院制度得到了进一步完备；第三，十字军东征和大规模的传教活动扩充了教会的势力和影响；第四，对圣人遗物的崇拜，掀起了各地朝拜的热潮。这些因素导致了教堂和修道院的大量建造，为了追求建筑宏伟壮观的效果，建造时普遍采用了类似古罗马拱顶和梁柱结合的体系，并大量采用了希腊罗马时代“纪念碑式”的雕刻来装饰教堂，最终在该时期形成了“罗马式”的风格体系。罗马风的外在表现不仅体现出了与加洛林文艺复兴、奥托王朝艺术之间千丝万缕的联系，同时还蕴含着许多的外来影响：古希腊时代的古典艺术、早期的基督教、伊斯兰教、拜占庭和克尔特及日耳曼传统等。罗马风成为多种风格形式相互融合的最终艺术形态。

图13-13　比萨教堂壁面上的连环拱廊

早期的罗马风建筑承袭了初期的基督教建筑风格，通常采用古罗马建筑的一些传统做法，如半圆拱、十字拱等，有时也搬用古典的简化柱式和装饰细部。在后来的演变中，通过对罗马拱券技术的不断发展，逐渐用骨架券取代了厚拱顶，形成了具有罗马风结构特点的四分肋骨拱和六分肋骨拱。罗马风建筑的外观常常比较沉重，为了减少这种沉重感，墙面会采用所谓的连环拱廊（图13-13）及由一层层的同心圆线脚组成的券洞门，通常称之为透视门（图13-14）。为了维持墙壁的强度，罗马风建筑的窗户通常很小，这使得壁面有了较广阔的空间，也便产生了在涂有灰泥的墙上绘制壁画的可能性。当然，罗马风建筑在各地也产生了多种地方性特色，如意大利的罗马风建筑除了受古罗马和初期基督教文化的影响，还渗透着拜占庭的风格因素，尤其是内部装饰，仍以镶嵌画为主，同时也产生了湿壁画；法国北部多为巴西利卡式教堂，南部则以古罗马式教堂为主。

图13-14　中世纪建筑上的透视门

13.2.2　典型的建筑空间

（1）德国　962年，教皇约翰十二世在罗马将德意志王国的国王奥托加冕为皇帝，重新统一了原查里曼帝国的中东部地区，之后的100年里，奥托和他的继承者们在德意志的土地上建立了一个强有力的统一政权。德国的罗马风建筑在这一时期也得到了长足的发展。

亚琛大教堂是查理大帝的宫廷教堂，整体结构呈长方形，屋顶为拱形，修建于790~800年查理曼大帝时代。这座教堂的灵感来源于罗马帝国时代的东方式教堂，在中世纪时夏佩尔宫又添加了许多华丽的装饰。亚琛大教堂建筑极具宗教文化色彩，这座八角形的建筑物，融合了拜占庭式和法兰克式的建筑风格之精髓，是加洛林王朝文艺复兴的代表性建筑。它的内部结构以日耳曼式圆拱顶为主要特色，用色彩斑斓的石头砌成。其八边形的中厅被两层走廊环绕着，其中较高的二层柱廊又被分成两层，墙面感觉是由三层组成（图13-15）。其穹顶建在开有窗户的鼓座之上，直径超过15m，以大理石和马赛克拼贴出宗教题材的画进行装饰，而拱券部分则用不同颜色的石块和砖混合砌筑成深浅相间的棋盘状，穹顶下吊着直径4.2m的枝形吊灯（图13-16），为后来的皇帝腓特烈一世所捐赠。

图13-15　亚琛大教堂内部空间

图13-16　亚琛大教堂的穹顶

在许多世纪中，亚琛大教堂一直是德国的最高建筑。内部以古典式圆柱为装饰，教堂大门和栅栏则为青铜式建筑，也是现存加洛林王朝唯一的青铜制品，风格古典，据鉴定可能出自伦巴第工匠之手。这座有着巨大圆拱顶的八角形教堂据说是模仿意大利的圣维塔尔教堂建造的（另一资料说该教堂在建造时是以安提奥基亚八角教堂和拉韦纳圣教堂为样板的）。有许多高耸的尖塔，门洞四周环绕数层浮雕和石刻。在夏佩尔宫里，陈列着神圣罗马帝国皇帝腓特烈一世赠送的烛台，陈放在走廊里的是当时查理曼大帝的大理石宝座。唱诗班席里也存放着查理曼大帝的金圣物箱，保存着他的遗物。此外，教堂里还有不少精美绝伦的青铜器、象牙器和金银工艺品以及出自名家之手的宗教艺术品。亚琛大教堂的艺术财富被认为是北部欧洲最重要的教会艺术宝藏。

希尔德斯海姆的圣米迦勒教堂是德国罗马风建筑的典型代表，它极其强调对称，拥有完全一样的袖廊和角楼以及中堂中成对的圆柱。教堂的平面极具德国特色（图13-17），东西部均设有祭坛和横厅，横厅两端都有塔楼，加上两座十字交叉部的塔楼，使得外观呈现出六座塔楼高耸的形态，其中厅为桁架式平顶结构，墙面面积很大，显得十分厚重。应该说，圣米迦勒教堂确定了德意志地区在中世纪建筑中的独立地位。其中厅是一个具有巴西利卡风格的罗马风室内形式，各边都带有侧廊，厅廊之间通过连续的拱廊取得联系。中厅墙壁的高处开着小窗，形成高侧窗，用于采光，屋顶是木制的，绘有丰富的图纹样式，室内的整体感觉整洁而素雅（图13-18）。

1027年开始建设的施派尔大教堂是德国最重要也是最大的罗马风建筑，由皇帝康拉德二世下令建造，意在将它作为基督教世界团结统一的象征。施派尔大教堂的建筑空间长130m，中廊宽13.5m、长70m，屋顶高27m，是现存罗马风教堂中规模最大的。建筑的中廊和侧廊通过有壁柱的柱垛来划分，柱垛之间由拱券连接，柱垛每隔一跨，在截面上有所补强（壁柱加粗）。屋顶在始建时是木屋架，后改成十字拱结构（12世纪时），西立面中央和中廊与横厅的交叉处有采光用的塔，室内空间深远高峻。中厅的侧立面呈三层构造，在支撑交叉拱的大束形柱之间的小束形柱一直向上延伸到交叉拱的起拱线，中间没有间断，这使得空间的垂直感显得尤为强烈（图13-19）。建筑的圣坛部位和塔的檐口下有拱廊，此种手法后来被莱茵河流域教堂普遍采用。施派尔大教堂在平面、结构及建筑空间方面，对后来的莱茵河流域的教堂有深刻影响，尽管后来有不少不同风格的增建和改建，施派尔大教堂仍不愧为初期罗马风建筑的杰作。包括其平面也呈现出强烈的德国风格，与意大利式的教堂有着明显的差别，其两端入口各设有一个横向的前厅（图13-20），前厅与中厅交叉处建有高耸的塔楼，前厅后侧也设有两座塔楼，与东面十字交叉部及其侧后方的三座塔楼共同在建筑的外观上形成六座塔楼高高耸立的面貌，这种建筑形态也正是典型的德国式罗马风特色。

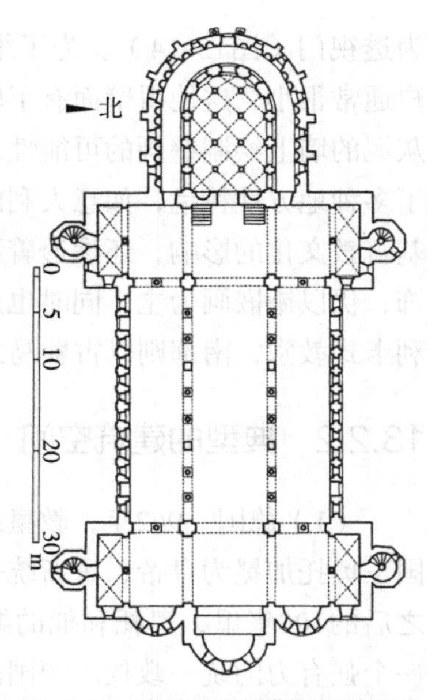

图13-17 圣米迦勒教堂的平面图

图13-18 圣米迦勒教堂内部空间

图13-19 施派尔大教堂内部空间

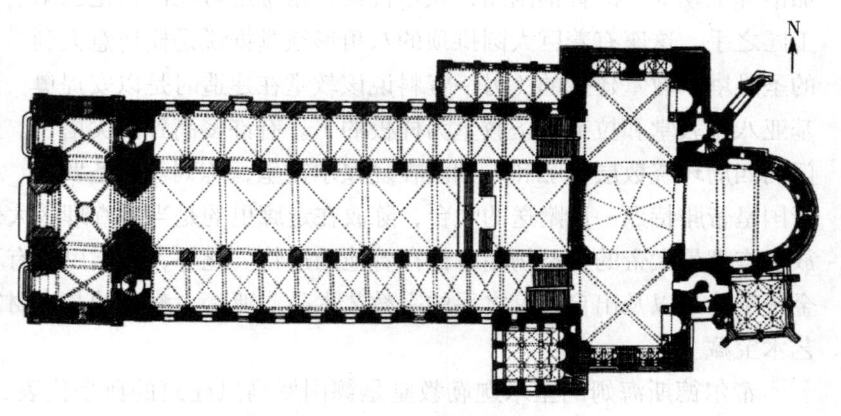

图13-20 施派尔大教堂平面图

德国的教堂还有美英茨以及沃尔姆斯等地的教堂为典型代表，从这些教堂都不难看出罗马风的设计理念从德国传承到欧洲其他地方的渊源关系。

（2）意大利　中世纪的意大利在中法兰克王国统治者罗退尔死后陷入一片混乱，德意志军阀的掠夺更使得罗马的状况雪上加霜。而在意大利的北部，频繁的战争却造就了众多政治上相对独立的并依靠长途贸易而日益兴旺的城邦，并使得它们有足够的实力投入于大型教堂的建造活动。

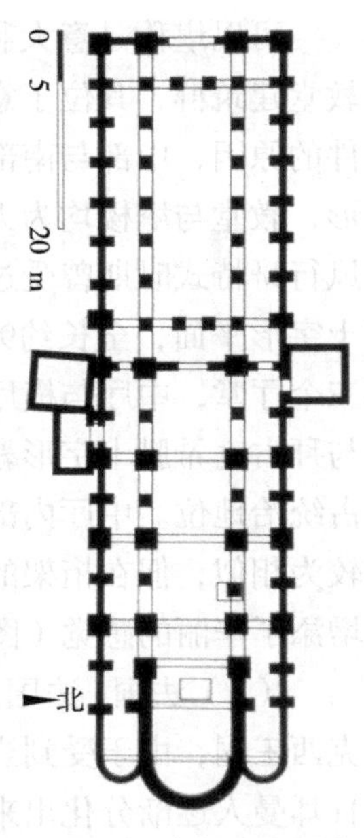

图13-21　圣安布罗乔教堂平面图

为了纪念圣安布罗斯而建的米兰圣安布罗乔教堂是11世纪意大利北部罗马风建筑的典型代表。从平面上看，它是由早期基督教的巴西利卡发展而来的，前面带有一个开敞的前院，中厅由四个隔间组成，覆盖的屋顶由三个交叉拱形成，交叉拱的对角线通过石肋得到了强调，第四个隔间是教堂的圣坛部分，上面覆盖着八边形的矮塔和采光亭，两层高的侧廊上方则是方形的交叉拱顶，侧廊的东端还各有一个半圆形的小祭坛，形成这一时期常见的三后殿的平面样式（图13-21）。由于混凝土技术已经失传，圣安布罗乔教堂的中厅交叉拱由砖砌而成，从形象上看，这样的交叉拱更像是拜占庭常见的帆拱式穹隆。正方形交叉拱的应用使得中厅和侧厅间的柱廊开间加宽了，每个支柱部分的荷载也大大增加。在圣安布罗乔教堂中，为了满足结构的需要，单一的支柱被看似支撑不同方向拱肋的附柱组成的束形柱替代，同时又在大束柱之间增加了较小的束形柱，用于支撑侧厅上方的小拱顶，形成双层侧廊的构造。至此，由整齐划一的柱子所形成的均匀的节奏感被间歇式的节奏取代了，空间向祭坛的聚焦受到了削弱，但束形柱和拱肋的应用，使得教堂的内部空间出现了指向上方的新感受（图13-22）。这也是意大利罗马风建筑空间的典型特征之一。

位于佛罗伦萨市的圣米尼奥托教堂是在建筑装饰上具有极强地方性特色的一座教堂。其内部没有横厅，中厅采用木桁架屋顶和连拱式圆柱廊，每隔三个开间有一个由粗大的束状柱支撑的横向跨拱，整体空间透视呈现出一种独特的间歇式节奏感，连拱廊上方的墙面以大理石和马赛克镶嵌成的精美图案进行装饰。中厅分成三部分，各部分上面都覆盖着木制屋顶，并绘有以蓝色、红色调为主的装饰图案；两端的地下室朝着中厅内部敞开，地下室上面建有唱诗席，高度超过视平线，墙面上贴着黑白两色的大理石，形成了视觉上的强烈对比（图13-23）。窗户的处理则更为特别，镶嵌着薄薄的、半透明大理石。

图13-22　圣安布罗乔教堂内部空间

图13-23　圣米尼奥托教堂内部空间

可以堪称是意大利罗马风建筑中最有名、最美的当属比萨大教堂建筑群，其位于意大利中部的托斯卡纳省省会，由于历史条件的原因，中部与南部的建筑一般比较保守。它附属的塔楼呈圆形，教堂与塔楼均为大理石结构，前面圆形的比萨洗礼堂在后来风行哥特式时期曾受过大规模的改建与装修。教堂采用的是拉丁十字形平面，全长约95m，中厅两侧各有两条侧廊，横厅也分有三个厅堂，中厅与横厅的交叉部位上方覆盖着穹形的采光塔，但与拜占庭希腊十字形教堂不同的是，这里并不在整个建筑构图中占统治地位。中厅内部的立面处理与佛罗伦萨的圣米尼奥托教堂较为相似，但在桁架的下方铺设了色彩绚烂的藻井，为整个空间增添了华丽的感觉（图13-24）。

图13-24　比萨大教堂内部空间

（3）法国　法国的前身即查里曼帝国分裂之后产生的法兰克西王国，由于受到当地高卢人和罗马人的同化，他们与其他的日耳曼人逐渐分化出来，至12世纪前，基本处于封建割据的孤立状态。

圣塞尔南教堂是一座罗曼艺术的杰作，也是欧洲最大的长方形教堂。图卢兹诗人克洛德·努加罗这样吟唱："圣塞尔南教堂就像太阳浇灌下的珊瑚花照亮了整个天空。"中世纪时期，圣地亚哥、耶路撒冷、罗马并列为天主教的三大圣坛。从法国通往圣地亚哥的朝圣之路主要有四条，他们到达法国西南部后，再穿过比利牛斯山，最后到达目的地，圣塞尔南教堂便是朝圣路上最美丽的，也是必经的教堂之一，不知有多少虔诚的信徒从这里经过前往圣坛朝拜。从平面上看，圣塞尔南教堂比奥托帝国的圣米迦勒教堂更为复杂，也更为统一，是一个被强调的拉丁十字架形状，重心在东部一端，横厅环以廊道（图13-25），这表明教堂的功能更多是用于容纳大量的善男信女，而不再是单一地给修道士们修行，这从另一个侧面反映了宗教的繁荣发展。教堂内部由立柱隔成许多方形的小单元，中厅只有两层，覆以筒形拱顶，拱顶上每开间对应一条横向拱肋，可以使拱顶分段砌筑，拱顶下方由方形壁柱承接，空间形成指向祭坛的连续的节奏感（图13-26）。从边廊尽头的塔楼和中厅里众多的穹顶可以看到罗马风特征在建筑上的进一步展现。可以说，圣塞尔南教堂是最丰富、最具地方特色、最有创新观念的罗马风建筑风格在法国的生动表现。

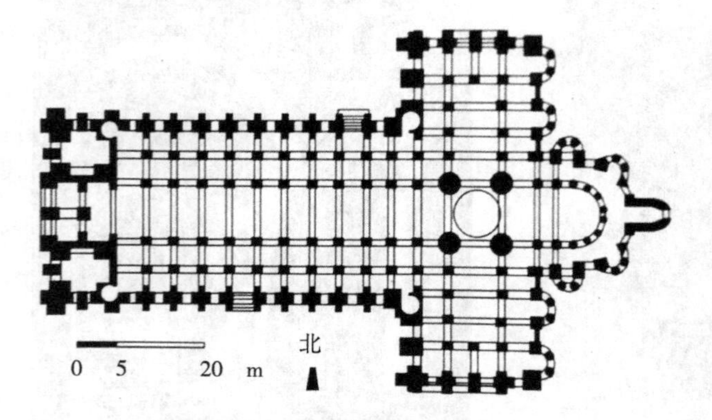

图13-25　圣塞尔南教堂平面图

图13-26　圣塞尔南教堂内部空间

11世纪，圣马德莱娜修道院教堂由于当时传闻参加耶稣受难的圣女玛丽·马德莱娜安葬于其下，而吸引了众多信徒来此朝圣。12世纪，教堂进入鼎盛时期，不仅拥有众多的虔诚教徒，而且深受朝廷的重视，对教堂不断地进行修葺、扩建，随之教堂的规模日益扩大，中殿、前殿、祭坛、耳堂都于此时相继落成。中殿被装饰得富丽堂皇，其中最富有独特的创造性的是其半圆形的拱券结构。设计者用棕色和白色拱石交替砌成，被认为是罗马传统的优美典范。尖顶拱形和橄榄形拱穹的祭坛造型精致，可以看出建筑艺术造型和审美向哥特式的一种过渡，这种做法一度对法国北部的哥特式建筑产生过深刻的影响。

这座高耸、明亮的教堂，自前厅至半圆龛形成一道连续的景观，中厅采用法国罗马风中比较少见的无拱肋交叉拱顶覆盖，拱廊上方的墙面上开有高侧窗，开间呈横向长方形，以束形柱支撑的大拱肋分隔。立面只有两层，由于横向线脚的应用，空间呈现出安定和节奏均匀的感觉（图13-27）。

8世纪，奥贝主教在一座荒岛的最高处修建了一座小教堂，奉献给天使米歇尔，后来这里成为一处朝圣中心，故称米歇尔山。969年在岛顶上建造了本笃会隐修院。1211~1228年间在岛北部又修建了一个以梅韦勒修道院为中心的6座建筑物，都极具加洛林王朝古堡和古罗马式教堂的风格（图13-28），山上的修道院和大教堂都在基督教徒的心目中有着至高无上的地位。圣米歇尔大教堂的建造，从1017年投下第一块基石到1080年落成，持续了60多个春秋。教堂分祭坛、耳堂和大殿三部分。由于高低不平的山顶无法提供宽阔平整的地基，人们便沿山坡修筑了几处建筑以使教堂建在同一个水平面上。大教堂呈十字形，而祭台、耳堂和大殿下的墓穴或祈祷间实际上也成了罗马式建筑工艺的杰作。教堂的正面是建有三扇拱门的大门廊，从门前的平台上即可俯瞰大海。教堂大殿为典型的罗马风风格，其穹隆的开间多达7道，两侧的拱门式长廊之上的楼廊砌有罗马式的拱窗，以保证教堂的通风与采光。祭坛四周的回廊不带祈祷室，这种教堂的建筑风格在诺曼底一带很有代表性，曾经风靡一时。

图13-27　圣马德莱娜修道院教堂内部空间

图13-28　圣米歇尔山建筑群

圣米歇尔山修道院虽经诸多建筑师设计，但依旧保持着朴实无华、古色古香的格调（图13-29）。整个修道院分3层，被一堵高墙隔成两部分，共有6座建筑物。修道院的公共入口处在东南角，接着便是接待室和食品储藏间。二层颇具档次，一间带有两个壁炉的会客厅，专门接待有身份的人。会客厅的顶部也显示出非同一般的气魄，呈宽阔的穹隆形，并有交叉拱肋加固；另一间结构相同的屋子专供修士们从事誊写手稿等脑力劳动，以及冬季取暖。修道院的内院与回廊堪称“奇中之奇”，它们被二层的花岗石墙垛或巨型石柱支撑着，近看恍若镶嵌于大教堂之上，远眺则犹如悬浮于天水之间，其景致之壮观，好似天上庭院错落人间。与内院相映成趣的回廊又是中世纪建筑艺术的精品，其圆柱看似纤圆脆弱，但实际上它们却支撑着回廊那专看风景的页岩大屋顶。廊柱的排列错落有致，其梅花形的格局使得柱头又是对角拱顶的台基，从而形成了柱林之上的连拱廊（图13-30）。圣米歇尔山的建筑群不仅有着典型的罗马风建筑空间形式，哥特式的建筑艺术形态也有着相当的表现，充分体现了从罗马风到哥特艺术的过渡与发展。

图13-29 圣米歇尔山修道院的骑士厅

图13-30 圣米歇尔山修道院的回廊

（4）英格兰 罗马人的统治结束以后，英格兰又被入侵的日耳曼部落盎格鲁-撒克逊人征服，并很快接受了基督教的信仰。1066年，威廉公爵宣称继承王位，并率领诸曼人击败了盎格鲁-撒克逊人，夺回了英国的统治权。

英国最著名的诺曼底罗马风教堂是1093年建造的达勒姆大教堂，它可以被认为是真正罗马式风格形成的标志。它的平面形式较为朴实，歌坛部分属于三歌坛类型，被纵向拉得很长（图13-31），中厅是圣塞尔南教堂的3倍，这意味着它的拱顶必须具有更强的负重性，由于拱肋的使用，天花可以非常薄，这不仅减轻了天花的承重，而且可以增加它的稳固性，并可以在顶的一边增加一个气窗。值得一提的是，达勒姆大教堂是应用拱肋结构的最早典例，它的交叉拱肋呈平面长方形，因而其对角线长度与横向长边较为接近，这使得可以在对角拱肋近似圆形的情况下让两个开间合并后的纵向筒拱平滑相连，并使拱顶下陷的感觉得以消除（图13-32），这种做法显然对不久以后的哥特建筑具有重要的启示作用。

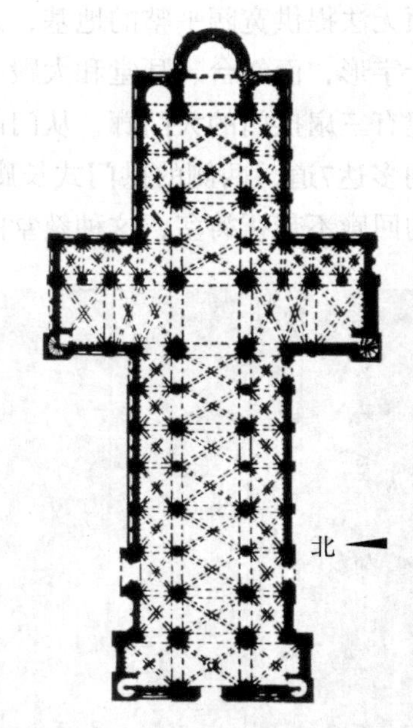

图13-31 达勒姆大教堂平面图

图13-32 达勒姆大教堂内部空间

13.2.3 伊斯兰风格对同期建筑的影响

8世纪初，信奉伊斯兰教的阿拉伯人占领了比利尼斯半岛，并带来了具有西亚风格的建筑类型、形制和手法，使得比利尼斯的建筑同整个伊斯兰世界的建筑基本一致，并达到了相当高的水平。10世纪以后，伊斯兰的建筑由于水平远高于当时的西班牙天主教地区，因而依然对西班牙的建筑保持着强烈的影响。

伊斯兰教的礼拜寺是伊斯兰世界里主要的建筑类型，其立面一般比较简洁，墙面都是沉重的实体，大门和廊道由各种拱券组成，常见的拱券形式有尖券、马蹄形券、四圆心券、多瓣形券等（图13-33）。拱券是伊斯兰建筑的主要特征之一，券面和门扇上通常刻有表面装饰或画上几何花纹，一些墙面和柱子上有时做成由一个个层叠的小型半穹隆组成的钟乳拱，具有强烈的装饰效果（图13-34）。其窗子一般很小，有平头的，也有尖头的，窗扇上用大理石板刻成一些几何形的装饰纹样，有时就像哥特教堂的处理手法那样，也用一些彩色玻璃。

礼拜寺的内部空间远比外部来得重要。初期，其内部的基本特征是密集的柱林和上面支撑着的拱券。晚期的特点则是丰富的墙面装饰，由于伊斯兰教的《古兰经》禁止偶像崇拜，因而在装饰上一般很少看到有关人或动物的雕刻和绘画，而是以几何纹样、抽象形态的图案、文字等为主要的装饰题材（图13-35）。直到后期，才出现了一些程式化的植物装饰母题。图案的颜色以红色、白色、蓝色、银色和金色为主，使整个室内空间呈现出一种非常光辉灿烂的效果。

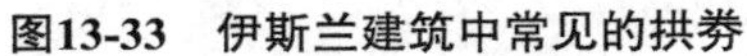

图13-33　伊斯兰建筑中常见的拱券

图13-34　伊斯兰建筑上的钟乳拱

图13-35　伊斯兰建筑上的装饰纹样

从8世纪末到11世纪初，哥多瓦统治了大部分比利尼斯半岛的倭马亚王朝，生活富足奢华。全城拥有3000座清真寺。

哥多瓦的大清真寺是伊斯兰世界最大的清真寺之一，它的形制来自叙利亚。大殿东西长126m，南北深112m。18排柱子，每排36根，柱间距不到3m，密集且相互映衬，几乎没有边际。柱子是罗马古典式的，高只有3m，木顶棚板高9.8m，柱子和顶棚之间重叠着两层发券，显得上空幽渺深远。因此，清真寺内部回荡着一种迷离惝恍的宗教气息。 哥多瓦大清真寺大殿两层的发券，上层的略小于半圆，下层的是马蹄形的，都用白色石头和红砖交替砌成，是埃及和北非的典型做法（图13-36）。尤其是国王做礼拜的圣龛前，发券特别复杂，花瓣状的券重叠了好几层，十分华丽。柱子的柱头雕刻成抽象的形式，这和重复出现的条形拱券图案，差不多是这座大清真寺内仅有的装饰元素，但整个空间依然留给人十分丰富多彩的感受。

图13-36　哥多瓦大清真寺内部空间

阿尔汗布拉宫位于一个地势险要的小山上，有一圈3500m长的红石围墙蜿蜒于浓荫之中，沿墙耸立起高高低低的方塔。宫殿偏于北面，它以两个互相垂直的长方形院子为中心。南北向的称为柘榴院，以朝觐仪式为主，比较肃穆。东西向的称为狮子院，是后妃们住的地方，也是阿尔汗布拉宫最著名的场所。狮子院有一圈柱廊，纤细的柱子或一个或成双或三个一组地排列着，极不规则。东西两端各形成一个凸出的厦子，装饰纤丽精巧的券廊形成强烈的光影变化，使狮子院洋溢着摇曳迷离的气氛（图13-37）。北侧后妃卧室的后面有一个小花园，从山上引来的泉水被分成几路流向各个卧室，用以消暑纳凉，最后在院子中央汇成池塘，由于池周的栏板上雕刻着12头雄狮，由此得名为狮子院。建造阿尔汗布拉宫时，已经十分窘促，面临不可挽回的没落。这就造成了阿尔汗布拉宫的艺术风格：精致而柔靡，绚丽而忧郁，亲切而惝恍。

图13-37 狮子院的内部空间

13.2.4 室内装饰与家具陈设

早期的城堡其意义仅在于防御和简陋生活的单一目的，因而室内空间极为朴实，墙面一般都用裸石建造，偶尔会有粉刷，地面也是裸石或木地板，屋顶采用木制顶棚，结构完全暴露在外面。窗户十分细长，由于当时没有玻璃，这既是对恶劣气候的一种抵御，也是出于对安全性的一种考虑。大厅的一端，一般会有一个地台，用于布置台面供家人或客人就座。作为遮蔽裸露墙面和抵御寒气的一种方式，在墙面上悬置装饰物的做法出现了，并进一步推动了装饰性挂毯的艺术形式。而在英格兰，依然保存有不少带有完整大厅的城堡，它们可以追溯到1100~1200年，埃塞克斯郡海丁汉姆城堡就是其中的一座。这座英国城堡的大厅有一个巨大的中央石拱券，用以支撑承托着屋顶结构小梁的木构件，这一点将诺曼底式的罗马风展露无遗。拱形的壁炉连接着室内烟道，直接将烟引向室外。尽管目前的家具并非是当初的原物，但它们大多数是在中世纪可能出现过的类型（图13-38）。

图13-38 海丁汉姆城堡的大厅

在中世纪，一些宗教社团的成员甘愿放弃世俗生活而选择修道院与世隔绝的生活方式，他们热衷于做好事和对宗教的追求，而对生活的欲望极其淡漠，因此，修道院的建筑和室内空间一般看起来都十分清贫简陋，并带有一种宗教性的压抑感。1130年左右建于法国南部的一些修道院可作为当时修道院形式的典型代表，它们都是带有侧廊的拱顶教堂，室内空间极为简朴，突出的耳堂使教堂平面呈现十字形布局，具有明显的象征意义。中厅上覆盖着筒拱，旁边的侧廊上则是半筒拱，可以抵抗筒拱向外的侧推力，同时作为连续支撑，将屋顶全部的侧推力传递给厚重的石砌边墙。这些石拱顶虽未多加装饰，但经过仔细切割和拼接的石构件本身就带着一种自然的美。鉴于结构的原因，修道院往往只在端部开几个大窗，墙面上都只能开很小的窗户，就像勒·托伦内特修道院的修士寝室，每个窗户对应一个修士所属的位置（当时这一位置会用木屏或布帘遮蔽起来），同时地面也会通过带状花纹来界定每个小空间的位置。值得一提的是，当时的屋顶下出现了一些金属的拉杆，这是一种尝试用现代手法加固古老结构的新方式（图13-39）。

图13-39 勒·托伦内特修道院

中世纪早期，一般的农民都住得极为简陋，通常的形式是一间方盒子形的屋子，覆盖着一个两坡顶，屋内一般很暗。由于受到当地材料的局限，墙面通常用石头砌成，屋顶为木构，上面再铺上成捆的稻草。室内几乎没有家具，石砌的壁炉承担着取暖和做饭的双重功能，是整个室内空间的重心所在。

城镇的住宅则有着很大的不同，一般有好几层，采用木楼板、木楼梯或石楼梯进行上下空间的衔接。为了节省土地，这样的房子常常沿着狭窄的街道拥挤在一起，有时上层的楼面还向外挑出，以获得额外的内部空间（图13-40）。房子的前后留有一定的空地，可以改善住房的通风和日照，底层的房间主要用作商店、作坊或储藏，可以面向街道开放，二层是一个多功能的起居室，而二层以上则是阁楼或库房，供仆人和工匠们使用，厨房和卧室主要安置在屋后院子里的小房间内。就室内而言，城镇的房子和乡下的农舍大同小异，就是多了一些斜向支撑的沉重木构架。

早期中世纪的家具种类比较多，已经出现了床、桌、椅、箱柜等多种形式，大多以木材为主，有时也有由石材或金属制成的，但其形式与风格都蕴含着罗马风的深刻影响。家具普遍不重表面装饰，重在体现整体构造的完美性。不过，只有统治阶级才能拥有各式各样的家具类型，普通平民常常一物多用，简单的箱柜，既用于储藏，也兼作椅子、桌子和床，所以，早期的椅子设计常常只是对柜子的一种改造而已。但皇室的物件却显得十分华丽，无论椅脚或靠背都参照了罗马风建筑中连环拱的造型。一些教堂里用于存放珍贵圣物的柜子会进行雕花的表面装饰，甚至柜子上雕刻精美且镶有珠宝的装饰件和内部收藏的物品一样珍贵，如保存至今的孔克的圣弗伊教堂的圣物箱，上面木雕的圣人像，贴着金箔，镶嵌着珠宝，本身就具有很高的价值（图13-41）。

随着各种染色技术的发展，明亮多彩的纺织品为室内空间带来了更多的色彩，有些还带着强烈的拜占庭或伊斯兰风格，装饰纹样普遍采用毛茛、忍冬、葡萄等植物纹样和基督教的象征十字架、鸽子等，图案则以锯齿纹、Z字纹和格状纹为多。金属制品也在这一时期得到了迅速发展，当时的大多数教堂和修道院都拥有打造金、银、铜、铁等的工房，从西歌德王雷凯斯文托斯祈祷用的皇冠上可以很明显地看到当时精致的金属加工技术（图13-42）。当然，这一切还仅限于在奢华的贵族生活中出现，一般的百姓之家依然十分简朴。

图13-40　中世纪早期的城镇住宅

图13-41　圣弗伊教堂圣物箱上的木雕

图13-42　雷凯斯文托斯的皇冠

13.3 哥特风格

意大利文艺复兴的学者将12世纪、13世纪到他们所在时代之间的艺术称为“哥特式”（“哥特式”一词原从哥特族而出，古人以之形容一切野蛮、陈旧、丑恶的东西）。他们认为那都是“蛮族人”哥特人所为。事实上，这种艺术基本上与哥特人没有多大关系。哥特式艺术开始于1140~1144年间路易七世的掌玺官苏热重修圣德尼教堂之时，它的发源地也就是法国巴黎及其附近地区。

哥特式教堂是中世纪建筑的最高成就，也是中世纪美术的最高体现。巴黎圣母院是哥特式美术中的代表作品，它不仅作为当时最重要的宗教活动中心，而且也以建筑上的高超水平而饮誉欧洲。“哥特式现实主义”表明了中世纪艺术越来越向世俗化和现实化方向发展，同时也已趋于中世纪的尾声。

13.3.1 哥特风格的产生及其特征

（1）社会背景 从社会因素来看，当时教堂除了举行宗教仪式，也常常是国家和城市举行庆典的场所，要求能容纳更多的人，能体现国家与民族强盛向上的思想和愿望，所以也希望将教堂盖得高大、宽敞、明亮。

另一方面，“光”“高”“数”这三个要素在基督教中是至关重要的，“光”是与神灵之光相关联的；“高”则能与天堂联系在一起；不同的数又包含有不同的宗教教义，如“一”是代表上帝的数字，“三”与三位一体有关，“七”是上帝创造万物的时间，也有七德七罪之说，“十二”是基督的十二个门徒，“十三”是最后的晚餐出现的数字，等等。哥特时期的建筑师要在自己的教堂设计中综合体现“光”“高”“数”这三个因素所代表的不同含义，这就是为什么哥特式教堂盖得不仅高大，而且窗户开得很多，结构十分复杂的思想原因之一。

同时，由于经院哲学的高度理性化，要求对教义的解释和形象再现必须遵循严格的规则和秩序，作为教堂主要装饰的一些艺术形式必须依循固定的程式布局，同时，装饰雕刻在此时期也呈现出越来越多的独立化倾向，表现手法越来越写实，逐步摆脱了建筑结构的局限，自觉地模仿自然形象，特别是追求感情的表现，形成了所谓的“哥特式现实主义”，为文艺复兴的到来奠定了一定基础。

哥特式教堂既兼有理性与神性的双重特性，又具备宗教与世俗的双重精神，从而受到僧侣与市民的两方支持，使它于12世纪、13世纪盛行欧洲各地。

（2）技术突破 12世纪下半叶，哥特建筑富有创造性的结构体系使所有形式问题都迎刃而解，骨架券、尖券、飞扶壁形成了连续的结构，使哥特教堂的整体性更强了，因此，哥特教堂的室内空间比罗马风时期的更为精练，效果也更加生动。今天所看到的精致而华美的哥特式建筑空间形态无不得益于此。

哥特式教堂使用骨架券作为拱顶的基本承重结构，十字拱便成了框架结构体系，填充围护部分可以薄到25~30cm，极为省材，拱顶的自重大大减轻，对墙面的侧推力也相应减少了。同时，骨架券使各种形式的平面都可以用拱顶覆盖，祭坛外的环廊和小礼拜堂的拱顶问题也得到了解决，圣德尼教堂圣坛部分对这一新结构的应用就取得了极大的成功（图13-43）。

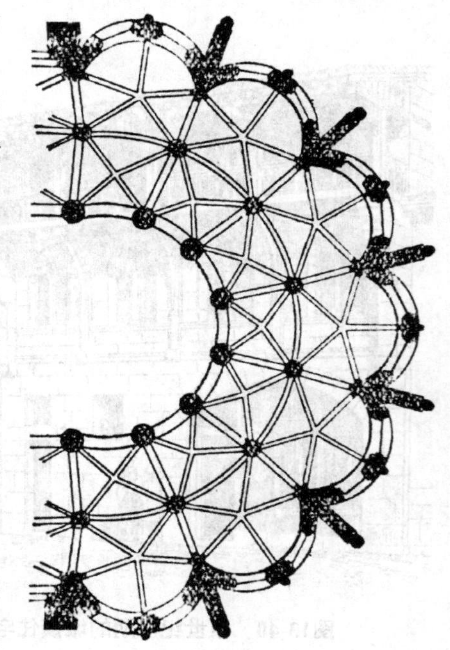

图13-43 圣德尼教堂的圣坛顶部

这种结构的基本做法是，在方形基础的对角线上建造半圆拱券，而四边的拱券为了让最高点能与对角线拱券的最高点平齐，而且便于制作，突破性地应用了尖券的形式，使得所有的拱券，四周的、对角线处的都拥有了同一高度（图13-44），从而使高屋脊以一道连续直线的形式纵贯建筑中厅不被打断，尤其是教堂空间得到了有效的视觉统一。尖券迅速取代了半圆形拱券，而且这种形式不仅适用于顶部，在教堂的门、窗甚至未涉及结构问题的装饰细部都得到了广泛的应用。

飞扶壁也是这种结构体系的重要组成部分，这是一种在中厅两侧凌空越过侧廊上方的独立的飞券。一端落在中厅每间十字拱四角的起脚处，抵制顶部的水平分力；另一端落在侧廊外侧一片片横向的墙垛上（图13-45）。这使侧廊的拱顶不必再负担中厅拱顶的侧推力，从而使中厅的高侧窗得到了扩大的余地，建筑外墙也因为卸去了荷载而大开窗户，结构自重进一步减轻，材料更为节省，它和骨架券一起使整个教堂建筑的结构近乎是框架式体系了。

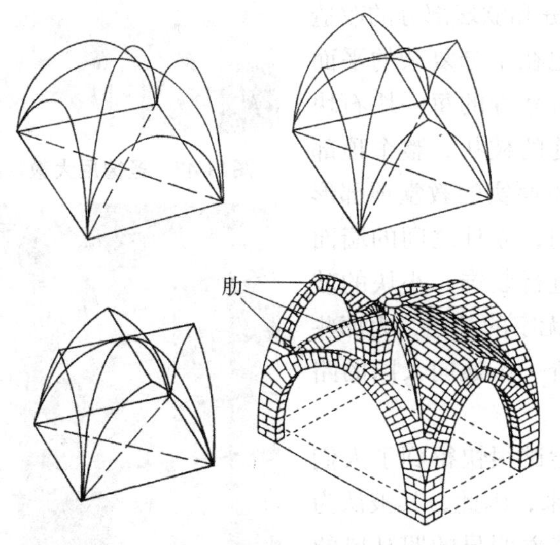

图13-44　骨架券和尖券的构成图示

图13-45　飞扶壁的构成图示

（3）建筑特征 新的结构方式直接为建筑空间的艺术风格带来了新的因素，同时，教会也力图将其在教堂空间中与神学原理相结合，最终造就了独特的哥特式教堂室内空间形态。

哥特式教堂的中厅一般不宽，但很长，而且空间越来越高，狭长窄高的空间中，整齐排列的柱子将视线直接引向圣坛，充满神秘感。拱顶上的骨架券在垂直支撑结构上集成一束，从柱头上散射出来，具有很强的升腾动势。裸露的骨架在室内形成的垂直线条，和箭矢状的尖券形成强烈的向上感，带有一种向天国接近的幻觉，有力地表现着超脱红尘的宗教感情。

哥特式教堂的整个室内空间裸露着近似框架式的结构体系，窗子占据了支柱之间的所有面积，而支柱又完全由垂直线条组成，筋骨嶙峋，几乎没有墙面，雕刻、壁画之类的装饰无处附丽，整个室内峻峭清冷，体现着教会否定物质世界，宣扬“纯洁的”精神生活的虚伪说教。同时，新的结构形式使窗户面积得以扩大，并使其成为建筑中最具表现力的装饰部位。受拜占庭教堂玻璃马赛克的启发，工匠们用含有各种杂质的彩色玻璃在整个窗户上镶嵌上以新约故事为内容的一幅幅画面（图13-46）。阳光照耀时，

图13-46　哥特建筑的彩色玻璃窗

整个教堂内部五彩缤纷、光彩夺目，就像身处虚幻迷离的天国世界。

13.3.2 以法国为代表的哥特建筑发展历程

哥特式建筑于11世纪下半叶起源于法国，并以法国为中心开始发展，15世纪普遍流行于欧洲各地。因此，哥特式建筑在法国的兴衰与其整体发展历程而言具有相当的代表意义。

（1）开端——圣德尼大教堂　1130年，法国国王路易六世的权臣、修道院院长苏热主持了位于巴黎市郊的圣德尼大教堂的重修工作，这原是一座拉丁十字的巴西利卡建筑，最早建于475年。苏热上任后不久，就开始着手教堂的前庭和歌坛部分的改造工程。他根据自己对教义的理解，创造性地在十分复杂的平面上应用交叉骨架券作为穹顶的骨架。构成骨架券的每一块石块下沿都被能工巧匠们做成了纤细的圆滑相连的枝状，整个顶部看起来轻盈灵活（图13-47），一改往日沉重厚实的教堂顶部形象。另一方面，由于墙体不再具备承重作用，立柱之间的墙面被全部打开，做成了窗户，并用彩色玻璃进行装饰，小块的玻璃被镶嵌在铁棂做成的格子上，形成一幅幅无字的圣经，为那些迷惘在现实的苦难和黑暗中的信徒们指引着一条通向天国的路（图13-48）。

图13-47　圣德尼大教堂的内部空间

图13-48　圣德尼大教堂的彩色玻璃

圣德尼大教堂歌坛的这些极富创意的尝试很快得到了人们的普遍认同，并迅速在法国其他地区推广开来，因此，其被认为是第一座哥特建筑，而其西立面仍然还保持着明显的罗马风的特征。

（2）发展——巴黎圣母院　巴黎圣母院坐落于巴黎市中心塞纳河中的西岱岛上，始建于1163年，在巴黎大主教莫里斯·德·苏利的力荐下开始兴建，历时180多年，整座教堂在1345年才全部建成。

巴黎圣母院是法国哥特建筑初期的一个典型例子，之所以闻名于世，主要因为它是欧洲建筑史上一个划时代的标志。巴黎圣母院的正外立面风格独特，结构严谨，看上去十分雄伟庄严。它被壁柱纵向分隔为三大块；三条装饰带又将它横向划分为三部分，其中，最下面有三个内凹的门洞。门洞上方是所谓的“国王廊”，上有分别代表以色列和犹太国历代国王的二十八尊雕塑。“长廊”上面为中央部分，两侧为两个巨大的石质中棂窗子，中间为一个直径约10m的玫瑰花形大圆窗。正门内侧是纵长方形大堂，宽48m，进深130m，高35m，中厅的两侧设有两条侧廊，平面十分开阔（图13-49）。堂内有许多大理石雕像，在回廊、墙壁和门窗上布满了圣经故事的绘画和雕刻。

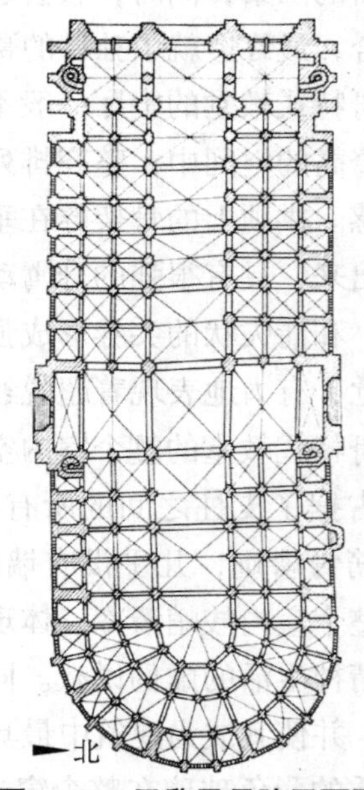

图13-49　巴黎圣母院平面图

图13-50　巴黎圣母院的内部空间

教堂内部极为朴素，几乎没有什么装饰（图13-50）。大厅可容纳9000人，其中1500人可坐在讲台上。厅内的大管风琴也很有名，共有6000根音管，音色浑厚响亮，特别适合奏圣歌和悲壮的乐曲，曾经有许多重大的典礼在这里举行，如宣读1945年第二次世界大战胜利的赞美诗，又如1970年法国总统戴高乐将军的葬礼等。巴黎圣母院是一座石头建筑，在世界建筑史上一度被誉为由巨大的石头组成的交响乐。虽然这是一幢宗教建筑，但它闪烁着法国人民的智慧，反映了人们对美好生活的追求与向往。

（3）全盛——沙特尔大教堂　1194年在一场火灾之后重建的沙特尔大教堂，标志着法国哥特建筑全盛期的到来，是哥特式建筑和中世纪基督文明的辉煌成就。基督教传入前，在沙特尔就建起了这座教堂。它与兰斯大教堂、亚眠大教堂和韦博大教堂并列为法国四大哥特式教堂。其始建于1145~1165年，大教堂深130m，长方形的跨间宽16m，四分拱顶高达36m，带有侧廊式耳廊，每个耳堂作为出入口，教堂的3座圣殿分别与3座大门相通，特别的是歌坛部分有两条侧廊环绕，使歌坛在整个平面中的比例进一步增大（图13-51）。祭台与圣殿之间的祭廊上面有描绘耶稣和圣母玛利亚生平的浮雕。在18世纪很长的一段时间内，大教堂拥有一尊受人崇敬的怀有耶稣的圣母木雕像。

沙特尔大教堂作为法国哥特建筑全盛期的典型代表，具有一些基本特点：第一，中厅的高度显著增加，由于对尖券和飞扶壁技术的进一步深入，使得工匠们可以大胆地去建造高耸的中厅，罗马风时期就开始出现的向上的空间感得到了极大增强；第二，建造技术的改进可以使中厅最上层的窗子开得更大，更有利于室内采光和烘托气氛，沙特尔大教堂的彩色镶嵌玻璃被认为是中世纪最杰出的彩色玻璃艺术品，176面窗户的总面积达到了2500m^2；第三，构造复杂且形象不统一的六分肋骨拱又回复到了更为简洁的四分肋骨拱；第四，尖拱的应用使教堂空间的纵向开间大大缩短，大厅中柱子的样式又回到了统一的形象，使罗马风时期被中断的向祭坛方向的连续聚焦趋势得以重现（图13-52）。然而，这时法国哥特建筑的发展也已开始向最后阶段接近，装饰异常复杂，大量使用火焰式的花格窗，又称“火焰风格”。

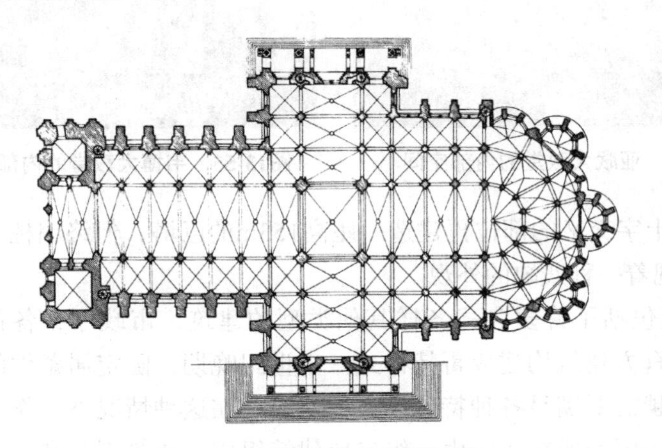
图13-51　沙特尔大教堂平面图

图13-52　沙特尔大教堂的内部空间

（4）巅峰——亚眠大教堂　亚眠大教堂位于法国索姆省亚眠市的索姆河畔，从1220年起一次性建成，工程没有中断，集中汲取了近一个世纪的先进建筑技术，成就了这座最高、最长、最大的教堂，同时也被公认为是法国最美的教堂之一。

亚眠大教堂由3座殿堂、1个十字厅和1座后殿组成。其中十字厅长133m，宽62m，从地面到拱顶内侧高为42m，总面积达7760m²，中世纪时，它可以容纳全城的百姓，还绰绰有余，整个平面呈拉丁十字状（图13-53）。站在大教堂中仿佛感到神之伟大、教堂的神圣，以及人的渺小，也许这正是当年设计师们的初衷。其外观为尖形的哥特式结构，墙壁几乎被每扇12m高的彩色玻璃覆盖，体现了建筑发展的新观念。教堂共分三层，巨大的连拱占据了绝大部分空间，拱门与拱廊之间用花叶纹装饰，支撑部分是四根细柱和一根圆柱组成的圆形柱。拱廊背面墙壁两侧开有两个玻璃窗，正面拱门上方拱廊内的每个小拱中饰有六柄刺刀，气势宏大，瑰丽夺目。教堂还建有唱诗台，由四个连拱构成，与殿堂分居十字厅两侧，形成完美的平衡，突出了结构上轻松、和谐的格调（图13-54）。但在这“辉煌”的教堂中，垂直的线条被各种堆砌的装饰物缓和了，尖券也比较平缓，大量使用四圆心券和火焰式券，连窗棂也使用了复合的曲线，哥特教堂风格的一贯性被破坏了，这一切正昭示着哥特风格的落寞。

（5）衰落——韦博大教堂　韦博大教堂是法国人探索教堂中厅高度极限的最后一次尝试，其中厅高度竟然达到了48m（图13-55），堪称古代建筑世界的奇迹。然而，仅仅历时12年，整个结构就于1284年被压垮了，直到1324年才又一次将歌坛上部的拱顶恢复了起来。

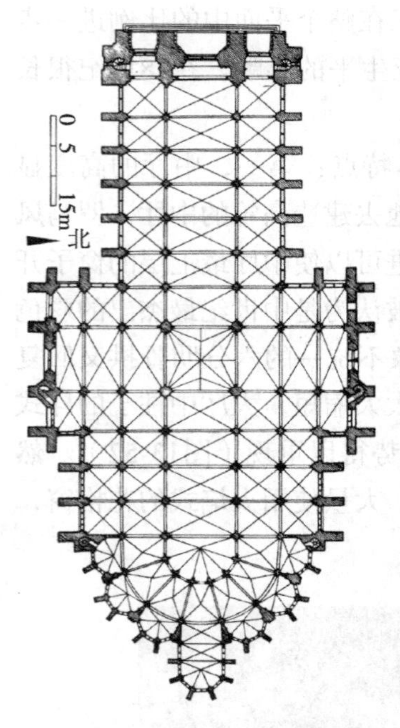

图13-53　亚眠大教堂平面图

图13-54　亚眠大教堂的内部空间

图13-55　韦博大教堂的内部空间

按照原来的设想，还要在教堂平面十字交叉的部位再建造一座高153m的巨塔，但终因柱子不堪重负而未建成，以致时至今日，依然呈现着一种残缺的外观。

在哥特时期，除了大教堂之外，还包括了许多各式各样其他类型的建筑，市政厅，各种手工艺、贸易的行会大厅，税务厅以及其他官方建筑均建成哥特样式。中世纪晚期，随定居条件的日益完善，社会发展的复杂性促使人们越来越需要满足各种特殊用途的建筑。在这种情况下，作为修道院社区一部分的医院建筑也得到发展。法国的博纳医院由一组二层建筑组成，建筑围绕在一个院子的三边，满足医院的各部分功能，在院落的第四边有一个宽敞的哥特大厅，是医院的主要病房。该医院的病房中都是一开敞的大空间，四周环绕着许多帘子，这些帘布是用来划分病人单独休息区的（图13-56）。

而位于法国布尔日教堂城的住宅，基本上就是城市里的一座城堡。住宅由一群多层建筑组成，围成一个院子，带有楼梯塔、连拱廊、两坡顶，以及美丽别致的老虎窗。室内满是雕刻精美的门道和壁炉框，以及色彩绚烂的绘画木顶棚（图13-57）。对主要房间来说，挂毯可能起到了保暖的作用，并赋予室内以色彩，使其尽显豪华本色。

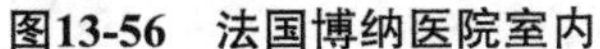

图13-56　法国博纳医院室内

图13-57　法国布尔日教堂城的住宅

另外，由于连年战争，城市大都很注重防卫性，城堡多建于高地上，石墙厚实，碉堡林立，外形森严，但城墙限制了城市的发展，城内嘈杂拥挤，居住条件很差。多层的市民住所紧贴狭窄的街道两旁，山墙面街，二层开始出挑以扩大空间，一层通常是作坊或店铺，结构多是木框架，往往外露形成漂亮的图案，颇饶生趣。富人邸宅、市政厅等则多用砖石建造，并采用哥特式教堂的许多装饰手法。

13.3.3　哥特建筑在其他地区的发展

（1）意大利　意大利只接受了哥特建筑的高直形象和华丽的装饰手法，并没有充分吸收其先进结构技术，其中，米兰大教堂最接近法国哥特风格。米兰大教堂是世界上最大的哥特式建筑，也是世界上第二大教堂，坐落于米兰市中心，教堂长158m，最宽处93m。塔尖最高处达108.5m，总面积11700m^2，可容纳35000人，有135个尖塔，外形雕刻得十分精细（图13-58）。这一建筑工程持续了约5个世纪，虽经多人之手，但始终保持了“装饰性哥特式”的风格。

图13-58　米兰大教堂

意大利的中世纪大教堂在构造上趋于保守，常偏爱半圆拱券而不喜欢尖券形式，为弥补这种简单的特征，建筑中加入了壮观的表面装饰。在锡耶纳大教堂中，无论室内还是室外，均采用了黑白条形大理石墙面的形式，另外在檐壁上还有一条半身胸像的雕刻装饰带（教皇肖像），以及色彩丰富的拱顶（图13-59）。

意大利世俗建筑中著名的有佛罗伦萨城的市政厅、兰兹敞廊等。市政厅位于城市的中心广场，粗石墙面，严肃厚重；瘦高的钟塔和厚重的体积相互对比，极具中世纪建筑特征，是城市中心广场的标志。

欧洲中世纪最美丽的世俗建筑之一是威尼斯总督府。它的平面是四合院式的，南面临海，长约74.4m，西面朝广场，长约85m，东面是一条狭窄的河。主要的房间在南边，一字排开。大会议厅在第二层，54m×25m，高15m。结构都是拱券的。总督府的主要成就在于南立面和西立面的构图。立面高约25m，共分为三层。第一层是券廊，圆柱粗壮有力。最上层的高度占整个高度的大约三分之一，除了相距很远的几个窗户之外，全是实墙。墙面用小块的白色和玫瑰色大理石片贴成斜方格的席纹图案，没有砌筑感，从而消除了重量感。除了窄窄的窗框和细细的墙脚壁柱，没有线脚和雕饰。大理石光泽闪烁，墙面犹如一幅绸缎（图13-60）。所有的券是尖的或者是火焰式的，也有伊斯兰建筑的风格。圆窗是哥特式的，它们同第二层券廊的火焰形券一起组成了非常华丽的装饰带。

图13-59　锡耶纳大教堂内部

图13-60　威尼斯总督府外立面

（2）英国　英国的哥特建筑从法国传入，它的开始比法国晚约50年，初期只接受了这种建筑的造型和装饰纹样，哥特建筑有机的结构方法接受得比较晚。中世纪的英国，农庄比较繁荣，商业城市发展较慢，初期教堂建在乡村，乡村的景色和建筑物巧妙融合更显教堂的秀丽。把拱顶处理得极为华丽是哥特教堂在结构上的特点。在英国哥特建筑中，拱顶有时会采用一些额外的肋，这些肋以放射条带的形式对拱顶表面加以划分，这样的拱顶形式被称为扇形拱顶，这样的屋顶形式能使人想到棕榈叶形的扇子模样，并出现了四圆心拱、扇形拱等。英国在城市里还建造了公共建筑和住宅。市民的住宅、旅社、医院、行会大楼等的造型较好。有用石头的也有用木构架的。木构架组织得很好，加上装饰性图案，十分美观，灵活又多变。

图13-61　剑桥皇家学院礼拜堂室内

剑桥皇家学院礼拜堂是英国哥特建筑的典型例子，这个简洁的矩形空间，墙体上带有垂直式窗花格，窗花格镶满了色彩丰富的着色玻璃，别具一格的扇形拱顶可追溯至建造的最后阶段，即1508~1515年。室内大部分装饰集中在唱诗席，唱诗席希望能容纳下学院所有的学生。隔屏将宽敞的唱诗席和留给公众使用相对较小的空间隔开（图13-61）。

英国哥特时期的世俗建筑成就很高。在哥特式建筑流行的早期，封建主的城堡有很强的防卫性，城墙很厚，有许多塔楼和碉堡，墙内还有高高的核堡。15世纪以后，王权进一步巩固，城堡的外墙开了窗户，并更多地考虑居住的舒适性。而英国居民大都居住于半木构式住宅内，以木柱和木横档作为构架，加有装饰图案，深色的木梁柱与白墙相间，外观活泼。

德比郡的哈登大厦是英国宅第类型中一个规模庞大又十分美观的例子，这座宴会大厅是领主及其随从的聚会空间。有石砌墙，带横拉杆的木制两坡顶及尖券窗，在墙体较低矮处的木镶板延伸着，拉到房间的另一端形成“隔屏”，划出一服务区域。隔屏支撑着一个传统上作娱乐空间使用的小挑台，窗台壁龛里的坐凳以及柜子都是典型的中世纪家具（图13-62）。

图13-62　哈登大厦的宴会厅

（3）德国　德国哥特建筑由法国传入。科隆主教堂是其最具代表性的作品，它始建于1248年，是欧洲北部最大的哥特式教堂，并且具有法国北部风格。西面的八角塔楼体积巨大，俊挺秀丽。中厅是哥特式教堂室内处理的杰作，它使用了尖形肋骨交叉拱和集束柱。独特的浮雕、宽敞的歌坛、轻巧的飞扶壁、生动的圣母彩绘，这一切营造出一种神秘如幻觉的氛围（图13-63）。

图13-63　科隆主教堂室内

德国对于普通世俗建筑空间的一大贡献是，发展了作为室内热源的火炉，从而产生了装饰精美的花砖火炉，几乎在每一个主要房间的某一角落上都有这样的壁炉，这种壁炉自身在形制和装饰上基本就是座小建筑。

13.3.4　室内装饰与家具陈设

中世纪晚期，积累起一定财富的人们可以拥有自己的住宅，这些住宅可能相当舒适、宽敞甚至精美。在这种宅第中，大厅一般作为主要的多功能房间，其一端常有一种门厅区，称之为屏风过道，这种空间的分隔是通过一道屏风实现的。门厅区上部支撑着室内小挑台，乐师或其他表演者可在这里进行表演，并且与厨房和服务室相连。在大厅另一端，有一高起的平台或高台将家人和尊贵客人使用的位子隔离开来，而其他的人则坐在临时布置的桌旁长凳上。大厅里一个壁炉靠墙布置着，它是整个房间的热源。宅第还有一些满足特殊用途的小房间，如小起居室、卧室、小祈祷室等。从外观看，这些建筑经常呈现出未经布局的无序状态，但却能高度表达如画一般的特征。

在盛产树林的地区，用木板来覆盖屋里的石墙或粉刷冰冷的墙面已是很普遍的事。镶板墙营造的室内表面呈现自然的棕色，只偶尔有些装饰细部被染上鲜艳的颜色。在这些建筑中，都有固定的长凳、壁橱和盥洗架，因此房间几乎已完全设施化了，除了一张床、一张桌，有时还有些小凳子外，基本就不需要什么可移动的家具了（图13-64）。在瑞士、德国、英格兰的一些地区，木刻成为高度发展的手工艺和艺术形式，垂直式哥特建筑的室内可能包含着墙裙板或是整个墙表面都覆盖着嵌板。在德国，一些室内空间中整栋墙表面的嵌板用许多小木板一块块拼装起来，用线脚来掩饰板与板之间的交换，或者是将许多独立的木板用线脚组装在一起，这些线脚环绕在单个嵌板四周形成框子。带有雕刻细部的嵌板表面和线脚成为哥特式住宅主人用于炫耀财富和品位的时髦手段。精美的细部可能是简洁的几何形，或采用哥特式建筑的语汇修饰，如尖券的形式和以叶子以及花朵为基础的细部雕刻（图13-65、图13-66）。

中世纪建筑中的实用部分，如地窖、厨房、服务室和牲口棚，一般都按照严格的功能方式设计。地面用石头铺砌，墙面裸露，但高高开在墙面上的窗户顶部饰有哥特尖券。玻璃较之前更为普遍，价格也低廉了许多，窗户尺度逐渐增加。在这些房间中，斜向支撑和其他结构构件、木顶棚梁、铅条玻璃窗一起组成中世纪室内的特征要素。

而早期普通农民或农奴的居所是中世纪简朴、粗陋甚至是贫穷的真实写照。屋里是肮脏或光秃的地面，裸露的石墙面或木墙以及少量家具，包括一些长凳、桌子，有时或许是柜子或是固定在墙上的搁板。特别是在寒冷地区，床有时候常做成像木头盒子一样，很短，人在上面只能保持半卧半坐的姿态。屋里的一个炉床或壁炉既用来做饭，又用来取暖，从而使得厨房成为住宅中最重要的房间。

14世纪后半叶之后，一种新的世界观开始浮出水面，在这种观念之中，人们正为了改善自身的生活状况而积极探索，不懈努力。

图13-64 中世纪典型的住宅室内

图13-65 中世纪的国王银宝座

图13-66 中世纪的牙雕礼拜坛

第14章　文艺复兴时期

文艺复兴时期是指14~16世纪西欧与中欧国家在文化思想发展中的一个时期。这个时期，欧洲的各大国家日益强大，宗教思想和行为也都发生了变化。资本主义生产方式的出现，不仅动摇了中世纪的社会基础，也确立了个人的价值，肯定了现实生活的积极意义，促进了世俗文化的发展，并在这个基础上形成了与宗教神权文化相对立的思想体系——人文主义。人文主义的学者和艺术家提倡人性以反对神权，提倡个性自由以反对人身依附。它是文艺复兴运动的思想基础，它的特征在于它的世俗性质与封建文化的宗教性质完全相反。资产阶级反对中古教会的来世观念和禁欲主义，他们关注现实世界，注重享乐。由于唯物主义的发展以及维特鲁威著作的发现和出版，文艺复兴建筑师再次面对美学问题。他们相信美是客观存在于建筑的，欣赏是人感知了美。客观存在的美是有规律的，建筑也应受规律的制约。

“文艺复兴”的原意是“在古典规范的影响下，艺术和文学的复兴”。其变化的思想基础就是关怀人、尊重人、以人为本的世界观。这个世界观是在14世纪通过一系列科学家、思想家和文学家重新对古代文化的发掘而得以建立的。但这一时期的文化不是简单地对古典文化的“复兴”，而是借古典外壳的新文化，是对社会新的政治、经济的反映。其实质上是资产阶级和人民群众在思想文化领域开展的反封建斗争。

这时期有许多新的建筑活动，大型世俗建筑物取代了教堂建筑的地位，城市建筑也分化了，资产阶级的房屋变得讲究，宫廷建筑大力发展，封建地主的堡垒衰败，古典柱式又成为统治阶级建筑造型的主要手段。资产阶级在建筑领域立住双脚，建筑师不再是工匠，而成了专门的职业。建筑不再强调结构的合理性，而把美观变为首要考虑的问题。

在这种思想基础下，人类逐渐摆脱了以宗教崇拜为特征的建筑空间营造方式，转而更加关注人本身对空间的舒适性感知，因此，也就带来了一些专门针对室内空间的营造手段，即今天所谓的室内设计的内容。真正的室内设计在此时初现端倪。

14.1　意大利文艺复兴

14.1.1　意大利文艺复兴的基本过程

意大利在14~15世纪是欧洲最先进的国家，此时出现了资产阶级。资产阶级者认为人是有理性、知觉和决策力的，他们相信人的力量和生活的权利，轻视神的学说，主张认识人和自然。这时，陈旧的世界观、宗教观对他们已不适用，于是逐渐产生了文艺复兴。

12世纪和13世纪，十字军的远征疏通了地中海地区的贸易通道，意大利扼地理之要，操纵着西欧与东方贸易的往来，开始形成了以城市为中心的市民世俗文化。而对古代罗马艺术的关注又是产生新的表现形式的重要因素。15世纪时佛罗伦萨已经发展成为一个繁荣的工商业城市，人文主义的学术和艺术也得到高度发展。以反映世俗生活为己任的艺术家为了正确表现人体，对解剖学产生了兴趣，同时正确的空间表现则需要有严格的透视画法，于是在佛罗伦萨首先出现了科学和艺术的结合。

1452年拜占庭帝国被土耳其人消灭，大批希腊学者从君士坦丁堡逃到佛罗伦萨，带来了大量希腊文的手抄本，同时在意大利本土也发掘出各种古代的废墟遗迹，古希腊、罗马的文化遗产给文艺复兴以强烈的影响。

意大利文艺复兴建筑的发展过程可以分为以佛罗伦萨为代表的早期；以罗马为代表的盛期；以及以巴洛克时期为代表的晚期。

（1）早期　佛罗伦萨三位艺术大师的出现标志着早期文艺复兴的来临，这三位大师是建筑师布鲁内莱斯基、雕塑家多纳太罗和画家马萨乔（图14-1）。布鲁内莱斯基在建筑艺术上取得了杰出成就，并在透视学和数学领域做出了重要贡献。他设计过一批代表文艺复兴成就的建筑，佛罗伦萨大教堂是其最早的作品，这座壮丽的新教堂体现了人文主义思潮的胜利，因此，它也被誉为佛罗伦萨共和国政体的纪念碑。在建筑物立面的结构上，布鲁内莱斯基采用了壁柱式，为了把大厦分成两层，又采用了全檐部的柱式，这样，古典的柱式体系就决定了建筑物的比例、分划与造型（图14-2）。这是文艺复兴时期城市府邸中柱式的最早运用。

a）

b）

c）

图14-1　佛罗伦萨三位艺术大师

a）布鲁内莱斯基　b）多纳太罗　c）马萨乔

（2）盛期　15世纪末到16世纪中叶，是意大利文艺复兴的全盛时期。佛罗伦萨开始失去它作为意大利经济、政治和文化的中心地位，取而代之的是另一重要城市、教皇所统治的基督教首府——罗马。

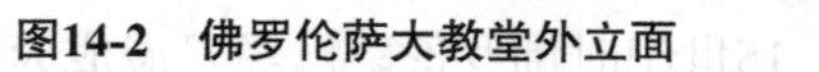

图14-2　佛罗伦萨大教堂外立面

图14-3　坦比哀多小礼堂

文艺复兴设计从早期到盛期的转变或发展，可追溯至伯拉孟特。1499年，伯拉孟特移居到罗马，在这里，他开始了自己职业生涯的第二阶段，并成为意大利盛期文艺复兴作品的首批倡导者之一。在罗马的蒙托里奥地段的圣彼得修道院，伯拉孟特被授命重新建造曾有的回廊并在基址上建造一座小礼堂，即坦比哀多，尽管坦比哀多并没依据任何一个古罗马建筑建造，但其组织与相关的品质却使它看起来真正在精神上是古典的（图14-3）。它对后来建筑发展产生了极大的影响。

（3）衰落　意大利文艺复兴最伟大的纪念碑是罗马教廷的圣彼得大教堂（图14-4），它集中了16世纪意大利建筑结构和施工的最高成就。100多年间，罗马最优秀的建筑师都曾经主持过圣彼得大教堂的设计和施工。在圣彼得大教堂的建设过程中，新的、进步的人文主义思想同反动的宗教神学进行了尖锐激烈的斗争。

a）

b）

c）

图14-4　圣彼得大教堂

a）鸟瞰　b）外立面　c）室内

1506年，圣彼得大教堂按照新的设计方案动工，协助伯拉孟特的有佩鲁齐和小圣加诺。1514年，伯拉孟特去世。从此，教堂的建造经历了曲折的过程。圣彼得大教堂的工程在混乱中停顿了二十几年，1534年重新进行。佩鲁齐虽然很想把它改为集中式的，但没有成功。1536年，新的主持者小圣加诺迫于教会的压力，不得不在整体上维持拉丁十字的形制。1547年，教皇委托米开朗基罗主持圣彼得大教堂工程。他抛弃了拉丁十字的形制，基本上恢复了伯拉孟特的平面，大大加大了支撑穹顶的四个墩子，简化了四角的布局。在正立面设计了九开间的柱廊。集中式的形制比拉丁十字式的完整得多、雄伟得多。他去世后，由德拉·波尔塔和卡洛·马泰尔大体按照他的设计完成了穹顶。17世纪初，在极其反动的耶稣会的压力下，教皇命令拆去已经动工的米开朗基罗设计的正立面，在希腊十字之前又加了一段三跨的巴西利卡式的大厅。圣彼得大教堂遭到损害，标志着意大利文艺复兴建筑史的结束。

14.1.2　意大利文艺复兴的代表人物

（1）布鲁内莱斯基　菲利普·布鲁内莱斯基是新建筑纪元的第一位伟大代表。他出身于佛罗伦萨的一个富裕的公证人家庭，年轻时学习金饰工艺和雕刻，是当地金饰匠行会的成员。他先后两次去罗马，对古代建筑遗址进行了详尽的勘察，并将它们画在羊皮纸上。其所画的佛罗伦萨广场、街道、建筑的素描，表明了他对透视学有深入的研究。他发明的线透视体系，被当时的画家和雕刻家所运用，并极大地促进了写实主义绘画的发展。

布鲁内莱斯基在建筑艺术上取得了杰出成就，佛罗伦萨大教堂是其最早的作品。1420年这座大教堂开始施工，到1436年完成了主体建筑。它的设计和建造过程、技术成就和艺术特色，都体现着那个时代的进取精神。为了突出穹顶，砌了12m高的一段鼓座。鼓座的墙厚至4.9m，因此必须采取有效的措施减小穹顶的侧推力，减小其重量。布鲁内莱斯基的主要办法是：第一，穹顶轮廓是矢形的，大体上是双圆心的；第二，用骨架券结构，穹面分里外两层，中间是空的。这两点显然不仅借鉴了古罗马的经验，而且也借鉴了哥特式建筑的经验，但它却是全新的创造。穹顶的大面就依托在这套骨架上，下半是石头砌的，上半是砖砌的。它的里层厚2.13m，外层下部厚0.77m，上部厚0.61m。两层之间的空隙高1.2~1.5m，有两圈水平的走廊，各在穹顶高度大约1/3和2/3的位置（图14-5）。佛罗伦萨大教堂的穹顶被公认为是意大利文艺复兴建筑的第一个作品、新时代的第一朵报春花。

佛罗伦萨大教堂内部空敞明朗，西部的大厅长近80m，只分为4间，支柱的间距在20m左右，中厅的跨度也是20m；东部的平面很特殊，歌坛是八边形的，对边的距离和大厅的宽度相等，大约42m多一点。在它的东、南、北三面各凸出大半个八角形，约略呈现了以歌坛为中心的集中式平面。这是一个重要的创新，在15世纪之后得到了很大发展（图14-6）。大教堂西立面之南有一个13.7m见方的钟塔，高达84m，是画家乔托设计的。教堂对面还有一个直径27.5m的八边形洗礼堂，内部由穹顶覆盖，高约31m多，穹顶外表则是平缓的八角形。

布鲁内莱斯基还是文艺复兴时期最早对集中式建筑进行探索的人，其代表作是圣洛伦佐教堂（图14-7）的老圣器室和巴齐礼拜堂。巴齐礼拜堂坐落于十字教堂南面狭长的庭院中，是巴齐家族的礼拜堂，从平面来看，构图对称，以中央穹顶下面的正方形开间为中心，在东西轴线上，外边是入口门厅，里面是唱诗堂，两者的平面均为正方形，上面各覆盖着一个小圆顶；在南北轴线上中央的主空间向两边扩散，扩散部分之上覆盖着筒形拱顶。门厅内，中央为圆顶，左右两边覆盖着筒形拱顶，其藻井装饰充满了古典气息（图14-8）。

a）

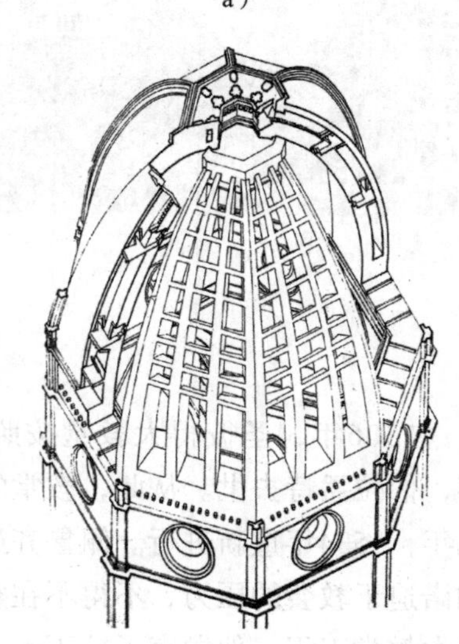

b）

图14-5 佛罗伦萨大教堂

a）穹顶 b）顶部结构

图14-6 佛罗伦萨大教堂室内

图14-7 圣洛伦佐教堂中厅

图14-8 巴齐礼拜堂室内

（2）阿尔伯蒂　阿尔伯蒂是早期文艺复兴时期的建筑师和建筑理论家，但他首先是一位人文主义学者。阿尔伯蒂主要在罗马，同时不断去佛罗伦萨、里米尼和曼图亚旅行，作为一位建筑师，他所设计的主要工程也实施于这一时期，同时他还完成了一系列最重要的美学和数学著作，其中包括了《论建筑》一书。

图14-9　圣安德里亚教堂室内

阿尔伯蒂的《论建筑》是西方近代第一部建筑理论著作，以拉丁文写成，与维特鲁威的《建筑十书》有着密切的关系，虽然在写作体例、柱式理论、一般术语、历史资料利用等方面遵循了维特鲁威的典范，但阿尔伯蒂并没有翻译或复述维特鲁威的观点，而是以古人为向导，阐述自己所理解的古典建筑原则。他开宗明义提出了建筑在所有艺术中处于最高地位的观点，进而阐述了作为人类生活环境创造者的建筑师的社会责任，同时也确立了建筑师超越工匠的崇高地位。关于建筑的定义，他认为，建筑是一种有机体，由线条和材料构成；线条产生于思想，而材料则来自大自然。

阿尔伯蒂并非只是理论家，他主张研究古代建筑要为当代建筑服务，并将研究成果运用于自己的设计之中。他建造了佛罗伦萨鲁采莱府邸。他还为佛罗伦萨新圣马利教堂设计了新颖的立面。其独特的构图，使这一立面成为16世纪天主教耶稣会教堂所模仿的原型。他在曼图亚所建的两座教堂，标志着他设计艺术的高峰。始建于1460年的圣塞巴斯蒂亚诺教堂是文艺复兴时期第一座希腊十字式教堂。他还设计了圣安德里亚教堂，对立面进行了更为大胆而巧妙的探索，创造性地将古典神庙和凯旋门母题结合起来（图14-9）。这意味着建筑师已经不再是中世纪那种专门和砖石打交道的工匠师傅，他的工作不再仅凭代代沿袭的经验和惯例，还要依赖人文主义的知识储备。

（3）菲拉雷特　菲拉雷特是佛罗伦萨的一名雕刻师，他的本名为阿韦利诺，菲拉雷特是他给自己起的外号，意为“美德之友”。1451年，他来到米兰作为一名工程师和建筑师为弗朗切斯科·斯福尔扎服务，主要作品是米兰大医院。

菲拉雷特还是一位著名的建筑作家，他于1461~1464年间也写过一部《论建筑》，此书共分为二十五书，第一书至第二十一书专论建筑，后面四书论素描、绘画，还包括献给这些统治者的颂词。这本书从语言到结构与阿尔伯蒂的书完全不同，采用了日记本小说的形式和对话体的语言，阐述了古代建筑的起源和原理，描述他想象中的理想城“斯福尔青达”的平面、选址和发展过程。

（4）达·芬奇和伯拉孟特　盛期文艺复兴的两位大师达·芬奇和伯拉孟特在15世纪80年代前后到达米兰，他们工作于同一座教堂，即慈悲圣玛利亚教堂。达·芬奇在1490年之后的近20年时间里画了大量的建筑素描，这些素描的重要性，是将解剖学的素描技巧运用于建筑素描，创造了建筑鸟瞰图，而在此之前建筑图仅局限于平面图和正视图。这种新的建筑技巧为建筑设计提供了更多的信息量，促进了关于建筑是有机整体观念的发展。

伯拉孟特出生于乌尔比诺附近的费尔米尼亚诺，达·芬奇不断精进的素描技艺和对集中式建筑的研究成果、米兰当地古典建筑实例，以及米凯罗佐和菲拉雷特所代表的建筑传统，是构成伯拉孟特艺术的重要因素。从15世纪80年代开始，伯拉孟特开始为慈悲圣玛利亚教堂修建东端部分，他在米兰时期的作品很多，它们是对15世纪建筑艺术的总结，又是为他未来设计作品的重要准备。伯拉孟特于1499~1500年冬天来到罗马，他的重要作品是坦比哀多小礼堂，这是一座加盖了圆顶的古代周柱式圆形神庙，令我们想起了古罗马的那些优美的圆形神庙，以及早期基督教时代纪念殉教者的圣祠。以异教神庙的形式为基督教圣徒建造纪念性建筑，反映了将基督教教义与异教文化传统相统一这一人文主义理想。坦比哀多小礼堂十分纯正的古典主义，使它被誉为文艺复兴盛期的第一件标志性作品。

罗马的圣彼得大教堂是文艺复兴时期的代表性建筑，也是世界上最大的教堂之一。文艺复兴盛期教廷和建筑匠师之间的矛盾在它的建造过程中得到了充分体现。伯拉孟特放弃传统的巴西利卡式形制，力求明朗和谐，避免神秘。他设计的平面是正方形，在正方形中又做了希腊十字。十字的正中用大穹隆覆盖（图14-10），内径达到了41.9m，十分接近万神庙，但内部顶点的高度竟达到了123.4m，几乎是万神庙的3倍，古代的辉煌成就被彻底超越了。正方形的四角各有一个小穹顶，拱臂宽达27.5m，大圆顶周围有一圈柱廊，十字四个端点的墙向外成半圆，不分主次。教堂内设计大胆、富有变化。教堂完成的平面是拉丁十字，内墙用大理石、壁画等装饰，外墙用灰华石与柱式装饰。该教堂表现了华丽的外观和庄严的氛围，但内部设计整体统一感不足，过于追求装饰性。

图14-10　圣彼得大教堂的穹顶

从1503年尤利乌斯二世教皇任期开始后，伯拉孟特便在罗马城市建设中发挥了重要的作用。他在梵蒂冈的教皇宫中和圣达马索庭院建筑群，都表现出了他善于建造雄伟壮丽建筑物的非凡才华。

（5）佩鲁齐与小圣加诺　巴尔达萨雷·佩鲁齐与小安东尼奥·圣加诺是伯拉孟特圈子中的重要建筑师，都曾参与圣彼得大教堂的建设工程。

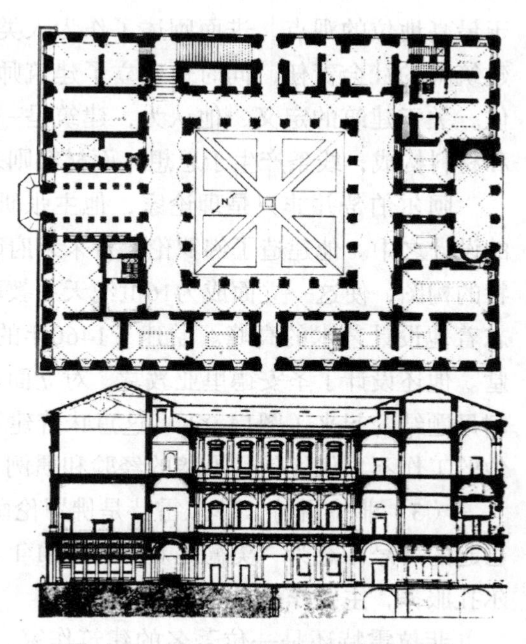

图14-11　法尔内府邸平面图及立面图

佩鲁齐在罗马的第一件重要建筑作品是为锡耶纳银行家阿戈斯蒂诺·基吉建造的法尔西纳别墅。他在罗马的另一件著名作品是带柱廊的马西米府邸，始建于16世纪30年代前半期。

小圣加诺比佩鲁齐小4岁，是佛罗伦萨著名建筑世家的后代，即朱利亚诺·达·圣加诺的侄子。他的代表作是法尔内府邸（图14-11）。从基本形制和立面处理来看，法尔内府邸更接近于佛罗伦萨的传统府邸式样。平面近似正方形，内部为方形庭院，后面有一个两层的敞廊，可以眺望台伯河的风景。府邸立面没有采用柱式体系进行划分，而是强调了水平线。各层的檐口线脚明确、有力，三层的高度没有逐层递减（图14-12）。

图14-12　法尔内府邸庭院一角

（6）米开朗基罗　米开朗基罗·博纳罗蒂是佛罗伦萨雕刻家、建筑师、画家和诗人，文艺复兴最伟大的人物之一（图14-13）。他在建筑中追求的是建筑构件饱满的体积感和形状的张力，并将建筑和雕刻视为不可分割的整体。

图14-13　米开朗基罗

米开朗基罗喜好雄伟的巨柱式，喜欢用圆雕作装饰，强调体积感，有时甚至不严格遵守建筑的结构逻辑，深深的壁龛、凸出很多的线脚和小山花贴墙作四分之三圆柱或半圆柱是他最常用的手法。佛罗伦萨的美第奇家庙和劳伦齐阿纳图书馆是他的代表作（图14-14）。这两处的建筑室内却都用了建筑外立面的处理法，壁柱、龛、山花、线脚等起伏很大，突出垂直分划。强烈的光影和体积变化，使它们具有紧张的力量和动态。家庙里大小壁柱自由组合，图书馆前厅里的壁柱嵌到墙里去，并支承在涡卷上，都是不顾结构逻辑的。他像雕刻一样用建筑表现他不安的激情，而不肯被建筑的固有规律所束缚。劳伦齐阿纳图书馆前厅尺寸为9.5m × 9.5m，正中设一个大理石的阶梯，形体富于变化，很华丽，装饰性很强。最富于创造性的是通向阅览室的楼梯，在这里，米开朗基罗将它当为一件艺术品加以精心设计与表现，使它的曲线自然流畅。整个门厅表现出强烈的雕塑感，可谓是巴洛克建筑风格的先声（图14-15）。拾级而上进入图书馆的主空间，室内设计简洁而敞亮，墙壁用扁平的壁柱进行划分，具有深远的空间透视感。劳伦齐阿纳图书馆的这个楼梯，是室内空间中较早被当作建筑艺术部件来设计的。

图14-14　美第奇家庙室内

图14-15　劳伦齐阿纳图书馆室内

（7）拉斐尔　拉斐尔是文艺复兴艺术的巨匠之一，他不仅在绘画方面为西方确立了古典思想（图14-16），而且还是一位优秀的建筑师。拉斐尔英年早逝，但在其生命的最后几年，他除了创作大量绘画作品外，还在罗马、佛罗伦萨设计了一些建筑，更重要的是他通过自己的建筑与室内设计，为后来兴起的手法主义风格开辟了道路。

图14-16　拉斐尔

手法主义的术语初次用于历史性文献中描述一种绘画艺术，这种绘画在文艺复兴的过程中发展成了一种表达个人情感的自由。该术语同样可用于限定同期发展的建筑和室内设计。到16世纪中叶，已进入一个以古典元素为基础的稳固的设计体系时代。罗马柱式以及罗马人对柱式的运用方式已被编撰整理，成为插图书籍的主要内容，并被认定为是一种“正确”的室内设计处理方式，用这种方式进行设计，室内显得很宁静，也较朴素。在室内设计中，手法主义是指对细部的处理在方式上突破了规则，这些方式有时是反常的，在它们对文艺复兴的宁静形式进行变形的过程中甚至显得十分幽默，个人的意志开始取代早些时候的规则。

图14-17　基吉礼拜堂

拉斐尔设计的佛罗伦萨郊区的潘多尔菲尼府邸，介于府邸与别墅之间，十分单纯而优雅。他为锡耶纳银行家阿戈斯蒂诺·基吉设计了基吉礼拜堂（图14-17），位于罗马人民广场上的圣玛利亚教堂之内，这里同样表现出画家做室内装饰的特点：他采用昂贵的彩色大理石以及色彩鲜明的壁画来装饰室内，以追求强烈的色彩与光影对比效果；同时形成了丰富的视觉效果。尽管室内富丽堂皇，但给人的总体印象依然是平面化的，如他偏爱扁平的壁柱，而不像雕塑家米开朗基罗喜欢用立体感更强的圆柱。

（8）塞利奥　文艺复兴时期，建筑理论对于风格的传播和建筑师地位的提高具有重要意义，并引发了16世纪建筑理论的繁荣。赛巴斯蒂亚诺·塞利奥就是这一时期最重要的建筑理论家之一。

图14-18　建筑五柱式

塞利奥于1514年到罗马师从佩鲁齐学习建筑，他也做过一些设计，但并不得志，他对法国建筑的影响主要是通过论著实现的。这些著作除了对建筑问题进行详尽的文字阐释以外，还附加了许多图版，它们的重要性不但在于使该书成为第一本以图为主的书、用文字做图片说明的建筑手册，而且也在于保存了伯拉孟特、佩鲁齐等当时著名建筑师的设计图样，从而成为新建筑思潮的传播者，并为后世建筑史学者提供了珍贵的原始资料。塞利奥著作中最重要的一卷是最先出版的第四书，专论柱式（图14-18），五种柱式理论在这里第一次得到了系统的阐述，并以木雕刻画的形式直观地呈现在读者面前。

（9）帕拉蒂奥　安德烈·帕拉蒂奥出生于距维琴察20km的帕多瓦的一个磨坊主家庭。他14岁学雕刻，17岁离开家乡到维琴察，起先为两个雕塑家工作了十几年。在30岁时，人文主义者詹乔治·特里西诺伯爵发现了他的天才。

1570年，他出版了《建筑四书》，从内容来看，《建筑四书》比塞利奥的著作学术性更强，甚至作为一本出版物本身也值得称道，因为书中根据帕拉蒂奥素描制作的木刻图版十分精美。这些插图除汇聚了古代作品外，还收入了伯拉孟特的坦比哀多小礼堂，以及他自己1570年以前的主要作品。

《建筑四书》的内容为：第一书论述建筑的材料与构造，建筑总论，以及五种柱式模式；第二书论述城市住宅和乡村别墅；第三书论述街道、桥梁、广场和公共会堂；第四书论述古代神庙。它阐述了古典建筑的基本原理，这些原理被它的读者奉为准则，不过帕拉蒂奥本人却不总是一板一眼地遵循这些原则，正如米开朗基罗与拉斐尔一样，他是综合着大师的手法进行创造。

帕拉蒂奥是最具影响力的文艺复兴建筑师之一，他创造的一种开敞拱券在两侧各带一矩形空当的布置方式逐渐成为人所共知的“帕拉蒂奥母题”（尽管这并非它的首次亮相），该布置方式引起后来设计者的兴趣，并且一直使用着，直到现代。帕拉蒂奥在维琴察设计了许多城镇住宅，并在周围乡村设计了许多别墅，帕拉蒂奥最有影响的别墅建筑是圆厅别墅，它纯正的古典建筑语言、和谐的比例、适合的规模，以及隽永的田园诗意，使之成为西方建筑的经典，也成为西方建筑师的模仿对象（图14-19）。而在马赛尔的巴尔巴罗别墅，其主要住宅的室内布局就是典型的帕拉蒂奥式，有一个希腊十字平面，形成集中布局的空间，平面每个角落布置着一些小面积的房间。室内很简洁，但室内壁画却很丰富，大部分是保罗·韦罗内塞的作品，壁画模仿了建筑的细部，同时，还包含了以幻觉画法表现的元素，如开启的门、阳台，从门内看到外部的景色，此外，甚至还有人物的形象——倚靠在阳台上的仆人，正从门外观看的侍童，栖息在阳台栏杆上的一只鹦鹉等（图14-20）。

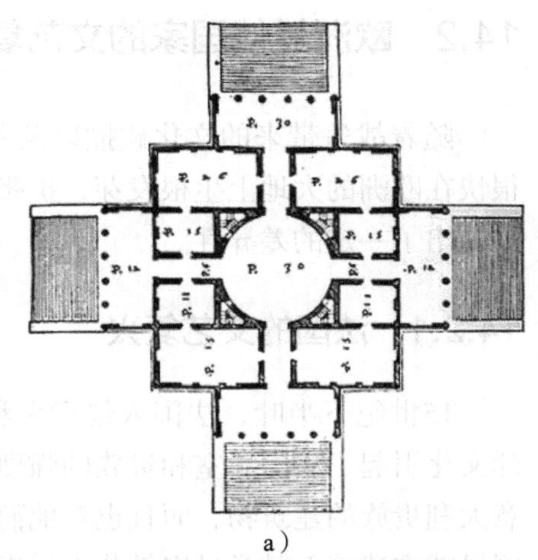

a）

b）

图14-19　圆厅别墅

a）平面图　b）外观

由于对帕拉蒂奥作品的仰慕，同时通过他的论著和相关的插图，人们很容易获得帕拉蒂奥作品的有关信息，两者结合起来，使他的作品在文艺复兴的英格兰成为一种建筑创作的灵感源泉和手法指导。

帕拉蒂奥在威尼斯设计的巨大教堂——圣乔治·麦乔雷教堂（图14-21）和雷登托教堂，每一座都带有一拱形中厅，中厅开高窗，同时在十字交叉处有一作窗用的穹顶。在雷登托教堂中，中厅两侧拱券向相连的礼拜堂开敞，并且走入圣乔治教堂的侧廊，那里，接连的耳堂，又重复着中厅拱形的形式。在两座教堂中，装饰细部被严格控制在罗马柱式等建筑元素中，这些元素以一种较暗的石材建造，与近乎白色的穹顶和其他石膏表面形成对比。每一座教堂的整体效果都具有开敞、明亮和内敛的特征。

图14-20　巴尔巴罗别墅室内

在维琴察的奥林匹克剧院，帕拉蒂奥试图重新创造一座小规模的，完全封闭的古罗马剧院。每排座位布置成半圆形，逐渐向上升起，后部接着一排列柱，所有座位开敞于如画的天空下（图14-22）。舞台有一装饰丰富的固定背景，该背景摹画着罗马舞台的通道、窗户和雕塑品，三个宽敞的通道口，从每一个里面都能看到一种街景。街景采用了虚假的透视画法进行描绘，这样它们看起来似乎延伸了很远的距离，尽管事实上它们的距离都很短（图14-23）。

图14-21　圣乔治·麦乔雷教堂室内

图14-22　奥林匹克剧院舞台

图14-23　奥林匹克剧院背景

14.2 欧洲其他国家的文艺复兴

随着战争带来的文化碰撞以及各地艺术家和建筑师之间的相互交流，意大利文艺复兴的新思潮很快在欧洲的大地上生根发芽，扩张开来。但因受到不同区域地方性特征的影响，文艺复兴的成果也表现出了一定的差异性。

14.2.1 法国的文艺复兴

15世纪下半叶，法国入侵意大利，随着军队对意大利南部和北部地区的不断入侵，意大利的宫廷文化引起了法国王室和贵族的强烈兴趣，法国文艺复兴开始兴起。资产阶级、国王贵族不但热衷于意大利贵族的建筑物，而且也对他们的服饰乃至整个生活方式进行效仿。但作为哥特艺术的故乡，法国早就在建筑上赋予过宗教艺术最崇高的表现力，此时，尽管对意大利文艺复兴的成就如醉如痴，艺术家们仍能不忘传统，熔法国、佛兰德斯、意大利艺术的动人之处于一炉，产生了自己的杰作。

文艺复兴建筑风格在法国的发展可分为三个阶段：16世纪为早期，这是法国哥特建筑发展为文艺复兴风格的过渡时期，把传统的哥特式和文艺复兴的古典式结合，把文艺复兴建筑的细部装饰用于哥特建筑上；中期古典时期是路易十三、路易十四时期，此时文化、艺术、建筑飞速发展，极力崇尚古典风格，造型严谨华丽，普遍应用古典柱式，内部装饰丰富多彩，也有些巴洛克手法。纪念性广场群和大规模的宫廷建筑是这时期的典型；晚期路易十五使法国政治、经济、文化走向衰落，此时兴起舒适的城市住宅和精巧的乡村别墅，精致的沙龙和安逸的起居室取代了豪华大厅。在室内装饰方面产生了洛可可风格，该风格装饰细腻柔软，爱用蚌壳、卷叶，精巧富贵。

1530年，佛罗伦萨手法主义艺术家罗索接受了法国枫丹白露王宫的内部装饰工作（图14-24），两年后意大利艺术家普里马蒂乔也来到那里。他们为之竭忠尽智，费尽了心血。罗索独出心裁地设计出一种将壁画和灰泥边饰结合在一起的新形式。作为壁画边框，围绕中心画面的灰幔和高浮雕人体不再单纯起装饰作用，而是对画中含意的补充；而普里马蒂乔将手法主义装饰风格引进了法国。枫丹白露王宫中的法兰西斯一世廊是这一装饰画派的辉煌代表作（图14-25），窗户对面的墙壁上有精美的绘画，画框周围装饰着灰泥高浮雕，人物体态硕壮优美，颇有米开朗基罗遗风，缠绕在画框边上的如皮革般卷曲折叠的装饰母题也是他们的创造，后来在整个欧洲，包括意大利都十分流行。法兰西斯一世廊长64m，宽6m，它的装饰工程开始于1531年，完成于16世纪40年代。

a）

b）

图14-24 枫丹白露王宫

a）外观 b）室内厅

法国文艺复兴高潮期的代表作当然非卢浮宫莫属，这是一项持续了几个世纪的建筑工程，建筑师皮埃尔·莱斯科在亨利二世统治期间负责了此项工程。带着对古典建筑透彻的理解，他建造了卢浮宫东部的正方形庭院，柱式体系的运用在其中也表现得十分得体，各要素之间的比例也关系也得到了周密的考虑，庭院立面底层的拱券深深嵌入，以突出上层，二层窗户上面的弓形和三角形窗楣山花相交替，山花两端由涡卷形托石支撑，不禁让人联想起米开朗基罗的建筑语汇（图14-26）。

图14-25　法兰西斯一世廊

a）

b）

图14-26　卢浮宫

a）外观　b）室内

亨利二世登基的那一年，洛尔姆开始为王室服务，在皇家建筑的扩张和改造工程中表现出卓越的组织才能。洛尔姆的主要作品是诺曼底附近的阿内宫（图14-27），比起莱斯科，洛尔姆的设计少了几分精致，但更为大胆，立体感更强。入口采用了凯旋门的主题，多立克柱式体系十分纯正，大拱券内装饰着意大利艺术家切利尼原为枫丹白露王宫制作的狩猎女神狄安娜的青铜浮雕，而门上部透雕形式的花栏杆则带有哥特式的特点，各种要素在他手中得到了完美的融合。

图14-27　诺曼底阿内宫入口

洛尔姆的《论建筑第一部》是16世纪法国最著名的人文主义著作之一，在这本书中，洛尔姆遵循维特鲁威的范例，结合自己的实践经验进行建筑史的论述。全书由九书组成，第一书论述人与建筑师之间的关系、选址和材料等问题；第二书论述几何学基础，及建筑地点和构造基础；第三书和第四书是他最独特的贡献，即石头切割和立体几何问题，这对建筑师十分有用；第五书、第六书和第七书论述柱式，并附上了他在罗马做的大量测量图；第八书处理门、门框和窗框；第九书论述壁炉。

16世纪末和17世纪上半叶，法国的古典主义建筑在布罗斯、勒梅西耶和芒萨尔等人的努力下有了进一步的发展。布罗斯喜欢在他的设计中表现出如雕塑般的体积感与团块感。他的代表作品有为摄政女王玛利亚·德·美第奇设计的巴黎卢森堡宫，以及位于雷恩的布列塔尼议会宫。其中巴黎的卢森堡宫是法国早期的古典主义建筑中最具代表性的宫廷建筑（图14-28）。它带有意大利建筑的很多痕迹。平面为大型四合院，主楼顶部为巨大的穹顶，上设采光厅。侧翼的顶部则用楼代替了圆形穹顶，建筑群的造型由此变得丰富生动，外立面的砖石痕迹很重，形成清晰、深刻的水平线，增强了墙面的立体感。壁柱的造型非常突出，双柱式是典型的古典主义样式，柱子的比例严谨。主楼的边缘也采用双柱式结构，体现了卢森堡宫在形制上比其他古典主义早期建筑更为成熟。

a）

b）

图14-28 卢森堡宫

a）外观 b）室内

14.2.2 尼德兰的文艺复兴

中世纪的尼德兰包括现在的荷兰、比利时、卢森堡以及法国东北部的一些地区。由于地理条件优越，尼德兰很早就是欧洲西北部重要的水陆交通中心，手工业发达，商业繁荣，是当时欧洲资本主义经济十分发达的地区之一，因此文艺复兴在尼德兰也取得了辉煌的成就。

16世纪下半叶，手法主义开始在荷兰和佛兰德斯的市镇流行，其主要的装饰要素是一种华美的带状纹样，装饰在拱券等建筑构件上。具有手法主义特点的建筑图样手册，以铜版画的形式出版，对这一风格的发展起了很大的推动作用。意大利和法国的建筑对尼德兰建筑都有影响，但因为尼德兰在中世纪时期市民文化就相当发达，相应的世俗建筑的水平较高，所以，它独特的传统特征也很明显。

尼德兰文艺复兴建筑在17世纪达到了高峰。在欧洲唯理主义哲学影响下，荷兰形成了自己的古典主义建筑，这种建筑横向展开，以柱式的叠柱式控制立面构图，水平分划为主，形体简洁，不再有传统的台阶形山花，而代之以古典的三角形山花，装饰很少。但它的传统特点仍然很明显，以红砖为墙，而壁柱、檐部、线脚、门窗框、墙脚等用白色石头，色彩很明快。

这时期主要建筑师是雅各布·凡·坎彭，他十分纯熟的古典主义手法将佛兰德斯夸张的装饰和哥特式的残余要素一扫而光。其最重要的代表作是始建于1648年的阿姆斯特丹市政厅（图14-29），立面的对称构图，巨柱式的采用，将古典原则与文艺复兴的风格融合起来；室内建有宽敞明亮的大厅和装饰华美的房间，可与文艺复兴时期意大利的任何宫殿相媲美，这在荷兰是没有先例的。阿姆斯特丹市政厅是北方17世纪最重要的建筑物，也是荷兰历史上最辉煌年代城市生活的标志。

a）

b）

图14-29　阿姆斯特丹市政厅

a）外观　b）室内

14.2.3　德国的文艺复兴

德国文艺复兴发端于15世纪，历史上将1420年左右到1540年这段时期称为文艺复兴时期。这个时期的许多艺术家对人的生活环境和生产现象表现出关切，反映出文艺复兴时期人文主义者在一定程度上肯定现世生活、肯定人性、歌颂大自然的倾向。但由于德国远离意大利，所以新的建筑风格影响显得很微弱，个别意大利建筑师到德国为诸侯服务，带来某些新的建筑形式，似乎具有某种偶然性。

奥格斯堡的福格尔礼拜堂通常被认为是德国第一座文艺复兴建筑，由从事银行业的福格尔家族投资兴建，加在了圣安娜教堂的西端。其设计受到了15世纪威尼斯建筑的影响，将晚期哥特式的“星形拱顶”和意大利的拱顶结构以及柱式体系结合在一起（图14-30）。在此可以看出，在16世纪大部分时间里，德国文艺复兴建筑只不过是将15世纪意大利北方建筑的装饰要素加到当地晚期哥特式的结构上。

图14-30　福格尔礼拜堂室内

相对来说重要的还有慕尼黑的圣米迦勒教堂（图14-31），它由巴伐利亚公爵威廉五世出资兴建，是欧洲北方的第一座耶稣会教堂。在建筑形式上，它是罗马耶稣会教堂的变体，教堂内部的圆拱廊，包括了前殿和两侧的礼拜堂，类似凯旋门的形状。

德国北方的文艺复兴风格直到16世纪下半叶才开始出现，科隆市政厅门廊是其代表作品。它是由威廉·韦尔纳肯设计，一座两层敞廊加在了中世纪的主题建筑之前，宽五开间，进深两开

图14-31　圣米迦勒教堂室内

间，以古典圆柱、浮雕和雕像装饰得富丽堂皇。

14.2.4 英国的文艺复兴

16世纪，英国和欧洲其他国家一样正发展新兴的资产阶级。国王亨利五世为加强中央王权，使教会屈从于国王。16世纪下半叶，英国的经济巩固了资产阶级的地位，文化、艺术十分活跃，文艺复兴建筑开始在英国出现。英国文艺复兴建筑的发展可分为两个阶段：早期从1558~1640年，晚期是17世纪下半叶到18世纪。

16世纪上半叶，英国在尼德兰影响之下，常用红砖建造房屋。砌体的灰缝很厚，腰线、券脚、过梁、压顶、窗台等都用灰白色的石头，很简洁。室内常用深色木材做护墙板，板上作浅浮雕；天花则用浅色抹灰，作曲线和直线结合的格子，格子中央垂一个钟乳状的装饰。一些重要的大厅用华丽的锤式屋架。这种屋架极具装饰性，其构造样式为由两侧向中央逐级挑出，逐级升高，每级下有一个弧形的撑托和一个雕镂精致的下垂装饰物。这种建筑风格，是中世纪向文艺复兴过渡时期的风格，又因为当时正是英国的都铎王朝，所以得名为“都铎风格”。府邸的外形追求对称，即使平面不完全对称，立面仍然是对称的。室内装饰更加富丽。常在大厅和长廊的墙上绘壁画和悬挂肖像。兽头、鹿角、剑戟盔甲也多被用作重要的装饰物，显扬祖先的好勇尚武。天花抹灰，大多作蓝色，点缀着金色的玫瑰花。都铎风格常与半木架建筑的形式联系在一起，一直持续到17世纪，还保留着这种样式，通常又被称作乡土风格。

汉普顿宫是16世纪最著名的府邸之一（图14-32）。英国国王亨利八世在汉普顿宫中建造了著名的大厅，长32m，宽12m，高18m，墙上挂满挂毯，顶上是华丽的锤式屋架，门窗、装饰保留哥特风格。1689年威廉三世扩建了汉普顿宫。它的平面是一个四合院，设计仿造17世纪大型府邸，采用荷兰古典主义样式，用红砖砌成。

a）

b）

图14-32 汉普顿宫

a）室内 b）大厅

英国文艺复兴时期最著名的府邸是哈德威克府邸、勃仑罕姆府邸和坎德莱斯顿府邸。这些府邸的平面都具有一定的相似性，表现为正中是主楼，包含大厅、沙龙、书房等。主楼前是个很宽的三合院，两侧各有一个很大的院子，一个是厨房和杂用及仆役的房屋，另一个是马厩等。从英格兰德比郡的哈德威克府邸长厅的布局中可以很明显地感受到当时的室内家具和陈设（图14-33）。

在德比郡的哈顿大厦是一座大型的庄园府邸（图14-34）。平面大致对称，南面是大玻璃窗，窗户由许多小块玻璃格组成，顶棚是石膏带饰，在有壁柱和拱券的地方采用木镶板，暗示着帕拉蒂奥母题。

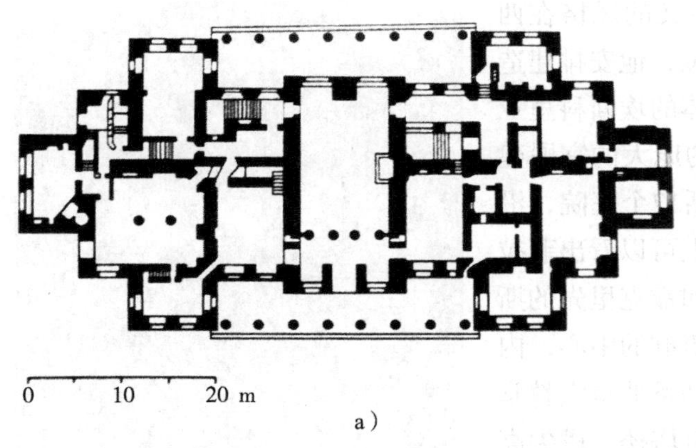

a）

b）

图14-33　哈德威克府邸

a）平面图　b）室内

图14-34　哈顿大厦大厅

14.2.5　西班牙的文艺复兴

15世纪，文艺复兴之风也吹到了地处欧洲西南的西班牙，西班牙的文艺复兴从13世纪后半叶就显露端倪了，其产生有两个主要条件：一个是国内的条件，长达数百年的反抗阿拉伯人的斗争逐渐取得了胜利，这一胜利为西班牙的文艺复兴提供了有利的环境；另一个是国外的条件，意大利和尼德兰的文艺复兴艺术对西班牙产生了重要的影响。

15世纪下半叶，意大利文艺复兴的建筑风格与西班牙的哥特式传统风格以及摩尔人的阿拉伯风格结合在一起，产生了一种称为银匠式的风格。“银匠式”这一术语指像银器般精雕细刻的建筑装饰，这种装饰主要集中在入口和窗户的周围，各种石头、泥灰制作的雕塑装饰，加上用铸铁制作的花栏杆、窗格栅、各种灯盏和花盆托架，玲珑剔透，十分精美，表现了西班牙人活泼热情的性格特征。银匠式风格在16世纪上半叶日益发展，这种风格的建筑物有贝壳府第（1500—1512年）和萨拉曼卡大学的图书馆的立面（完成于1529年等）（图14-35）。而在格拉纳达主教堂的室内，古典形式被运用于细部装饰，则是银匠式风格在室内的典型代表（图14-36）。

图14-35　萨拉曼卡大学图书馆立面

此后，意大利的建筑风格逐渐加强，古典主义的风格在西班牙建筑中日益占据了上风。1556年腓力二世继位，他安排建造了集皇家陵墓、教堂、修道院、皇家宫殿等为一体的埃斯科里亚尔宫（图14-37）。这是一座用灰色花岗石建造的庞大的宫殿建筑群，平面为长约200m，宽约160m的矩形，包括17个庭院，沿中轴线两侧做对称布局，成网格状。从平面设计上可以看出菲拉雷特的米兰大医院以及古罗马晚期的某些建筑，如戴克里先的斯普里特宫的影响。希腊十字式的大教堂是整个建筑群的中心，内外采用庄重的多立克柱式，巨大的圆顶来源于罗马圣彼得大教堂的基本形制；皇宫位于教堂的后部，宫殿四角建有塔楼，塔尖高高升起，远远望去给人一种森严之感。埃斯科里亚尔宫从里到外都很少用装饰物，它成功地借用了意大利文艺复兴建筑的结构语言，表现了绝对的君权纪念碑主题。

图14-36　格拉纳达主教堂室内

西班牙当时的住宅大多是封闭的四合院式的。院子四周多有轻快的廊子，大都用连续券，柱子纤细，华丽一些的爱用绞绳式的柱子，或者用浮雕围绕装饰柱子，手法和题材常有阿拉伯式的。上层的廊子有用木构架的，以木或铸铁作栏杆，样式很轻巧。廊内墙面多用白色粉刷。南方比较富裕的住宅里，用阿拉伯式的瓷砖或陶片贴面。封闭的四合院，相当宽敞，气氛是安谧的，很轻松，适合于家庭生活。富裕的住宅装饰颇为丰富。其装饰主要有两个特点：第一，利用朴素和繁密进行对比，第二，利用轻巧和厚重进行对比。

a）

b）

图14-37　埃斯科里亚尔宫

a）建筑群　b）宫内教堂

16世纪下半叶，除宫廷的罗马主义艺术外，在地方上也出现了样式主义的艺术。虽然西班牙的样式主义艺术受意大利的影响，但西班牙的样式主义艺术却带有更多宗教神秘主义的色彩。

14.2.6　俄罗斯的文艺复兴

15世纪末，莫斯科王公伊凡三世建立了俄罗斯中央集权。伊凡四世1547年改称沙皇，就此，莫斯科展开了大规模的建设活动。16世纪后半叶，伊凡雷帝进行了25年的战争，经济衰败，建筑活动也衰落了。17世纪中叶，经济逐渐恢复，手工业和商业发达起来，这一时期的建筑造型也开始接受文艺复兴与巴洛克的影响。18世纪初，彼得大帝的改革促进了本地文化和西方的融合，彼得堡成为学习西方先进文化的实验室。

传统俄罗斯的建筑是在拜占庭建筑的影响下建成的。墙体很厚、窗户很小、穹隆顶密集，内部主要用湿粉画装饰，间有彩色镶嵌。15世纪末俄罗斯统一后，在教堂建筑中仍保留传统，世俗建筑则受文艺复兴建筑的影响。16世纪，上层统治阶级的建筑与教堂受民间建筑的影响，产生了“帐篷顶”教堂，这种建筑后来发展成为俄罗斯建筑独特的风格，如红场的圣瓦西里教堂就深受这种风格的影响（图14-38）。17世纪，世俗建筑接受了意大利文艺复兴建筑的成就。17世纪末已开始流行巴洛克风格，但俄罗斯的巴洛克仅在形式上体现，不追求宗教效果。18世纪初社会改革，俄罗斯建筑吸收了法国古典主义的处理手法，这种风格和传统建筑结合产生了不少很有特色的建筑。

a）

b）

图14-38　圣瓦西里教堂

a）外观　b）室内

在18世纪中，彼得堡最有代表性的建筑是皇家村的叶卡捷琳娜宫（图14-39）。叶卡捷琳娜宫位于彼得堡皇家村东北角，法国古典式的建筑造型、长方形的平面，简单明朗，东端是个小教堂，其他是长方形的连列厅，其雄伟的柱子，体现出皇家的气派，宽大的窗户使光线充足，内外装饰都极度华丽。

a）

b）

图14-39　叶卡捷琳娜宫

a）外观　b）室内

伏兹尼谢尼亚教堂是为纪念伊凡雷帝的诞生而建，这座高塔式建筑，高62m，基座较宽，帐篷顶高耸。主体建筑分两层，底层是十字形，二层是八角形，两层之间用三层重叠的船底形装饰过渡，顶部是八角形尖塔，下层较高，上层较矮，窗户瘦长形，壁柱向上也逐渐缩小，建筑给人感觉自下而上逐渐缩小。教堂内部极为狭窄，不为宗教仪式，只为纪念国家新生。它吸取民间建筑的形式特点，是具有俄罗斯民族风格的纪念性建筑（图14-40）。

华西里·柏拉仁诺教堂是伊凡雷帝为纪念战争胜利而建的。教堂有几个独立的墩式部分，中间那个最高，是帐篷顶，其他8个是葱头式穹隆，教堂由红砖砌成，白色石头为装饰，穹顶采用绿色和金色，观之令人心情愉悦（图14-41）。

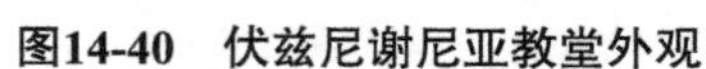

图14-40 伏兹尼谢尼亚教堂外观

图14-41 华西里·柏拉仁诺教堂外观

14.3 文艺复兴时期的室内装饰和家具陈设

受到文艺复兴人文思想的影响，这一时期的装饰、室内布置、家具和陈设更为丰富多样，并体现出更多对人性关怀的倾向。

14.3.1 建筑室内空间与装饰

文艺复兴时期，宫殿、城楼、宅邸、别墅、医院、剧场、市政厅、图书馆等世俗性建筑的兴盛，逐渐取代了宗教建筑一统天下的局面，这些建筑大量采用古希腊、古罗马建筑的各种柱式，并且融合了拜占庭和阿拉伯的结构形式。整体建筑设计的基本原理是对称与均衡，建筑的外观呈现明快而笔直的线条，尤其是借着笔直的架构来强调水平的特性，如水平向的厚檐、各楼层之间的台口线等，窗口及出入口均采用水平线、垂直线、圆弧、山墙等几何图形设计，并且每个部分都联系于一个统一的尺寸，建筑物在整体上特别注重所谓合乎理性的稳定感。

随着建筑创作的不断深入、细化，建筑空间和平面布局取得了很大的进步。以府邸建筑为例，在初期，如佛罗伦萨的一些立面、内院、主要厅堂，一般分别推敲，互不联系。到了盛期，便注意到了它们之间的相互联系和过渡，平面开始严谨。这些府邸的主要特点表现为：第一，平面大多是长方形或正方形，按照传统，以第二层为主，底层为杂务用房，稍大一点的，将杂务用房设在离开主体的两个或者四个附属房屋里，对称布局，用廊子同主体连接；第二，主要的第二层划分为左、右、中三部分，中央部分前后划分为大厅和客厅，左右部分为卧室和其他起居房间，楼梯在三部分的间隙里，大致对称安排；第三，外形为简洁的几何体，主次分明：底层处理成基座层，顶层处理成女儿墙式，或者像不高的阁楼，主要的第二层最高，正门设在这一层，门前有大台阶，窗子大，略有装饰，比较大一些的府邸，立面中央用巨柱式的壁柱或者冠戴着山花的列柱装饰，这也是立面构图的新手法。

同时，与人感受联系更为紧密的室内空间越来越受到重视，室内设计风格也受到新要求的强烈影响。对称是一种主要概念，线脚和带状细部都采用了古罗马范例。一般而言，墙面平整简洁，色彩常呈中性或画有图案，像墙纸一样。在装饰讲究的室内，墙面覆盖着壁画；顶棚梁或隔板常涂有绚丽的色彩；地砖、陶面砖或大理石的地面可以布置成方格状图案，或比较复杂的几何形图案；壁炉，作为唯一的热源，装饰着壁炉框，其中有些是巨大的雕像装饰，米兰的沃尔塞奇府邸就是其中比较典型的案例（图14-42）。

图14-42　米兰的沃尔塞奇府邸室内

以石头来砌筑墙体和拱形顶棚的教堂室内通常是禁用色彩的，不过常装饰着建筑的细部，这些细部来自古罗马建筑的模式。窗户上的着色玻璃让位给单一颜色的简单玻璃。壁画广泛采用祭坛壁画形式，三联一组形式以及带框壁画形式，画面内容阐释着宗教主题（图14-43）。

图14-43　文艺复兴时期理想的室内

文艺复兴的室内，无论民居还是宗教建筑，随着财富的积累和古典知识的广为传播，设计都趋向从相对简单的形式发展成日益复杂烦琐的风格。

14.3.2　室内家具

这一时期的建筑与室内装饰给家具的发展带来了极大的影响，家具上颇多地采用了雕刻、镶嵌、绘画等装饰技术。

随着现行透视画法技巧的发展，艺术家们能够以看起来几乎是照相效果的方式来描绘室内情景。如卡帕西奥描绘了圣人厄休拉的梦境，事情发生在一个装饰华美的卧室中，画面中，圣人睡在一张整洁且大小合适的床上，床上有一精美的床头板，四角有高高的杆子，杆子支撑着上部的一个顶棚。屋里有一个小书橱，一个凳子拉向桌子，另外还在一个书架上放着一本翻开的书。一个壁炉式烛台可使人想起以蜡烛照明的方式。门框、窗细部和线脚显示出早期文艺复兴细部极为精美的品质（图14-44）。

图14-44　《圣人厄休拉的梦境》

在意大利，传统哥特式箱柜造型的椅子已被仿罗马椅子所替代。贵族们一般都使用装饰豪华、造型丰富的椅子，扶手椅的坐垫和靠背也都覆盖上羊毛或羽毛填充的垫子，故较中世纪的木板椅坐起来舒适。那种折叠式椅子是仿古罗马执政官座椅做成的，多用于餐厅、书屋、会客厅等房间。另一种称为“卡萨邦卡”的长座椅一般都固定于地板上，上面雕有装饰花纹，用于会客或各种礼仪性场面。大型的衣橱上雕满纹样和木刻，极为豪华（图14-45）。此外，当时还流行有顶盖的储藏物品的箱柜，上面同样布满豪华的装饰雕刻，并有兽足造型的柜脚（图14-46）。餐厅中的桌子以板状的桌脚支撑，其形式可分为脚架式和四脚固定立式两种。

图14-45 意大利影木镶嵌衣柜

在法国，初期的家具形式都为哥特式与文艺复兴风格的混合，形式大多非常简洁，直至亨利四世时期才确立其文艺复兴风格的精致造型。由于上流阶层生活水准的提升，对家具的种类、品质及造型也有了更高的要求，扶手椅的前脚为圆柱形、后脚为角柱形，底部设有横档，以使椅子的稳固性增加，比例也较匀称；餐桌往往像建筑一样，底下由连拱装饰；箱柜以双层较多，饰有豪华的花纹及人像浮雕，或用大理石嵌板；床一般有顶盖，下垂织物布帘。

图14-46 美第奇宝箱

在英国，室内家具大多表现厚重，且以直线为构成要素，其特色在于构造的单纯性与实用性。材料使用橡木，椅子有三角椅及靠背椅多种；床与餐桌及装饰性橱架上的支柱常用瓜状形式作装饰。

在西班牙，文艺复兴时期的家具总的说来比较简朴，有时还很粗陋，其是以意大利文艺复兴早期风格为基础的。用核桃木、橡木、松木和杉木制作的椅子、桌子和箱子是最普遍的家具（图14-47）。厚重的扶手椅有时候在前面和后面用铰链安装可伸缩的杆件，使椅子可以折叠，易于搬动。

图14-47 西班牙的活动柜

总体而言，文艺复兴时期，家具的使用要比中世纪广泛，但以现代标准来看仍十分有限。

14.3.3 室内陈设

此时，室内的陈设开始丰富起来，主要包括日常生活和社交用的挂毯、纺织品、陶瓷玻璃器皿、金属工艺品等。对于有钱有势的人来说，工匠所制作的多种精美的手工艺品，满足了奢华之家的新口味和艺术的表达。

14~16世纪是挂毯等纺织品的黄金时代。挂毯除用来装饰壁面外，还具有吸湿、调温等功能，装饰时多为数件一组，非常富丽堂皇（图14-48）。此外，一种称为蕾丝花边的织物在当时也相当流行。丝织品是文艺复兴最流行的织物，采用大尺度的编织图案，带有浓烈的色彩。天鹅绒和锦缎占据着早期文艺复兴的主流，到16世纪时，织锦和凸花厚缎也逐渐得到广泛的应用。蓬松的垫子和枕头有时用于长凳或椅子上，垫子和枕头用纺织品覆盖，同时又可以将强烈的色彩引入室内。地毯较少用，尽管东方毯子很昂贵，但仍偶尔用作桌布或铺在地板上。在西班牙，丝织品一般采用色彩艳丽的图案和带有银线及金丝的刺绣镶边，这些织品常从意大利进口，但是西班牙的斜纹布、锦缎和天鹅绒这类纺织品也在意大利的影响下发展了起来。

图14-48　文艺复兴时期的巴黎织锦

陶瓷用品在意大利主要是以一种称为“玛裘黎卡”的风格较为流行，其上有各种槲叶、孔雀羽毛、几何图形装饰纹样，颜色一开始以紫色、绿色、黄色、蓝色为主，后来逐渐发展为多种色彩（图14-49）。

图14-49　意大利彩绘陶壶

颇能显示文艺复兴金属特色的制品还有餐具、摆饰、暖炉饰品、烛台等日常用品，以及刀、剑、甲、胄等。当蜡烛仍然是人工照明的唯一来源时，高品质的金属制造业提供了装饰精巧的烛架和墙上支架。

整个空间的雕刻、装饰和嵌花的使用往往根据主人的财富与品位决定。

第15章　欧洲17世纪和18世纪时期

进入17世纪和18世纪，文艺复兴的影响依然在蔓延，但在不同地区之间发展的差异性则表现得越来越明显，并由此滋生出多种不同的风格形态。室内设计得到了进一步的发展和提高，如果说此前的室内空间是由建筑建造直接生成的产物，其内容通常由建筑的结构方式和工艺水平所决定的话，那么，现在的室内设计几乎可以看到其是一个独立体系的存在了。

15.1　意大利的巴洛克

巴洛克艺术产生于16世纪下半期，盛期是17世纪，进入18世纪，除北欧地区外，巴洛克艺术逐渐衰落。意大利是巴洛克艺术的发源地，这种艺术形态虽不是宗教发明的，但它是为教会服务、被宗教利用的，教会是它最强有力的支柱。

15.1.1　巴洛克的风格特征

巴洛克艺术有如下特点：第一，它很豪华，享乐主义的色彩很浓；第二，它为一种激情的艺术，打破了理性的宁静和谐，具有浓郁的浪漫主义色彩，非常强调艺术家丰富的想象力；第三，它极力强调运动，运动与变化可以说是巴洛克艺术的灵魂；第四，它很关注作品的空间感和立体感；第五，它具有综合性，巴洛克艺术强调艺术形式的综合手段，如在建筑上重视建筑与雕刻、绘画的综合，此外，巴洛克艺术也吸收了文学、戏剧、音乐等领域里的一些因素和想象；第六，它有着浓重的宗教的色彩，宗教题材在巴洛克艺术中占有主导地位；第七，大多数巴洛克的艺术家有远离生活和时代的倾向，如在一些天顶画中人的形象变得微不足道，如同是一些花纹（图15-1）。

图15-1　如同花纹的人物形象

巴洛克建筑和室内设计强调富有雕塑性、色彩斑斓的形式。造型来源于自然，树叶、贝壳、涡卷等，丰富了早期文艺复兴的古典词汇。墙和顶棚都有修饰，有些隔断也用立体的雕塑装饰，或带有人像和花草元素，它们有些涂上各种颜色，并融入彩绘的背景之中，创造了一种充满动感的密集的幻觉空间（图15-2）。舞台设计中常通过在平面布景画上幻想的空间而把引起视觉兴奋的要素引入戏剧中，这种手法对巴洛克与洛可可的室内设计具有强烈的影响。巴洛克建筑与室内设计常被视为天主教反宗教的改革运动之一，它宣扬破除偶像崇拜，为民众提供新的视觉刺激，呈现出日常生活中少见的丰富、美丽的背景。除装饰技巧外，在

图15-2　巴洛克风格在室内的应用

空间造型中，巴洛克设计更热衷于复杂的几何形，卵形和椭圆形比方形、长方形和圆形更受到欢迎。曲线的和复杂的楼梯处理以及复杂的平面布局可以带来动感和神秘感，通过增加充满幻觉的绘画和雕塑，使设计的形式从简洁明晰迅速变得复杂烦琐。

如果说文艺复兴是对古典建筑语言的恢复，那么巴洛克则是在此基础上更强调了古典文法的修辞。但它使古典语言基本成分的组合更富于变化，将曲线、弧面、椭圆形等形式要素引入建筑，以营造富于动感的视觉体验。巴洛克建筑师调动一切艺术手段来表现主题，建筑、雕刻、绘画等艺术形式相互交织穿插，以至观者不能分辨建筑在何处起始、何处结束。洛可可风格则将这一倾向推向极端，尤其在室内设计和陈设设计方面，甚至不惜抛弃古典风范，具有随心所欲的特点。所以说洛可可是巴洛克风格的晚期阶段。

15.1.2　巴洛克在意大利的发展

16世纪下半期，处于内忧外患的意大利，危机日益加重，在这样的背景下，文艺复兴的艺术出现了衰退现象。一些盛期的艺术大量相继谢世。这时虽然有样式主义艺术在兴起，但它毕竟只是一个短暂的流派，昙花一现。就是在这样一个沉寂、困扰、寻觅的时期里，从16世纪末到17世纪初有三个艺术流派终于在相互斗争中产生了，它们是意大利学院派艺术、巴洛克艺术和以卡拉瓦乔为代表的现实主义艺术。其中，巴洛克艺术对当时的建筑和室内设计产生了几乎是颠覆性的影响，它沿袭了16世纪文艺复兴盛期演变而来的手法主义，并在此基础上得到了发展和改进。

17世纪的建筑活动主要在罗马一带。整个意大利处于进一步的衰落之中，而罗马却掀起了一个新的建筑高潮，大量兴建中小型教堂、城市广场和花园别墅。其主要特征是：第一，炫耀财富。大量使用贵重的材料，布满了装饰，色彩鲜丽，一身珠光宝气。第二，追求新奇。建筑师们标新立异，前所未见的建筑形象和手法层出不穷。而创新的主要路径是：首先，赋予建筑实体和空间以动态，或者波折流转，或者骚乱冲突；其次，打破建筑、雕刻和绘画的界限，使它们互相渗透；第三，则是不顾结构逻辑，采用非理性的组合，取得反常的效果。第四，趋向自然，在郊外兴建了许多别墅，园林艺术有所发展，在城里也造了一些开敞的广场，建筑也渐渐开敞，并在装饰中增加了自然题材。第五，城市和建筑，都呈现出一种欢乐的气氛。

15.1.3　意大利巴洛克的代表人物及主要成就

（1）贾科莫·巴罗兹·达·维尼奥拉　维尼奥拉在巴洛克艺术发展过程中起过重要作用，他设计的罗马耶稣教堂成为巴洛克教堂的原型（图15-3）。当时的艺术、建筑和设计都是为了使罗马的教堂更引人注目、更激动人心、更有吸引力。由维尼奥拉完成的耶稣教堂的室内设计可看成是作者把罗马古典主义的雄伟壮观与巨大尺度下的简洁形象相结合的一种尝试，高窗镶嵌在正殿筒拱上，还有穹顶鼓座上的一圈小窗户，光束穿透暗淡的空间，创造出如舞台灯光般的效果（图15-4）。

图15-3　罗马耶稣教堂外立面

（2）乔凡尼·洛伦佐·贝尼尼　贝尼尼是意大利巴洛克风格中最著名的雕刻家、建筑家、画家（图15-5）。贝尼尼是作为一名雕塑家开始他的职业生涯的，所以不可避免地会以雕塑家的眼光来思考巴洛克艺术。1629年，他作为负责圣彼得大教堂的建筑师设计了位于穹顶下最中心位置祭坛上的巨形华盖（图15-6）。这个巴洛克式的焦点控制了整个空间，并且使室内特性也转变为巴洛克语汇。实际上，该华盖既是一件雕刻作品，也是一件建筑作品，它由四个巨大的青铜柱子支撑顶部，相当于10层楼那么高。柱子看上去是罗马科林斯式，但好像是被巨人扭曲过，与其说只是静止的支撑要素，不如说带着动态感的视觉特性。华盖顶端是镀金的十字架，由S形半券支撑，十字架放在宝球之上。整个华盖缀满藤蔓、天使和人物，充满活力。贝尼尼雕刻的顶峰是他在1645~1652年间所做的圣德列萨祭坛（图15-7）。这件雕塑作品描写的是圣德列萨在幻觉中见到上帝的情景，表现了她对上帝之爱的渴望。整个雕塑被放在祭坛上，祭坛上方放置了一些镀金的金属条，光线从祭坛顶上照下，被金属条反射，其金色的反光打在白色的大理石上，衬托出人物的形体，减弱了体积感和大理石的重量感。同时，多样的光和影增强了人体线条的韵律和美感，从而产生了十分强烈的舞台戏剧效果。

图15-4　罗马耶稣教堂室内

图15-5　乔凡尼·洛伦佐·贝尼尼

图15-6　圣彼得大教堂的巨形华盖

图15-7　圣德列萨祭坛

（3）弗朗切斯科·博罗米尼　罗马盛期巴洛克大师博罗米尼创造了与贝尼尼相对峙的建筑风格。与贝尼尼逍遥豁达的性格截然不同，博罗米尼是一个孤僻的天才，他的性格内向而任性、沉思而内省。

1634年博罗米尼等到了他施展才能的机会，圣三位一体男修士会委托他重建四喷泉圣卡尔洛教堂，而这座教堂最终成为罗马巴洛克建筑最重要的作品之一。它的平面是由两个等边三角形组成的一个菱形，上升到上楣处，以弧线相连接呈现为椭圆形，这种平面似乎象征着三位一体（图15-8）。室内主空间中的16根圆柱分为四组支撑着柱上楣，柱头别具特色，将罗马式的涡卷装饰反转过来。站在圆顶之下向上看，在柱上楣之上发四个大券，形成四个内凹的龛，拱间形成的帆拱支撑着上面的鼓座和椭圆穹顶。高大的教堂空间，

图15-8　圣卡尔洛教堂外立面

基本上是成对的柱子向内挤压排布，形成椭圆形，圣坛向外凸出。这个椭圆形通过底层柱网平面和上部穹顶变换得到强调。藻井用八角形、六角形和十字形平面过渡，且越往上越缩小，直到顶部用椭圆形采光亭结束。采光通过穹顶下部边缘的高窗和顶部采光亭上的窗户获得（图15-9）。弯曲的墙面，起伏的山花，覆盖着祭坛和侧面的圣坛，连同各种复杂的穹顶，还有戏剧性的光影效果，所有这一切都使这个特殊的空间充满活力。

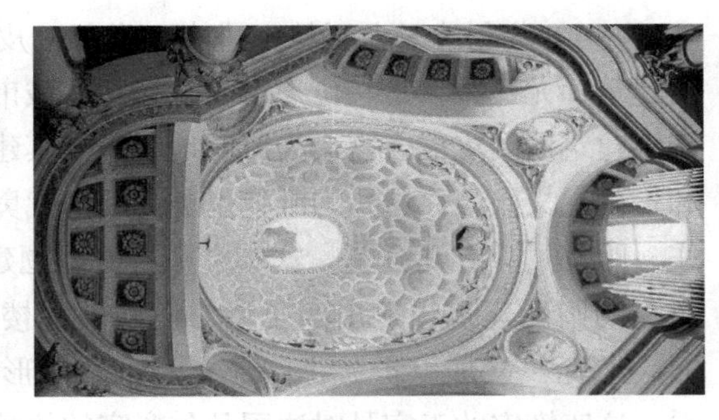
图15-9　圣卡尔洛教堂采光顶

博罗米尼善于利用既有的空间条件来创造令人耳目一新的效果，这一点还表现在他的另一名作圣伊夫教堂中。他因地制宜利用了庭院东端原有的两层半圆形立面，所以从外观上看不出教堂的内部结构。从内部来看，礼拜堂的平面很新颖，由两个等边三角形相叠并旋转而构成一个六角星形状，据说这种形状是智慧的象征。圆顶直接从上楣处升起，没有通常过渡性的鼓座，从而构成了一个六角形穹顶。圆顶之上是六角形的采光厅，顶端为一螺旋形上升的小金字塔，顶着圆球与十字架，颇具伊斯兰清真寺尖塔的风格。这座建筑上凸起与凹进的线条运动，不免令人想起流动的音乐。

（4）巴尔达萨雷·隆恒纳　隆恒纳的代表作是威尼斯的圣玛丽亚·德萨·萨卢特教堂，这是一栋带有回廊和中庭的八边形建筑，其中庭是一个高高的圆穹顶空间。圣坛几乎是一座独立的建筑，有自己的小穹顶，可以在教堂内通过拱券看到它。教堂穹顶有16个大窗户采光，地面铺设复杂的几何图案，采用明亮的黄色和黑色大理石。只有唱诗班位置处设有一门洞，圣坛则相对比较昏暗。这种连续变化的光影效果，正体现了典型巴洛克空间的丰富性。而在另一空间威尼斯公爵府议会厅的室内设计中，墙面又布满令人惊奇的富丽堂皇的绘画和石膏工艺，如建于中世纪的公爵府，在会议大厅内，墙面上有一个巨大的钟与其他绘画一起布满墙裙以上的墙面，顶棚画周围的边框都是镀金的图案，给参观者以强烈的印象（图15-10）。

图15-10　威尼斯公爵府议会厅

（5）瓜里诺·瓜里尼　瓜里尼是一名哲学家和数学家，他的论文《民用建筑》，使他声名远扬。1667年前后，他在都灵设计的圣罗伦佐教堂可以归入皇家宫殿建筑类型中。这座教堂的体量是一个大方块加上一个凸出的小方块，小方块内是圣坛，大方块内平面是由各种形状叠加成的曲线形，平面凹凸相间，可看到希腊十字、八边形、圆形或不知名的复杂形状。圣坛接近椭圆形，紧挨着主体建筑，一切都覆盖着一层华丽的巴洛克式的雕刻与建筑装饰。穹顶不是简单的半球形，而是由八个相互交叉的券肋组成，中间留着一个八角形洞口，上面安置着采光亭。有八个椭圆形和八个小五边形窗户镶嵌在拱券之间，采光亭上也有八个窗户，最上面冠以带有八个小窗户的穹顶，以结束这座令人称奇的建筑。由于其形式上的几何复杂性和通过许多窗户带来的明亮光线，使圣罗伦佐教堂成为表达无限神秘感的典范，同时，它还与教堂下部昏暗的空间产生了强烈的对比效果（图15-11）。

图15-11　圣罗伦佐教堂室内

（6）菲利波·尤瓦拉　进入18世纪，皮埃蒙特地区最重要的建筑师尤瓦拉，是一位杰出的建筑师和城市规划师。他设计的皇家建筑斯图皮尼吉宫最为鲜明地表现了其建筑设计的宏大气势和折衷主义倾向。这是为维托里奥·阿梅代奥二世建造的一座猎庄，距都灵只有几公里。这座宫殿群的主题建筑平面为X形，从中央的圆形建筑辐射出四条呈对角向的翼楼。在这组建筑的前面，尤瓦拉又加以扩展，围成了一个六角形的庭院。从规模上看，这座恢宏的王宫是对法国凡尔赛宫的仿效。其大客厅上方建有圆顶，四周建有四个圆室环绕，二楼是供乐师所用的楼廊。整个大厅装饰有彩色与金色图案，相互辉映，墙面上的壁画与雕塑装饰令人眼花缭乱，就像华丽的舞台布景（图15-12）。

图15-12　斯图皮尼吉宫室内

15.1.4　意大利巴洛克的室内装饰与家具陈设

（1）教堂的室内空间　天主教堂是巴洛克风格的代表性建筑物。这时候的教堂，形制严格遵守特仑特宗教会议的决定，以罗马的耶稣会教堂为蓝本，一律用拉丁十字式，将侧廊改为几间小礼拜室。但是，这些教堂却不遵守特仑特宗教会议要求教堂简单朴素的规定，相反，大量装饰着壁画和雕刻，处处是大理石、铜和黄金，“富贵”之气流溢。其室内壁画的一个特点是它经常使用透视法延展建筑，扩大建筑空间。如在天花上接着四壁的透视线再画上一两层，然后在檐口之上画高远的天空、游云舒卷和飞翔的天使。第二个特点是色彩鲜艳明亮，对比强烈。第三个特点是构图动态强烈。画中的形象拥挤着、扭曲着、不安地骚动着（图15-13）。但巴洛克式教堂中，各种艺术手段的焦点都集中在圣坛和祭坛。

图15-13　巴尔贝利尼宫天顶壁面

（2）府邸的室内空间　府邸的平面设计在巴洛克时期也有了新的手法。如罗马的巴波利尼府邸，底层有一间进深三开间的大厅，朝花园全部敞开，面阔七间，第二进五间，第三进三间，所以平面近似一个三角形。它进一步发展了文艺复兴晚期使室内外空间流转贯通的手法。都灵城在这时候建造了一些水平比较高的府邸，其中，最重要的是卡里尼阿诺府邸，它以门厅为整个府邸的水平交通和垂直交通枢纽，这是建筑平面处理上很有意义的进步。门厅是椭圆的，有一对完全敞开的弧形楼梯靠着外墙，而造成立面中段波浪式的曲面。楼梯形成了门厅中空间的复杂变化，而且本身也很富于装饰性，这进一步标志着室内设计水平的提高。

（3）家具与室内陈设　巴洛克家具的基本特征与文艺复兴时期的没有什么两样，但是自从巴洛克设计只为权贵服务开始，精美甚至卖弄就成为宫廷室内典型家具的特征。厢形家具的基本形式是门上或抽屉正面有曲线或圆鼓形的装饰。家具腿端部变成脚状或者通过水力车床做成圆球、球茎或瓶子形式。雕刻图案有植物、人像以及有隐喻的形象，扶手表面也刻有一层装饰的花纹，它们与建筑线脚、壁柱和柱子很匹配（图15-14）。与洛可可家具追求苗条和纤细的风格相反，巴洛克家具喜欢硕大、肥胖和鼓形。坐式家具渐渐地都开始使用垫子，垫子边缘带有花边、穗带、绳结或是密密麻麻的装饰钉，下面用带有曲线形状的木框托着（图15-15）。

意大利巴洛克时期的镜框、画框、吊灯及一些日常器皿都带有雕刻和镀金，极尽烦琐之能事，贝壳、卷草或涡卷形都是深受喜爱的S形装饰图案（图15-16）。虽然明快的色彩当时已经开始出现在纺织品、毯子和绘画作品中，但继承了文艺复兴时期的建筑色彩，基本上还是灰色石块、大理石和白色灰泥，意大利的巴洛克建筑中还使用了天然胡桃木。慢慢地，也开始使用比较大胆的颜色，如带有各种不同颜色的石材，包括黄色、红色、绿色和镀金的大理石，这为室内空间创造了更多戏剧性的效果。到18世纪开始出现窗帘和装饰性窗帘帐。地面也常用磨光木地板，称为“拼花地板”（图15-17）。

图15-14　意大利百宝箱

图15-15　巴洛克风格的坐式家具

a）

b）

图15-16　巴洛克风格

a）巴洛克风格的圣柜　b）巴洛克风格的装饰瓶

图15-17　王妃化妆室的拼花地板

15.2　法国的古典主义、巴洛克和洛可可

法国建筑在巴洛克时期呈现出了古典主义的面貌，这是因为推行绝对王权的法国君主崇尚的是古典主义。另一方面，自法兰西斯一世以来，法国艺术便受到意大利艺术的强烈影响，被笼罩于罗马巴洛克艺术的大氛围之下，所以这一时期法国建筑在规模以及细节上都不同程度地体现了巴洛克的特征。可以说法国路易十四时代的建筑是古典主义版本的巴洛克建筑。

15.2.1　法国17世纪和18世纪的发展概况

16世纪初，法国在风景秀丽的罗亚尔河的河谷地带，建造了大量宫廷的以及宫廷贵族的府邸、猎庄和别墅。而意大利文艺复兴则成了法国宫廷文化的催化剂，在国王和贵族们的府邸上，开始使用

图15-18 麦松府邸大厅

有柱式的双跑对折楼梯。不过，当时伦巴第地区的建筑本来就不是严谨的柱式建筑，加上法国的工匠们按自己的习惯手法处理它们，所以，这些柱式元素起初都是融合在法国传统的建筑中。城市府邸虽然采用了意大利四合院式，但仍有法国自己的特点：明确区分正房、两厢和门楼，轴线很明确；内院四周不设柱廊，而设内走廊。在宫廷建筑中，柱式构图则相对比较严谨。

17世纪中叶，法国文化中普遍形成了古典主义的潮流。在文学中，要求明晰性、精确性和逻辑性，既反对贵族文学的矫揉造作，也反对市民文学的“鄙陋”。在建筑中，这个潮流自然同16世纪意大利刻意追求柱式的严谨和纯正一拍即合，首先在宫廷和宫廷贵族的建筑里，然后到城市的府邸里，一种风格清明的柱式建筑决定性地战胜了法国市民建筑的传统。代表这个转折的是王室的布鲁阿府邸中奥尔良大公新建的麦松府邸，麦松府邸的内部结构特别清雅别致，明净如洗（图15-18）。这种建筑物中所表现出来的注重理性、讲究节制、结构清晰、脉络严谨的精神，正是后来古典主义的初潮。

自17世纪70年代开始，画家克洛德·洛兰家族就在夏尔·勒布伦手下参与凡尔赛宫的装饰工作，并逐渐创造出了一种以阿拉伯纹样和怪诞图样为基础的新室内装饰风格，为洛可可风格首开先河。“洛可可”一词本是18世纪末叶产生于法国艺术家作坊中的行话，带有轻蔑嘲弄的意味。这一风格于17世纪末18世纪初从室内装饰中生发出来，并扩展到建筑、绘画与雕塑领域。它的特点是迷恋于细密繁复的装饰细节，同时也追求田园诗般的抒情效果。

在路易十四去世后，而路易十五未成年间，法国由奥尔良的菲力普摄政，史称摄政时期，这一期间洛可可风格得到了充分的发展，一直繁荣到18世纪50年代。一群建筑与室内装饰师发展了这种与新生活方式相联系的洛可可装饰风格，轻灵的装饰面板覆盖于室内的表面，将天顶和墙壁联成一体。装饰着阿拉伯纹样的壁柱，以及高高的圆头镜子，使室内产生相互辉映的效果，充满生气。房间的布置与陈设也越来越讲究生活的舒适与便利性，而不再是强调身份地位的象征和礼仪性。

15.2.2 路易十四时期

法国的17世纪被称为路易十四的时代，这位称霸欧洲的君主不忘建立统一的官方艺坛。为国王及其精英服务的艺术把古代和现代思想、天主教和世俗思想兼收并蓄，并让现实描写穿上了神话的外衣。他崇尚古典精神，表现出严正、高贵、酷爱秩序的特点。

建筑师阿·蒙萨特设计的恩瓦立德新教堂（图15-19）是17世纪最完整的古典主义代表作。教堂造在巴黎市中心的残疾军人安养院，目的是纪念“为君主流血牺牲”的人，因此也被称为巴黎

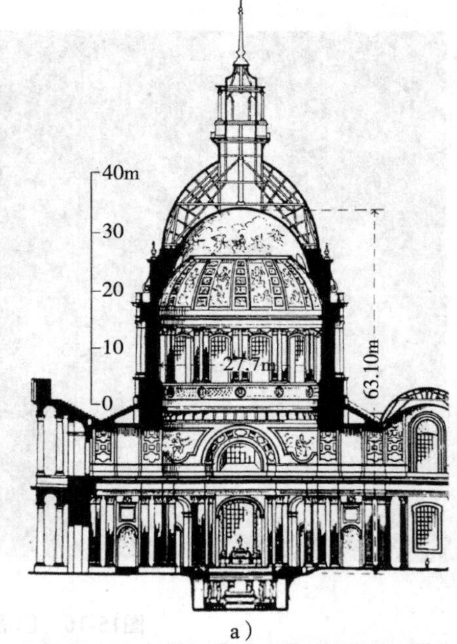

a）

b）

图15-19 恩瓦立德新教堂

a）剖面 b）顶部

残疾军人新教堂。阿·蒙萨特在此作了一个大胆的设计，他不顾教堂的使用问题，使它背对着安养院，以圣坛和旧有的巴西利卡式教堂相接，整个形体完全摆脱安养院建筑群。内层穹顶的正中有一个直径大约16m的圆洞，从圆洞可以望到第二层穹顶上画着的耶稣基督。在第二层穹顶的底部开窗，把画面照得比内层穹顶亮，造成寥廓天宇的幻象。这种将古罗马万神庙穹顶的圆洞同意大利巴洛克教堂的天顶画相结合的巧妙构思，在后期广为流行。教堂内部明亮，装饰很有节制，单纯素约的柱式组合表现出严谨的逻辑性，脉络分明，宗教的神秘和献身感没有了容身之地，中央两层门廊的垂直构图使穹顶、鼓座同方形的主体联系了起来。

图15-20　沃·勒·维贡府邸室内

在巴黎南郊壮观的沃·勒·维贡府邸是勒伏为路易十四国王的财政大臣尼古拉·富凯设计的。椭圆形的大客厅凸出来，成为其他房间的焦点，精致的卧室顺序敞开，没有了私密性的交流空间，楼梯则放在不起眼的次要位置（图15-20）。而且他还开创了法国园林设计的新方法， 府邸中间是一个椭圆形的沙龙，可以俯瞰花园。门对面是由两个科林斯壁炉柱夹峙的拱券，在古典檐部以上穹顶以下，也即上部窗户层以下的部分，环绕着雕刻的人像和装饰性花冠。当国王路易十四首次来到这座府邸时，也曾被它的美丽与奢华所感染。后来对府邸主人的调查工作终于使这位财政大臣被革职，并锒铛入狱。

图15-21　凡尔赛宫镜厅

路易十四时期，最为庞大的工程就是巴黎凡尔赛宫，它是为了显示绝对君权的威严气魄而建造的。建筑师勒伏去世后，凡尔赛宫的二期工程由朱尔·阿·蒙萨特继续承担，他把西立面中央办公厅1个开间补上，并从两端各取出开间，创造了一个长达19间的大厅，厅长76m，高13.1m，宽9.7m，是凡尔赛宫最主要的大厅，用于举行重大的仪式。其内部装修全由勒布伦负责。为同西面的窗户相对，该大厅在东墙上安装了17面大镜子，因此也被称为镜厅（图15-21）。镜厅用白色和淡紫色大理石贴墙面，科林斯的壁柱，柱身用绿色大理石，柱头和柱础是铜铸的，镀金。柱头上的主要装饰母题是展开双翅的太阳，因为路易十四当时被尊称为“太阳王”。檐壁上塑着花环，檐口上坐着天使，都是金色的。拱顶上画着9幅国王的史迹画。镜廊的装修金碧辉煌，采用了大量意大利巴洛克式的手法。

总体而言，法国古典主义建筑的构图简洁，它的几何性很强，轴线明确，主次有序。巨柱式比起叠柱式来，减少了分化和重复，既能简化构图，又能使构图有变化，并且统一完整。巨柱式也有利于区分主次。法国古典主义建筑毕竟是依附于宫廷的，主要在宫廷建筑中发展，因此，它的作品大多过于冷肃，傲气凌人，甚至夸张造作。其特别偏好高高的基座层，开小小的门洞，就连公共剧场都是如此。

15.2.3　摄政时期和路易十五、路易十六时期

摄政时期是路易十四和路易十五之间的过渡期，“摄政时期的装饰风格”比早些时候的艺术少些厚重、粗朴和傲慢，曲线形式变成老生常谈。在室内设计、家具设计和相关装饰艺术中发展得比较明显。

路易十五时期的建筑从巴洛克风格的烦琐转向古典主义的内敛，最终被称为新古典主义。在路易十五时期，更关心的是朴素的城镇住宅设计，较小的皇室项目和采用优雅洛可可风格的室内装修与改造。

洛可可在这一时期得到了较为广泛的发展，最初表现在室内装饰品上，以豪华、欢快的情调为主，主要在宫廷中流行。这种艺术风格华丽、纤巧、轻薄。室内装饰追求各种涡形花纹的曲线。1713年由罗伯特·德·科特设计的图卢斯府邸黄金殿正是这种风格的集中体现，整体为长方形的空间，四角被做成了柔和的曲面，柱身都有浮雕装饰，但并没有巴洛克般强烈的凹凸变化，花草和少女雕像装饰的壁面与天花板营造出亲切而妩媚的气息（图15-22）。

图15-22　图卢斯府邸黄金殿

在建筑中，洛可可风格在室内装饰上表现更为明显，它反映着贵族们苍白无聊的生活和娇弱敏感的心情。他们受不了古典主义严肃的理性和巴洛克喧嚣的放肆，而追求更柔媚、更柔和、更细腻，也更琐碎纤巧的风格。和巴洛克风格不同的是，洛可可风格在室内排斥一切建筑母题。过去用壁柱的地方，改用镶板或者镜子，四周用细巧复杂的边框围起来；檐口和小山花也用凹圆线脚和柔软的涡卷代替；圆雕和高浮雕换成了色彩艳丽的小幅绘画和薄浮雕，浮雕的轮廓融进底子的平面之中；丰满的花环不用了，改用纤细的璎珞；线脚和雕饰都是细细的、薄薄的，没有体积感。前期室内中又硬又冷的大理石，由于不合小巧客厅的情趣，也都淘汰掉了，墙面大多用木板，漆白色，后来又多用木材，并打蜡。装饰题材呈现出自然主义的倾向，最爱用的是千变万化的舒卷着、纠缠着的草叶，此外还有蚌壳、蔷薇和棕榈，连一些建筑外的护栏和铁栅栏门也是如此（图15-23）。它们还构成了撑托、壁炉架、镜框、门窗框和家具腿等。

图15-23　斯坦尼斯拉斯广场的铁栅栏门

为了彻底模仿植物的自然形态，它们后来竟完全不对称，连建筑部件都不对称，如镜框，四条边和四个角都不一样，每条边、每个角本身也不对称，流转变幻，并且趋向烦冗堆砌。爱用娇艳的颜色，如嫩绿色、粉红色、猩红色等。线脚大多是金色的，天花上涂天蓝色，画着白云。喜爱闪烁的光泽，墙上大量嵌着镜子，挂着晶体玻璃的吊灯，陈设着瓷器，家具上镶螺钿，壁炉用磨光的大理石，大量使用金漆等。特别喜好在大镜子前面安装烛台，欣赏反照的摇曳和迷离。门窗的上槛、镜子和框边线脚等的上下沿尽量避免用水平的直线，而用多变的曲线，并且常常被装饰打断。方角也被尽量避免，在各种转角上总是用涡卷、花草或者璎珞等来软化和掩盖。

洛可可装饰的代表作是勃夫杭设计的巴黎苏俾士府邸的客厅（图15-24），窗户、门、镜子和绘画周围都环绕着镀金的洛可

图15-24　苏俾士府邸客厅

可装饰，简单的房型却有着复杂的装饰，通过镜子的多次反射，营造出极为花哨的效果。

这时的建筑师和装饰家都是用意大利文艺复兴和法国古典主义的伟大成就哺育出来的，他们并不缺乏创造的才能。虽然他们只能在时代的大潮流中从事洛可可的装饰，却也为它创造了许多新颖、别致、精巧的片段，创造了许多富有生命力的手法。一些洛可可的客厅和卧室，非常亲切温雅，比起古典主义的巴洛克式，更宜于日常生活，所以洛可可的装饰影响是相当久远的。

图15-25　贡比涅府邸的客厅

路易十六时期，洛可可设计又结合了一些新因素，向更学院式、更严谨的新古典主义发展。雅克·加布里埃尔在凡尔赛宫的作品和著名的巴黎路易十五广场的两个立面都是这个时期的代表作品。室内根据潮流变化，常常重新装修，且装饰丰富。洛可可风格的房间通常造型简单，仅用安静、清淡色彩的镶板，但表面常用曲线装饰雕刻，这是其典型特点。红木变得很流行，木雕和镀金细部都比较典型，但雕刻趋向于平行线脚、凹槽或半圆形线脚。希腊装饰细节被引进，并进一步与古代古典主义联系在一起，窗帘变得很普遍，深红色和金黄色常用于窗帘的边缘装饰与流苏，譬如，贡比涅府邸的客厅就比较典型（图15-25）。

15.2.4　法国17世纪和18世纪的室内装饰与家具陈设

路易十四时期的家具与那时的宫殿、城市府邸一样，尺度巨大，结构厚重以及装饰丰富。室内设计与建筑的格调是统一的。橡木与胡桃木是常用的木材，此外还用一种镶嵌工艺，镀金和银来装饰（图15-26）。椅子一般是方形的，很厚重，带有扶手、座位和靠背，并有垫子和套子。除了这些厚重精致的家具以外，有些小物品也和家具一起平行发展。照明的枝形烛台用金属、雕花木头和水晶进行各种方式的组合。镜子有各种尺寸，采用雕花和镀金边框，与画框一样装饰丰富。而钟的价值在于装饰华丽，暗示地位尊贵。空间色彩趋向强烈与明亮的红色、绿色或紫罗兰色，与镀金一起装饰使用，极尽奢侈豪华。中国墙纸从那时起开始被引进，并且渐渐地在室内深受欢迎，它带来了东方趣味和异国情调。挂毯也是人们非常喜爱的墙上饰物，有时铺在地上，下面是木材、石头或大理石铺设的地面，常带有简洁的几何图案。

图15-26　洛可可风格的法国衣柜

从17世纪初开始，法国的室内空间不再追求无谓的排场转而讲求实惠，并更倾向于关心生活的方便和舒适（图15-27）。有些府邸就把前院分为左右两个，一个是车马院，一个是漂亮整齐的前院；大门也分两个，正房和两厢加大进深，都有前后房间，比较紧凑；普遍使用小楼梯和内走廊，穿堂因而减少；厨房和餐厅相邻，卧室附

图15-27　法国格拉斯的一处卧室室兼起居室

设着浴室、厕所和储藏间；并专门为采光和通风设了小天井；有了可以用水冲刷的卫生设备和冷热水浴室。平面上功能分区更明确，精致的客厅和舒适的起居室代替了17世纪中叶豪华的沙龙，以适应言辞乖巧、举止风流的慵懒生活，连凡尔赛宫里的大厅也被分隔成小间。没落贵族的娇柔气质，要求房间里没有方形的墙角，喜爱圆的、椭圆的、长圆的或圆角多边形等形状的房间，连院落也是这样。

当法国文艺复兴的室内设计风格为官宦权贵们服务时，市民们朴素的建房屋、做家具的方法却一直沿用着中世纪使用的工匠传统。17世纪和18世纪，当以商人、工匠和专业人员为主体的中产阶级开始出现时，随之也出现了一批房屋所有者，他们希望，并且也有能力承担一种舒适奢华的高水平的生活方式。过去只能在府邸和宫殿中才能享受到的优雅，现在开始出现在一些市井生活中类似的地方，甚至小尺度建筑上也拥有了这种趣味。

地方性家具在法国不同地区略有不同，但都是从路易十四或路易十五的华贵风格中提取元素并进行简化的。雕刻细部趋向于华美并采用曲线，但材料通常为实心木料，最常用的木材有橡木和胡桃木。出现了大型的储存用的柜子，大衣柜是重要的陈设家具，常带有雕刻细部，暗示着洛可可设计风格的出现。五金材料，如把手和钥匙孔周围的锁眼盖都有装饰。椅子通常小而简单，梯状靠背椅，灯芯草坐垫椅，还有绑着坐垫的椅子是最常见的形式。在椅子的靠背和座位上常有椅套和椅垫，它们追随高尚的风格，但是细部简化。

这一时期源于宫廷艺术的室内陈设也得到了进一步发展，表现出奢华纤秀、华贵妩媚的气质，给人以温柔的感觉。玻璃制品、挂钟、金属工艺品等被广泛采用，但金属工艺品同时兼搭宝石、陶瓷、玻璃等材料，显得富丽堂皇（图15-28）。

至路易十五、路易十六时期，室内家具追随着摄政时期家具的形势发展，与曲线形式一起引进的还有对舒适的追求，如沙发扶手椅，在靠背、座位上都有垫子，在扶手上也有垫子（图15-29）。法式低扶手椅是一种更大的扶手椅，带有高靠背、扶手和宽松的带垫子的座位。还有小沙发椅与加长的躺椅都得到了发展，这些家具形式的发展正是来源于对简便和舒适的关注。

a）

b）

图15-28　路易十四时期的室内陈设

a）花坛式水晶吊灯　b）洛可可时期的银质水壶

图15-29　路易十六式涂金扶手椅

15.3　17世纪和18世纪其他欧洲国家的发展

15.3.1　西班牙的“超级巴洛克”

进入17世纪，昔日的西班牙大帝国日益衰弱，逐渐降为二等国。至17世纪下半期，西班牙的政治、经济进一步衰落，但教会的势力与日俱增，教堂建筑中正流行巴洛克式，而且怪诞堆砌到了荒唐的地步，被称为“超级巴洛克”。

荷西・戈・德・莫尔是西班牙17世纪上半期重要的建筑家之一，他是埃连拉艺术的继承者，但风格和埃连拉不大相同，开始比较重视装饰性，萨拉曼卡的耶稣堂（1617年开工）是他的代表作品之一。法・蒂斯塔是另一位比较著名的建筑师，主要工作在1632~1667年间，他的代表作是马德里的圣伊塞德罗・埃里・列阿里教堂（1626~1651年）。这个教堂已显露出一些巴洛克特征，虽然装饰较多，但整体结构清楚，显得很庄重。

图15-30　圣地亚哥孔波斯特拉主教堂西立面

17世纪下半期巴洛克风格在西班牙建筑中继续得到发展，这时的西班牙建筑强调离奇古怪的结构和戏剧性的效果，柱子往往是扭曲的，立面凸凹不平，好像把银匠风格和巴洛克风格糅合在了一起。整个建筑物有着看不完的细部，显得十分烦琐。然而从美学的角度来看，西班牙的巴洛克建筑却明显缺乏创造性。

西班牙巴洛克最顶峰的实例是1738年由卡萨斯・诺沃阿为罗马风时期著名的圣地亚哥孔波斯特拉主教堂重新设计的西立面，以金黄色花岗石重建的教堂立面，保存了罗马式的室内及教堂大门，其表面装饰复杂，雕刻与曲线形的各种纹样堆砌得无以复加（图15-30）。由于过于强调高度，还带有一些哥特式的味道，它将巴洛克跳动的体积感与西班牙传统的装饰爱好很好地融合在一起，塑造了令人难忘的建筑形象。

图15-31　托莱多主教堂圣龛

在托莱多，巴洛克的主要代表人物是建筑师、画家和雕塑家托米，其设计的托莱多主教堂圣龛可称为是西班牙巴洛克最辉煌的创造，将建筑、绘画和雕刻都结合进了整体的空间构造之中（图15-31），由于在后面的唱诗堂和后堂回廊处加上了玻璃门，因此也被称为“透明圣龛”。

西班牙文艺复兴的最后一个阶段称作“库里格拉斯科”风格，大约从1650~1780年，平行于其他地区的巴洛克与洛可可风格。库里格拉斯科风格可以理解为是对简朴的严谨装饰风格的反叛，一个极端的反应是表面装饰非常烦琐，色彩十分艳丽。最惊人的实例是教堂的室内设计。如位于格拉纳达的拉卡图亚教堂的圣器收藏室，墙面覆盖着一层霜状的泥塑装饰，把基本的古典式柱子和檐部都淹没其中（图15-32）。这个最为极端的例子恰如其分地体现了“库里格拉斯科”风格的特征：淹没于石膏装饰中的西班牙式的巴洛克艺术，古典建筑的潜在形式完全消失在表面装饰的喧闹中。这样的室内设计已经很难把它归为巴洛克、洛可可或手法主义范畴，它似乎超出了任何有规律的分类。

这时的超级巴洛克，简直是狂乱的。一根柱子可以有几个柱头，柱身痉挛地扭曲着，断折的檐部和山花像碎片一样埋没在乱七八糟的花环、涡卷、蚌壳等之中。形式和构图变化突兀，不遵从任何理性的逻辑，一切都不稳定、混杂、毫无头绪。

18世纪中叶后，在西班牙也逐渐兴起古典主义的建筑风格。1767年在西班牙全国掀起了驱逐耶稣会教士的运动，在耶稣会没落的情况下，巴洛克风格的建筑也随之日益衰落。来自法国的国王腓力五世，虽然是西班牙的国王，但一心想着的是法国建筑风格，这时他从法国和意大利请来许多建筑师为他服务，极力提倡古典风格，1738~1764年建造的马德里王宫就是一座具有古典风格的作品。

图15-32　拉卡图亚教堂

15.3.2　德国的巴洛克和洛可可

德国在30年战争期间破坏严重，艺术发展受到阻碍，从战争中恢复过来花了将近半个世纪，然而到了19世纪，德国重又陷入了战前的分裂局面。虽然四分五裂的德国在19世纪之前在欧洲历史上未能作为一个统一体发挥作用，但这似乎并没有妨碍德国艺术与学术的发展；另一方面，在天主教大修的道院及教堂中，巴洛克和洛可可室内装饰，其豪华程度比起世俗建筑来，有过之而无不及，尤其是德国南部地区。

这时建筑的室内设计达到了很高的水平，尤其在楼梯厅的设计上，它们都采用了一些世俗化了的巴洛克式装饰手法，更加富有活跃的动态。如波莫斯菲顿宫的楼梯厅，充分利用大楼梯的形体变化和空间穿插，配合上绘画、雕刻和精致的栏杆，营造出富丽堂皇的气派效果（图15-33）。后期，就像巴洛克风格在西班牙变成超级巴洛克一样，洛可可风格到了德国，也变得毫无节制，放荡不羁了。

图15-33　波莫斯菲顿宫的楼梯厅

（1）教堂空间　J.B.诺伊曼在其24岁时到德国中南部的维尔茨堡做了一名军事工程师，后来被任命为维尔茨堡亲王兼主教的宫廷建筑师。他作品的最大特色在于辉煌的礼仪性大楼梯。其中最有名的是维尔茨堡雷西登茨宫的楼梯厅（图15-34）。这是一座大型宫殿，里面有一个漂亮的具有洛可可风格的小礼拜堂，一个气派的大楼梯，一间主要大厅，其顶棚用壁画进行了装饰，由威尼斯画派乔瓦尼·巴蒂斯塔·提埃波罗绘制。石膏装饰的细部与绘画相互结合，雕刻消失在画中，图画溢出画框，相辅相成，表达出无限的空间感，棕粉色、蓝色、金色是整个空间的主要色调，显得非常高雅富丽。大楼梯在底层由高高的拱廊来支撑，上层的墙壁上装饰着扁平的壁柱，其上建有高高的大穹顶，覆盖了整个楼梯大厅。在这里，建筑、绘画与雕塑融为一体，俨然是一座洛可可艺术的殿堂。

在宗教建筑中，诺伊曼同样施展了他构建复杂拱顶体系的才华，他最著名的教堂设计要数位于韦尔岑海利根朝圣教堂（图15-35），始建于1743年，建在美因河畔的一座小山上。该教堂实际上是一座巴西利卡，但曲线元素占了主导地位，主空间的平面由三个纵向的椭圆形构成，而耳堂的平面则是两个圆形。主祭坛设在教堂中央，雕刻有14位圣徒的祭坛呈心形，体现了传说的神秘氛围，其上是椭圆形的拱顶。室内建有复杂的穹顶支撑体系，中堂与侧堂相贯通，穹顶不是靠外墙支撑，而是靠中堂与侧堂之间的柱子来承重，因此，光线通过外墙上的三层窗户照射进来，创造了一种朦胧的诗意效果。洁白的墙壁、华丽的大理石柱和色彩绚丽的壁画，构成了一种轻快活泼的基调；中堂的圆柱并非排列成直线，而是进进出出，就像迈着舞步；柱上楣的曲线盘绕着整座教堂，宛如优美的赋格曲。

在德国的巴伐利亚地区，巴洛克建筑在阿萨姆兄弟的作品中得到了更为充分的发挥。他们作为建筑师一起合作，发挥着各自的特长，将绘画、雕刻与建筑融为一体，创造了令人叹为观止的巴洛克室内装饰。慕尼黑圣约翰教堂是一座更为著名的巴洛克建筑（图15-36）。这座教堂因虔诚的弟弟E.Q.阿萨姆支付了全部费用，所以又被人们称作阿萨姆教堂。它的入口门面很狭窄，装饰集中于中央入口部分和顶部的山花。教堂左右两边分别是他本人和神父的住宅，与教堂相通。教堂内部为两层，波动起伏的墙面、弯曲的横梁、扭曲的柱子，均是典型的巴洛克手法，到处可见繁复的装饰像钟乳石一样垂挂下来。

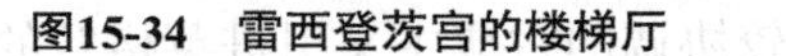

图15-34　雷西登茨宫的楼梯厅

图15-35　韦尔岑海利根朝圣教堂内景

图15-36　慕尼黑圣约翰教堂

建筑师D.齐默尔曼在位于上巴伐利亚的一座朝圣教堂维斯教堂中发展出一种厅堂式结构，该教堂是德国南部洛可可教堂中最可爱最动人的一座（图15-37）。在室内，中堂为椭圆形，墩柱支撑的拱廊既将中堂与侧堂划分开来，又通过拱券将室内空间融为一体。洛可可的灰泥装饰色彩更鲜亮，更富于感官刺激。由板材与灰泥制作的拱顶向上开口，透视了顶层主题为最后审判的壁画，这是一个庄严的拜占庭式主题，与牧歌式优雅的建筑形成了强烈的对比。

弗朗索瓦·居维利埃最著名的作品是阿马连堡，这是一座小型的园林殿阁，建于慕尼黑的宁芬堡宫内。它的中厅是一个简单的圆形，相邻的两个房间是银色和柠檬色的，中厅有三间窗户开向花园。墙面上的镜框把原本简单的形式转化为貌似复杂的效果，像万花筒般扑朔迷离，层叠反射出墙面和顶棚上的银色石膏装饰，以及中间灿烂辉煌的枝形花灯形象（图15-38）。

（2）宫殿和府邸　德国这时期的宫殿和府邸设计中常免不了在一些特别的空间中呈现出符合潮流的装修设计。如奥格斯堡的施纳茨勒府邸舞厅，墙面有洛可可石膏艺术工艺、木雕、精美镜框、烛台和枝形烛架，在顶棚和墙壁上还有壁画，所有一切华贵装饰都是要突显和强调府邸主人的重要地位（图15-39）。德国宫殿的室内设计以及一些小型的、非正规的宫廷建筑，如花园中的亭榭，都深受法国洛可可风格的影响。

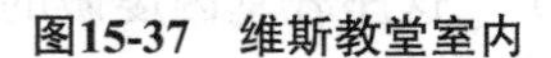

图15-37　维斯教堂室内

图15-38　宁芬堡宫中厅

图15-39　施纳茨勒府邸舞厅

15.3.3　英国17世纪和18世纪的发展

17世纪上半叶，英国资本主义经济迅速增长，封建制度严重阻碍了资本主义的发展，资产阶级革命爆发。革命力量聚集在国会周围，同国王进行激烈的斗争，1649年，查理一世终于被送上了断头台，国会废除了君主制，宣布英国为共和国。1660年，斯图亚特王朝复辟。1688年，资产阶级和新贵族发动宫廷政变，推翻了复辟王朝，确立了君主立宪制的资本主义制度。英国资本主义经济发展的重要特点之一是它在早期就深入农业。一些贵族从事资本主义经营，一些资产阶级购买土地，建设农庄。庄院府邸一时大盛，带动了建筑潮流的变化。

18世纪中叶兴起于罗马的一种艺术思潮和艺术风格被称之为新古典主义，它很快传遍到英国以及整个欧洲，并随着新代殖民活动，漂洋过海，传向北美地区。

（1）詹姆斯一世时期　1603年，英王伊丽莎白一世死后无嗣，苏格兰国王詹姆斯六世被指定为继承人，史称詹姆斯一世，开始了斯图亚特王朝的统治。詹姆斯一世在位期间依靠封建贵族，加强君主专制统治，鼓吹君主是全民之父，宣扬“君权神授”和“君权无限”论，把英国教会作为封建专制统治的精神支柱，加强了对农民和手工业者的剥削，给广大人民带来了灾难，严重阻碍了资本主义的发展。1625年詹姆斯一世逝世，其子查理一世继承王位。

詹姆斯一世时期，伊尼戈·琼斯担当起了把文艺复兴盛期比较协调的古典主义引进英格兰的重任。琼斯是白厅宫的设计者，由于 战争爆发，没能全部建成，最后只留存下一小部分，那就是宴会厅部分。这是一间两层高的房间，带有严格的帕拉蒂奥式外立面，室内是双立方体空间，带出挑的阳台，下层是爱奥尼柱式，上层是科林斯柱式，顶棚分成格子，格子内部是鲁本斯的绘画，周围是华美的石膏装饰（图15-40）。

琼斯还和约翰·韦布还一起负责重建位于威尔特郡的威尔顿府邸的设计工作，它包括两个正规精致的礼仪大厅。根据它们的几何形状而被称为单立方体大厅和双立方体大厅，墙面白色，带有彩色和镀金的雕刻装饰，有花环和成堆的水果装饰，画框周围是仿制的假帐帘。安东尼凡·戴克 的许多肖像画就挂在门与装饰丰富的壁炉之间。顶棚是凹形带有彩绘的镶板，凹形表面的框子带有石膏装饰（图15-41）。这些房间的丰富装饰正暗示着加洛林时期以及后期的某些风格特征。

詹姆斯一世时期的家具从某种程度上说比伊丽莎白时期的前辈们的家具要轻巧多了，尺度也小些，雕刻装饰更为优雅（图15-42）。

图15-40　白厅宫的宴会厅

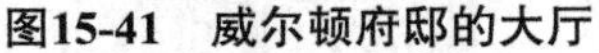

图15-41　威尔顿府邸的大厅

图15-42　詹姆斯一世时期的家具

（2）加洛林王朝和威廉、玛丽时代　从加洛林王朝到威廉和玛丽时代，英国最著名的建筑师就是克里斯托弗·雷恩爵士，他是一位数学家、物理学家、发明家和天文学家，是一名真正的多才多艺的“文艺复兴人物”。他对于科学与数学的兴趣为他的作品带来了理论和逻辑的特点，加上与法国和意大利的巴洛克艺术相结合，产生了一种独特的英国装饰语汇。

雷恩的巴洛克手法常常受到法式和规则的约束，因此与意大利北部天主教建筑、德国南部或奥地利的巴洛克迥然不同。如圣史蒂芬·威尔布鲁克教堂的外观并不是非常气派，但室内设计却是雷恩伟大的杰作之一（图15-43）。这是一个简单的长方形空间，通过引入16根柱子来界定一个希腊十字，中间一个方形，方形之上是八边形，这样使空间变得丰富起来，八边形通过八个券来界定，上面支撑一个圆穹顶，穹顶通过呈现数量变化的镶板来装饰，再上面是一个通向采光亭的小圆洞。这个几何杰作产生了独特的美感，室内则通过椭圆形窗和券窗得到照明。

在加洛林时期，胡桃木成为最广泛使用的木材，还常常带有黑檀或其他木材的镶嵌装饰。在椅背、椅腿和橱柜腿上出现了曲线形式（图15-44）。圆桌也开始采用。非常优雅的雕刻经常出现，有时还涂漆或镀金。从更多地采用室内装饰品，出现翼背椅和各种形式的桌子以及从前没有的带抽屉的箱子来看，这时的室内布局是以不断强调奢侈、舒适和使用方便为宗旨的。

图15-43　圣史蒂芬·威尔布鲁克教堂

图15-44　加洛林时期的家具

（3）安妮女王时期　安妮女王统治时期相当于英国建筑的巴洛克晚期，家具和室内设计呈现出一种新的趣味：实用、朴素和舒适。建筑却与之相反，继续表达着巴洛克式的壮观。

建筑师约翰·范布勒爵士设计的布伦海姆府邸是王室送给马尔伯勒公爵的一份厚重而有纪念意

义的礼物，表彰他在布伦海姆战役中战胜了法国人。布伦海姆府邸大厅丰富多样的序列，三层高的巨大长廊，以及厨房和马厩院的复杂设计使它可以与凡尔赛宫相媲美。古典语汇融入多样性的创造：活跃的建筑轮廓线、断山花、屋顶上的尖塔、沙龙客厅富有错觉的墙面壁画和天顶画（图15-45），一切都暗示着巴洛克的设计手法极富戏剧性。

图15-45　布伦海姆府邸大厅

（4）乔治王朝时期　乔治王朝时期，牛津附近的凯特林顿庄园有一栋小住宅内的漂亮书房成为该时期室内空间布置的典型实例，该书房现保存在纽约大都会博物馆内（图15-46）。这个现代意义上的书房，表现出比较严谨，但又丰富而豪华的内部装饰，并带有洛可可风格的装饰细部，墙面和顶棚覆盖着白色的石膏装饰；镜子、绘画和巨大的镀金烛架增添了色彩和光亮。

乔治风格后期的建筑与室内设计特点体现在亚当兄弟的优秀作品中。他们的作品部分带有帕拉蒂奥特点，部分带有洛可可风格，如同法国洛可可艺术一样，更趋于严谨的新古典主义。在贝德福德郡的卢顿·霍府邸的设计中，从平面图可以看出亚当所关注的实际用途，即房间不向另一房间直接开门，相反，使用一条长廊通向各个房间（图15-47）。餐厅旁边是餐具室，并有楼梯通往下面的厨房。唯有伯爵的房间可以从邻近的房间进入，并有一扇门通向一个大型图书室，走廊外面，有辅助性楼梯通向其他楼层和一些带盥洗室的小房间，这是室内厕所的早期模式。立面中间是门廊控制着两侧的屏墙，屏墙遮挡着采光井，采光井恰好为小房间提供了光线和通风。

图15-46　凯特林顿庄园的书房

在伦敦郊外的西翁府邸有一个壮观的入口大厅，位于两端所有灰白相间的半圆形壁龛均导向一个令人惊叹的方形接待室，那里有12根绿色大理石的爱奥尼柱子，每根柱子上面支撑着一个金色雕像。彩色大理石的地面图案重复着米色和金色石膏顶棚的调子（图15-48）。体现了这一时期室内空间布局的理性与创新。

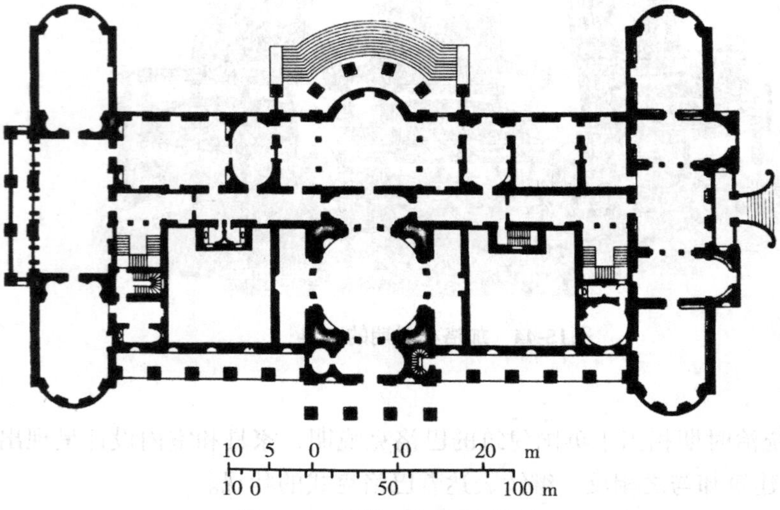

10 5 0 10 20 m
10 0 50 100 m
图15-47　卢顿·霍府邸平面图

图15-48　西翁府邸入口大厅

在乔治王朝时期的住宅内，根据主人的财富和地位，无论朴素还是高贵的房子都带有装饰性的石膏顶棚和装饰性壁炉台，家具也根据主人的喜好做得舒适朴素或者炫耀卖弄。绘画和镜框挂在墙上，框子很优美；窗户广泛地采用帐幔处理（图15-49）。来自中国的墙纸表达着自然的风景主题，进口的瓷器是餐具中的时尚，钟柜与小神庙形式很像，以山花和柱子构成。小型钟带有弹簧驱动装置，盒子样式从严谨、规整到装饰花哨的都有，以便在功能和装饰两方面都能满足各种特殊房间的需求。

图15-49　乔治风格住宅内的窗户

这时出现的奇彭达尔风格可以看作是混合着各种外来影响的严谨的洛可可形式，特别是中国要素，如中国家具和在中国风景画墙纸上出现的塔、雕刻的龙和漆器艺术。奇彭达尔家具有一种潜在的简洁性，制造精巧、坚固、实用，并富有装饰效果，有简单的方形腿、弯曲的腿及带孔洞的椅背等（图15-50）。

图15-50　奇彭达尔家具

15.4　殖民时期与联邦时期的美洲

今天的美国建筑似乎引领了整个世界的潮流，但在17世纪、18世纪期间，美洲这片曾经的蛮荒之地，在受到殖民侵犯的同时，正在发生着急剧的转变，这种转变也暗示着未来发展的种种可能性。

15.4.1　殖民地风格的遗存

1620年，第一批到北美大陆永久定居的欧洲移民乘坐“五月花”号船到了波士顿附近定居后，就在这里开始了零星的美术和创造活动。

（1）拉丁美洲的殖民地风格　拉丁美洲建筑空间的特点是将欧洲巴洛克形式和当地印第安风格融合在一起，具体表现在教堂的入口和圣坛等重点部位。墨西哥城的一些大教堂沿袭了西班牙文艺复兴和巴洛克传统，中厅和侧廊等高，两边有祈祷室，成对的塔楼位于赋予装饰的巴洛克立面两侧，描述着宗教主体的彩绘雕塑渲染了强烈的现实主义。如在墨西哥的莫雷丽雅城，伏京 · 瓜达路普教堂就有类似的装饰（图15-51）。

图15-51　伏京 · 瓜达路普教堂室内

（2）北美的殖民地风格　就美国而言，早期殖民地时期住宅具有明确的功能性。木构部件裸露，倾斜的支架清晰可见。地面用宽大的厚木板制成，顶棚是简易露明的木构架，构架下边是一层厚木板。墙面也以实木制作，或者在木构件之间填以灰泥和板条（图15-52）。这种板条由部分劈开的薄板制成，灰泥嵌入劈开的缝槽中，固定住板条。大型砖砌壁炉设置在主要房间，一般是厨房或多用途起居室内。

家具的材料一般是松木，偶尔也会有樱桃木、橡木、山胡桃木或一些当地的其他木材。家具有台架式的桌子、长凳、斜靠背椅，上面有编织的灯芯草坐垫。硬质木材非常广泛地用于桌子和柜子，都是用手工榫头连接，如箱形节点、楔形榫头、榫眼和榫舌等。储藏室有挂物用的钩子、螺钉、几个架子、储盐的盒子等。不同类型的烛台、灯架、灯笼可以增加壁炉的光亮。

在卧室里，木架的床，中间是稻草、树叶、燕麦壳或羽毛的床垫。偶尔也有豪华的床架并有顶盖形式。有时还有木板箱，上面带有小盖子，并装有转动的轮子。所有的纺织品都是家庭制作的。编织的地毯算得上奢侈品，家庭制作的被子是室内色彩的主要来源之一，这种朴素的、实用型的室内装饰恰好反映了清教徒居民的宗教态度（图15-53）。

图15-52 美国早期殖民地时期住宅

15.4.2 美国乔治式风格

美洲长期以来一直处于英国的殖民统治之下，直到乔治三世在位期间，美洲终于赢得了独立。这为美国的建筑和室内空间形成自己的独特风格提供了相应的社会基础。但这时的美国还普遍受到早期殖民地风格和欧洲一些主流风格形态的影响。

美国乔治时期住宅主要用砖或木材建造，一般追随欧洲文艺复兴形式，使用对称布局的平面和丰富装饰的细部，包括山墙、壁柱，还常有帕拉蒂奥式窗。住宅的室内逐渐比较正规，粉刷的墙体和木板饰面、木质踢脚板、脚线、壁炉框周围的古典细部，门、窗、檐口饰带都一应俱全。如费城的鲍威尔住宅就是一个很好的典例。

图15-53 北美的殖民地风格室内

费城外，称为“欢乐山”的住宅是一座保存完好的英式豪宅的小型翻版（图15-54）。简单的对称平面，中央大厅的一边是客厅，餐厅和楼梯在另一边，卧室对称布置在楼上。服务房间作为两个小型附属建筑布置在前面的两侧。材料主要是砖，泥灰抹面，转角有隅石。入口大门上罩有精致的山花，再上面有帕拉蒂奥窗。室内保存完好，表面是精致的木质镶板，每个入口上都有山花，在楼上的房间里，成对的券形门壁橱，布置在用大理石框做的壁炉上面。

华盛顿家族的种植园住宅弗农山庄始建于1732年，开始是一个较小的农舍，经过多年的扩建，直到1799年才达到现在的规模。入口立面是用木材制作的，外部刷成石质的样子。窗户的布置保存了最初的形式，偶尔有不对称的布置，上部有山花和圆屋顶。大舞厅是最后扩建中增加进去的，两层高的房间，侧墙装有巨大的帕拉蒂奥窗（图15-55）。许多房间沿袭了乔治式风格，小房间的壁炉布置在对角线上，墙角里的壁炉台大多数具有丰富的细部。

图15-54 “欢乐山”的住宅室内

到乔治王朝统治的后期，美国手工艺人和橱柜制作工人在英国流行的样式上技艺更加精湛高超。安妮式和奇彭达尔式是常用的样式，有时也混杂在一起。安妮式家具，也被称之为凹形衣橱。带凹槽的半圆形式隐喻贝壳形，这种只在美国运用的雕刻主题在纽波特的家具中得到了广泛的应用。而椅子的设计基本上沿袭了英国样式，有简单的小块靠背的安妮式，还有带有洛可可细部和来自中国灵感细部的奇彭达尔式和海普怀特式（图15-56）。

图15-55　弗农山庄的帕拉蒂奥窗

15.4.3　美国联邦时期的风格

1789年，美国联邦政府成立，乔治・华盛顿就任第一届美国总统。1780~1830年的设计通常被描述为属于“联邦时期风格”。在设计术语中，联邦时期的设计倾向逐渐转向严肃的古典主义形式。

图15-56　乔治王朝后期的家具

托马斯・杰斐逊作为美国独立的第三位总统，在美国建筑设计发展中产生了巨大的影响。杰斐逊对帕拉蒂奥和罗马设计概念的运用更具有创造性和想象力。他本人的住宅蒙蒂塞洛山庄，带有柱廊和八角穹顶，有时被认为是参照了帕拉蒂奥的圆厅别墅，但是，它的新颖之处在于其穹顶并非内部圆形大厅的顶，尽管看起来是一幢单层建筑，实际上却具有完整的二层卧室。大面积的服务性功能的底层，延伸到外部，形成长翼。入口大厅上部的回廊上层连接各房间，从上部回廊可以俯瞰门厅，楼梯则隐藏在凹室中。许多房间都带有壁橱、壁炉、壁龛式床，而杰斐逊自己房间里的龛式床，既可以通向书房，也可以通向更衣室（图15-57）。那里还有许多设计精巧的细部，如成对的双门和有底层的装置连接在一起，使得一边转动时，两边都能打开。白色的木作，细部精美的壁炉框和门框，大厅里完整的檐口，都用朴素的墙面衬托。在大厅里应用了明亮的韦奇伍德蓝色，其他房间则用简单的墙纸。

图15-57　杰斐逊房间的龛式床

华盛顿国会大厦在1812年的战争中被焚毁，后期进行了大规模的重修。在室内，英式教育下的本杰明・亨利・拉特罗布则对两间立法院大厅的细部尤为关注，并调整了许多构成复杂室内平面的小空间。他创造了美国式的希腊柱式：柱头上用烟草叶和玉米棒代替了原来的毛莨叶，受到国会成员的赞赏（图15-58）。半圆形的房间，顶部是半穹顶的顶棚，采用了爱奥尼柱上精确的古典细部、相关的线脚和格子式顶棚。顶棚上富丽的红色和金色的装饰颠覆了建筑的简洁和庄严，这种装饰还反复地出现在主持官员的椅子和桌子上，刻意强调了室内空间中各元素之间的呼应关系。

图15-58　国会大厦的立法院大厅

业余建筑师威廉・桑顿博士设计了与众不同的华盛顿八角形

住宅，其三角形地形增加了平面的趣味性，它有一圆形入口大厅和上层圆形的卧室作为两翼间的枢纽，角度顺应邻近的街道（图15-59）。后期修复整理了室内细部，恢复了家具和最初在住宅中的相关陈设，圆形入口大厅有灰白色的大理石地面，墙上有浅黄色和灰色的木作，相同的颜色延展到邻近的楼梯厅，在那里地面和楼梯扶手都是运用天然的深色木材，楼梯踏步和栏杆都漆成深灰绿色，客厅的墙面是暖色带暗边的，餐厅墙壁则是绿色带浅绿色的边。

图15-59　华盛顿八角形住宅大厅

联邦时期的家具可分为早期和晚期。早期主要是以赫普怀特和谢拉顿所做的晚期乔治式为主导；晚期则显示出法兰西帝国流行样式的影响，有点像英国橱柜制作和摄政时期的设计。早期的设计倾向于谢拉顿精巧的直线形式，外表面常有装饰的镶嵌物和雕饰的小细部，运用贝壳、树叶、花和篮子的主题，桌椅的腿常常又高又细，有直的也有弯曲的（图15-60）。红木仍是最受人喜爱的木材，条状的镶嵌饰物采用相对比的木材，如槭木和椴木，鼓形门常用于储藏桌子或餐具的小房间。而联邦时期的晚期则更倾向于采用比较沉重和比较大体量的形式，带有雕刻的装饰、镶嵌物和黄铜边等元素，爪形、狮脚、涡卷状的椅子扶手随处可见，椅子和躺椅的形式常寓意希腊花瓶的样式。

图15-60　联邦时期早期的家具

第16章　欧洲19世纪时期

18世纪末到19世纪的主流是对各种风格的“复兴”，如哥特式复兴、罗马式复兴、希腊式复兴、新文艺复兴、巴洛克复兴等。当然，这些复兴绝不是简单的模仿，而是结合了19世纪在结构、功能、材料和装饰方面的新观念，同时也带有折衷主义的特点。工业革命的发生无疑是这一阶段最重要的历史事件，它所导致的人类生产力和生产方式的巨变，使整个人类社会都发生了天翻地覆的变化，建筑和室内设计更是深受影响，新工艺和新材料的出现大大改变了以往的建造模式，出现了许多新迹象，室内设计的体系更为完整，并出现了专门的论著。

16.1　工业革命对建筑建造及空间的影响

18世纪中叶，英国人瓦特改良蒸汽机之后，由一系列技术革命引起了从手工劳动向动力机器生产转变的重大飞跃。随后传播到英格兰直至整个欧洲大陆，19世纪传播至北美地区。一般认为，蒸汽机、焦炭、铁和钢是促成工业革命技术加速发展的四项主要因素。

工业革命带来了建筑建造的新方法，这既源自生活方式的改变对空间的新要求，也源于社会发展推动了建筑建造的新技术。同时，工业革命所带来的新兴材料的出现，使建筑及室内空间也发生着重大的改变，并最终促成了木材和砖石成为建筑主要材料的变革。

16.1.1　铁和玻璃

为了得到更多的空间采光，铁和玻璃两种建筑材料开始结合应用，并在19世纪建筑中获得了新的成就。1829~1831年，这一工艺最先被用在了巴黎旧王宫的奥尔良廊，该空间的顶上应用了这种铁构件与玻璃配合的建筑方法，它和折衷主义的沉重柱式与拱廊形成强烈的对比。1833年便出现了第一个完全以铁架和玻璃构成的巨大建筑物——巴黎植物园温室，这种构造方式对后来的建筑具有很大的启示意义。

19世纪后半叶，工业博览会给建筑的创新提供了最好的条件与机会。显然，博览会的产生是由于近代工业的发展和资本主义工业品在世界市场竞争的结果。博览会的历史可以分为两个阶段：第一个阶段是在巴黎开始和终结的，时间为1798~1849年，范围只是全国性的；第二个阶段则占据了整个19世纪后半叶（1851~1893年），这时它已具有了国际性质，博览会的展览馆便成为新建筑方式的试验田。

图16-1　机械展览馆

1889年的世界博览会是这一历史阶段发展的顶峰事件。在这次博览会上，主要以机械展览馆（图16-1）与埃菲尔铁塔（图16-2）为中心。19世纪最伟大的玻璃和铁的建筑正是于1851年建于伦敦的这座展览馆，它被用来庆祝维多利亚时代英国的伟大成就。这座展览馆很快被称之为水晶宫，它由铸造厂大量生产铁构架、柱子和梁架，在工地上铆拴在一起，再与工厂制造的玻璃直接组装而成。它不同于以往的任何建筑，其巨大的内部空间有1851ft（1ft=0.3048m）长，面积超过800000ft^2（1ft^2=0.0929030m^2，结构元素却相当细小，以至于几乎可以忽略，配上玻璃的墙和屋顶，场地上巨大的榆树还保留在建筑中。优美、简洁、轻快、明亮的室内空间受到与会者的一致赞赏（图16-3、图16-4）。

法国建筑师拉布鲁斯特的第一个主要的作品是巴黎圣日内维夫图书馆，它的设计非常具有前瞻性，是完全脱离巴黎美术学院教育的方式。这幢建筑有一个简单的石头外观，它那层层的拱券窗框上刻有新古典主义的细部，但很难被察觉。中央入口大门通向巨大的大厅，里面有新古典主义的方柱支撑着铁拱券，再由券支撑着上面的顶棚（图16-5）。在大厅的两侧是书库和一间珍本书收藏室。从入口门厅像通过隧道一样通向后部巨大的双跑楼梯，然后通向占据整个上层的大阅览室。墙边依次排着书架，上面是高窗。房间中轴线上有一排细铁柱支撑着两个筒拱，它们由铁券构成，支撑着曲线形的灰泥顶棚。铁构件上将穿孔用作装饰图案也是史无前例的。整个空间轻盈、通透，一改以往厚重的建筑体量感。

图16-2　埃菲尔铁塔

图16-3　水晶宫外立面

图16-4　水晶宫内景

图16-5　巴黎圣日内维夫图书馆

16.1.2　钢筋混凝土

钢筋混凝土在19世纪末到20世纪初被广泛采用，给建筑结构与建筑造型提供了新的可能性。钢筋混凝土的出现和在建筑上的应用几乎成了一切新建筑的标志。直到现在仍体现着它在建筑上所起的重要作用。

近代钢筋混凝土结构的雏形诞生于1850年的巴黎。拉布鲁斯特在加建圣日内维夫图书馆的拱顶时，首次利用交错的铁筋和混凝土组成整体构件并获得了成功。1867年法国园艺家莫尼埃在混凝土里埋置铁丝网做成大花盆的方法，取得专利，并利用这种方法建成了一座蓄水池和一座桥梁。1870年，铁和混凝土被证明在热胀冷缩时有相同的胀缩比，因而可以保证两种材料间的握裹力而形成一种整体的复合材料。这项试验将人们对这种复合材料的感性认识上升到理性高度。随着炼钢技术的成熟，钢筋逐渐取代了铁筋。

法国的弗朗索斯·埃内比克提出了混凝土中钢筋的最佳配置体系，并在莱茵城用这种结构方式为自己建造了一栋别墅，使钢筋混凝土结构的科学性日益被人们理解和接受。当时人们对这种新材料热情很高，对其在工程中的应用进行过各种尝试，其中最有意义的尝试是用混凝土制作楼板。直到现在，不论建筑的纵向支撑结构、建筑的外表面是什么材料，绝大部分建筑的楼板仍然是钢筋混凝土材料，这是混凝土材料对建造体系最深刻的影响。

图16-6　蒙马尔特教堂外观

框架结构是最早的钢筋混凝土结构形式。1876年在巴黎建造的蒙马尔特教堂是第一个用钢筋混凝土框架结构建造的教堂案例（图16-6）。1903年法国建筑师奥古斯特·贝瑞设计的巴黎富兰克林路25号公寓首次采用完全暴露钢筋混凝土框架的立面形式，堪称是现代建筑的发轫之作。

16.1.3　新的生活系统

早期工业革命对室内设计的影响，其技术性远大过美学性。第一步就是走向现代化的管道系统，照明和取暖方式的出现，使得早期室内的某些重要元素逐渐过时（图16-7）。铸铁成为做火炉的一种廉价而又实用的材料。城市里，中央管道水系统开始出现，蒸汽泵的压力可以将水提升到一个高的储水池或水塔，再由重力将水送到建筑上层房间的浴室中，流动水的出现催生了坐便器，而阻止下水道气体排出的排水阀门，也在19世纪初被广泛利用起来。油灯在功能上的优点得以发展，各种油灯逐渐代替了烛台，枝状吊灯得以应用。所有这一切都对改变室内的空间形态起到了巨大的作用，室内设计的发展面对着全新的机遇和更广阔的天地。

图16-7　工业革命早期的公寓套房

16.2　复古思潮——古典复兴、浪漫主义

18世纪古典复兴建筑的流行，固然主要出于政治上的原因，另一

方面则因为考古发掘进展的影响，特别是庞贝城的出土，使人们更加认识到古典建筑的艺术质量远远超越了巴洛克与洛可可，这也是古典亡灵再现的条件。古典复兴建筑在各国的发展，虽然有共同之处，但多少也有些不同。大体上在法国是以罗马式样为主，而在英国、德国则以希腊式样较多。采用古典形式的建筑主要是为资产阶级服务的国会、法院、银行、交易所、博物馆、剧院等公共建筑。此外，法国在拿破仑时代还有一些完全是纪念性的建筑。至于一般的市民住宅、教堂、学校等建筑类型则影响较小。

19世纪后半叶资本主义在西方获得胜利后，资产阶级的真面目很快暴露出来，一切生产都已商品化。建筑业毫无例外地需要有丰富多彩的式样来满足作为商品的要求与资产阶级个人玩赏猎奇的嗜好。于是希腊、罗马、拜占庭、中世纪、文艺复兴和东方情调在城市中杂然并存，汇为奇观。同时，交通、考古、出版事业大为发达，加上摄影的发明，帮助人们广泛认识与掌握了古代建筑遗产的各种形制与美感，也便产生了对古代各种建筑式样进行模仿和拼凑的可能性。新建筑类型的出现，以及新的建筑材料、新的建筑技术和旧形式之间的矛盾，造成了19世纪下半叶建筑艺术的混乱，这也正是折衷主义形成的基础。

16.2.1 英国的复古思潮

在英国，文学艺术上的浪漫主义思潮是工业革命的产物，发生在18世纪的工业革命，它一方面重新确立了人的价值；另一方面也深刻改变了英国社会的阶级关系和人与自然的关系。艺术家在注重感情表现的同时，也发展了新的审美范畴，梦幻、恐怖，甚至丑陋都可能成为艺术创造的题材。

（1）摄政样式　1820年英格兰乔治三世的儿子摄政王上位，其统治一直延续到1830年，这一时期的设计被称为英国的“摄政时期样式”。摄政样式最奇特的地方在于它看上去像是在古典主义的限制和丰富的幻想间摇摆。布赖顿皇家别墅是这一时期最壮观的建筑，由约翰·纳什设计，混杂着东方风格及洋葱顶主导的外观，使之具有摩尔人建筑的面貌。皇家别墅内部是一系列富于幻想性装饰的房间，迷幻而精巧的枝状吊灯用了新发明的汽灯，显示了照明的新水准（图16-8）。中国的墙纸和竹制家具，红色和金色的精美织物，镀金的、雕琢过的家具带有黄铜的嵌饰和边条，各种新颖的粉红色和绿色地毯，强烈的墙面色彩，使得布赖顿皇家别墅成为戏谑的、富于幻想的、重装饰的摄政时期设计的典型代表。

同时，纳什设计的一些建筑也表现出了受限制的古典倾向，当他设计成组的联排住宅时，采用的是简单的形式，朴素的白墙，细部常带有来自希腊的先例。住宅有时布置成弯曲形或新月形，如在摄政公园入口处的皇家新月花园住宅（图16-9），或带有大拱券和爱奥尼柱子的坎伯兰联排住宅（图16-10），这两处都在伦敦，外墙面都粉刷成白色。最典型的纳什式有装饰性的铁栏杆、弓形窗、门廊上小出檐的屋顶或白粉墙上凸出的隔间，这些也是伦敦和英国许多其他城市摄政样式的典型代表。

（2）古典主义　约翰·索恩爵士是摄政时期别有生趣的设计师，他高度个性化的作品，有时是新古典主义的，有时指向现代主义的严肃、朴实，有时又布满复杂的装饰。索恩本人的住宅，在伦敦林肯旅行社广场13号，是作为一种建筑实验室和他人收藏大量艺术品及建筑构件的艺术陈列馆而建的。这幢住宅已成为室内环境卓越的博物馆，早餐厅中间有扁平的穹顶，穹顶中央是一个更高的采光高窗，光线射入，使得穹顶看上去像一个漂浮的顶棚（图16-11）。其他房间的装饰细部加入了很多圆镜元素，制造了一种透明、光亮和幻觉的效果。陈列厅空间是一个三层高的房间，装满了奇巧的收藏品。索恩高度个性化的方式，把源自古希腊和罗马的形制，源自皮拉内西雕刻中奇异的装饰风格，源自法国C.N.列杜和E.L.布列的新古典主义手法集中在一起，使他成为19世纪后期浪漫主义思潮的关键人物。

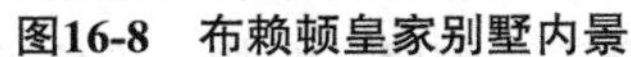

图16-8　布赖顿皇家别墅内景

图16-9　皇家新月花园住宅

图16-10　坎伯兰联排住宅

图16-11　索恩爵士住宅早餐厅

（3）哥特样式　自中世纪以来，哥特式传统在英国从来没有消失过，但对草莓山庄的扩建可以看作是对哥特式风格有意识的复兴。1749年，牛津郡的第四任伯爵沃波尔买下了位于伦敦附近特威克纳姆的草莓山庄，并亲自动手设计，将它改建成一座哥特式的城堡，这是将哥特式运用于民间建筑的革命性创举。在设计整个建筑的过程中，他抛弃了当时流行的新古典式对称格局，采取了非对称的布局，使得山庄更具如画式的特点。在室内装饰与家具设计方面，他也坚持采用精致统一的英国垂直式风格（图16-12）。其中大走廊设计于1795~1762年间，建有扇形拱顶，这是曾在威斯敏特大修道院的亨利七世祭拜堂中出现过的样式。

图16-12　草莓山庄走廊

而纳什几乎精通所有的历史风格，并将它们完美地结合起来，造成出人意料的辉煌效果。他设计的乡村住宅大多呈不对称布局，既使居住者享受到大自然的美景，同时，建筑本身又成为景观的组成部分。它们风格多样，也有对哥特式风格的回应。其中，最优秀的是德文郡的勒斯科姆城堡，这是为大银行家霍尔建造的，位于灌木丛生的偏远山坳里。它的平面大致是十字形，大型阳台独具特色，在夏天向花园敞开，而在冬天则可用玻璃门封闭起来。这座建筑将18世纪最初建立的非对称型大型乡村宅邸模式，缩小为适合于中产阶级需求的小型城堡，在建筑史上具有重要地位。另外，纳什还建造了大量规模更小的乡村宅邸，如精致而充满自然气息的布莱斯·哈姆雷特庄园（图16-13）。

英国在19世纪欧洲哥特式复兴中扮演了重要的角色，而这一运动最有力的倡导者是A.W.N.普金。普金出版了一系列带插图的论述性著作，在理论上与风格上决定了哥特式复兴的进程。他在《尖券是基督教建筑的真谛》一书中开宗明义地提出了两条设计原则："第一，建筑中不应该存在就便利性、结构和适宜性而言是多余的东西；第二，所有建筑都只能是对建筑基本结构的美化。"在普金看来，哥特式之所以是"真实的"，是因为它诚实地使用建筑材料，结构暴露出来，功能由此得以展示。这一理论的提出，使他后来在理论家的眼中成为功能主义的先驱。普金还是一位多产的天主教建筑师，早期的重要作品有德比的圣玛利亚大教堂和麦克尔斯菲尔德的圣阿尔班教堂，两者都是垂直式建筑。除了建筑设计以外，普金还是一位优秀的工艺设计师，在家具、金工、陶瓷、织物、彩色玻璃以及墙纸等设计方面都具有很高的造诣。1844年年初，他完成了他最重要的出版物《基督教装饰及祭服汇编》，书中解释了基督教法衣和教堂陈设品的象征意义和用法，使得早已为人们遗忘的中世纪教会器物在英国的罗马天主教社区和圣公会教区重新流行起来。在其艺术生涯的后期，应建筑师查尔斯·巴里的邀请，他又参与了伦敦议会大厦的建造工程（图16-14）。

图16-13　布莱斯·哈姆雷特庄园

a）

b）

图16-14　伦敦议会大厦

a）外观　b）上议院室内

16.2.2　法国的复古思潮

1814年3月反法联军进入巴黎，4月6日拿破仑下诏退位，路易十八随即登上王位，波旁王朝就此复辟。在复辟的年代里，一些知识分子是苦闷的，于是，法国在文学和艺术上掀起了浪漫主义运动，而追求共和制的资产阶级以历史上的罗马作为借鉴，也是再自然不过的了。

（1）法国历史建筑的保护与修复　从19世纪上半叶开始，在英国哥特式复兴遍地开花的同时，在法国也兴起了对中世纪哥特式建筑的研究与保护。维奥莱-勒-迪克很快成为历史文物委员会的中心人物，他修复了许多中世纪的建筑物，如圣丹尼斯教堂、卡尔卡松和阿维尼翁的城堡、亚眠主教堂、兰斯主教堂、克莱蒙费廊主教堂等。他在19世纪建筑修复理论方面是欧洲首屈一指的权威，主张古建筑的修复应恢复其原状，但在他自己的实践中，并没有完全遵循这一原则，以致有时改变了古建筑原来的风格。

作为一名建筑师和历史修复者，维奥莱-勒-迪克强调通过实践来获得第一手知识，这直接影响了他的理论。维奥莱-勒-迪克分析中世纪建筑的结构，以便建立一种现代哥特式风格的基础样式，进而为“现代”建筑的特点下定义。他在13世纪的建筑与19世纪的建筑之间看到了一种联系，所以他由研究哥特式而转向研究现代建筑原理就不奇怪了。他还将他所热爱的哥特式视为是对结构与材料问题的解决方案，而不是天主教教义的体现。他的教学内容发表在《论建筑》一书中，该书反映了他先进的建筑理论，对现代有机建筑和功能主义的发展，特别是对19世纪后期的芝加哥学派影响很大。

（2）帝国风格　帝国风格最初是指室内设计与装饰，后来被扩展到公共建筑和其他的陈设与物品设计上，它是古典主义风格一个令人眩目的豪华变体，是拿破仑时期风靡一时的法国官方建筑装饰风格。从建筑方面来看，帝国风格的设计特点是以中轴线作严格对称，尺度宏大；各个构件以严格的等级次序统一为一个整体；使用优质与昂贵的材料，做工极其精良，并服从于“忠实于材料”的原理，这是19世纪所流行的美学信条。

帝国风格的创建者是法国建筑师皮埃尔·方丹与夏尔·佩西耶。1801年，方丹和佩西耶成为官方建筑师，拿破仑的妻子约瑟芬请他们重新修建她的乡村宅邸马尔迈松城堡（图16-15）。往日他们在罗马的研究终于找到了用武之地，他们将城堡室内的天顶改造成庞贝与赫库兰尼姆的建筑样式，并使用对比强烈的色彩，在红木镶板上贴上了镀金的铜花边，闪闪发光。在入口大厅、会议室、约瑟芬与拿破仑的卧室，则采用了军事帐篷的式样（图16-16），昂贵的古典式家具设计也是出自佩西耶与方丹之手。

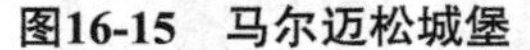

图16-15　马尔迈松城堡

图16-16　约瑟芬与拿破仑的卧室

马尔迈松城堡成为帝国风格的开端，这种装饰风格在帝国时期十分时髦，当时的卢浮宫、土伊勒里宫、枫丹白露王宫等皇家宫殿城堡的室内装饰，都打上了这一烙印。随着拿破仑的军事征服，这种风格也被带到了欧洲各地。佩西耶和方丹对古希腊罗马建筑与装饰的深入研究正顺应了这一时代的要求，他们的出版物《室内装饰集》对帝国风格的传播也起到了很大作用。

（3）装饰手法　作为一名建筑师，希托夫将彩饰理论运用于他修复以及新建的一些剧场以及公共娱乐设施上。他最重要的作品是保罗圣味增爵教堂（图16-17），希托夫的意图是以折衷主义的手法，将古典的理想与当代的革新熔于一炉。这座教堂的西立面有一个向前凸出的爱奥尼式门廊，山花中填满了雕刻，两侧有一对塔楼高高耸立，令人想起中世纪教堂的程序，但细节的处理却是古典式的。室内装饰华丽的双侧堂，两层柱廊支撑着裸露的木桁架屋顶，具有早期基督教建筑的古风。希托夫在室内运用了彩饰体系，圆柱是黄色的人造大理石，柱上楣和脚线是泥金的，屋顶的桁条与天顶藻井装饰着明亮的蓝色与红色。彩色装饰的真正意义在于不迷信古人，敢于挑战正统观念，激发年轻一代设计师的想象力。

图16-17 保罗圣味增爵教堂外观

（4）设计专业教学的产生 巴黎高等美术学院的设计理论和设计教育，在很大程度上决定了19世纪法国及欧美建筑理论与实践的高度。在这所著名学府中，设计专业的学生也同绘画雕塑专业一样画素描，作为最基本的训练，同时还开设每周一次的艺术史、文学、透视、解剖等课程，而实践课则在教授的工作室里完成。学院古典主义的主要代表是卡特勒梅尔·德·坎西，在他的支持下，一批年轻的设计师为拿破仑时期的法国城市兴建了大量公共建筑，其风格是纯净的古典式，其主旨是弘扬正气，维护公共秩序。

亨利·拉布鲁斯特是这些设计师中最具革新思想的一位，他坚持的信念是：建筑是特定建筑材料的产物，是特定功能、历史和文化条件的产物。拉布鲁斯特不仅设计了巴黎圣日内维夫图书馆，还设计了巴黎国立图书馆。这座建于1858~1868年的图书馆书库共有五层，地面与隔墙全是用铁架与玻璃构成，这样既可以解决采光问题，又可以保证防火的需要。在书库内部几乎看不到任何历史形式的痕迹，一切都是根据功能的需要而布置的，因此也有人称他为功能主义者。但在阅览室等其他部分的处理上，仍表现出其受折衷主义的影响。在主阅览大厅梦幻般的空间里，细长的圆柱带有漂亮的花叶柱头，支撑起9个由玻璃与陶瓷制成的圆顶，外圈由一系列连拱廊环绕，拱券内以庞贝风格的景象壁画装饰（图16-18）。

a）

b）

图16-18 巴黎国立图书馆

a）阅览厅室内 b）阅览厅柱头装饰

16.2.3 德国的复古思潮

19世纪，德国经历了从封建主义到资本主义的过渡，结束了长期领土分裂与专制制度的小国割据状态，成为中央集权国家，从而由19世纪上半叶的农业国变成了一个工业国，并在政治、经济和精神生活各方面都进行了一系列改革，获得了突飞猛进的发展。

图16-19　柏林皇家新警卫楼

随着社会的进步、经济文化的发展，在德国建立了一批新型艺术博物馆，各邦国君的艺术收藏也逐渐对公众开放，广大的人民群众有了接触艺术品的机会，提高了艺术鉴赏力。而资产阶级的艺术协会、艺术博物馆与展览会以及艺术评论也都起到了传播与介绍艺术的作用。总之，大变革时代的种种冲击、一系列改革与经济的发展以及科学技术的进步都使得德国19世纪艺术家的思想十分活跃，各种风格流派彼此共存、相互竞争、继而迅速更新。

德国的希腊复兴通常和卡尔・弗里德里希・辛克尔联系在一起。他最成功的地方是对古代经典的汲取，善于运用柱式、檐部，并常有山花，但他对这些素材的运用非常自由和富有想象力，他从不尝试任何希腊建筑原本形式的再现。辛克尔所设计的一系列公共建筑，为柏林树立起了解放后欧洲大国首都的庄严形象，其中的第一批建筑有皇家新警卫楼（图16-19）、剧院和博物馆。其中，博物馆的室内也充满了富丽的细部、绘画、雕塑和高超的技艺所处理的新古典主义建筑主题。

16.2.4　美国的复古思潮

（1）古典复兴　美国作为新独立的国家是第一个宣称自己是民主政体的现代国家，就像过去的古希腊那样。新联邦政府鼓励希腊复兴，委托许多官方建筑用这种逐渐流行的样式。在纽约，汤和戴维斯合作创作了另一幢帕提农式的庙宇——美国海关大厦（图16-20），它是完全石砌的建筑，前后都有多立克柱廊，四周的窗户由壁柱间隔着。室内是约翰・弗拉齐的杰作，他是主要公共空间的设计师，圆形的大厅，周围一圈科林斯柱和壁柱，支撑着大坡顶下嵌有饰板的穹顶。整个室内几乎是处理希腊庙宇式建筑室内问题的另一种方法。希腊复兴建筑更自由地吸收了希腊的先例经验，在形象上往往是成功的，形式庄严而且令人印象深刻。大量使用希腊式家具，克利斯莫斯椅和希腊装饰主题的沙发，安置在希腊檐口线脚和粉饰过的玫瑰花形顶棚下。甚至墙到墙之间也铺了地毯，也运用到了模糊不清的希腊式。

a）

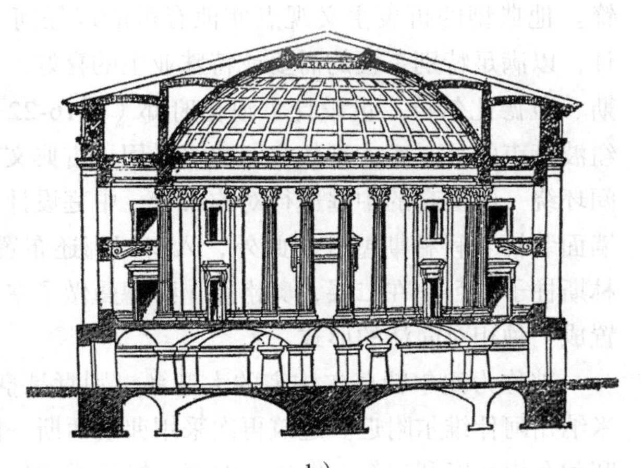

b）

图16-20　美国海关大厦

a）实景图　b）室内剖面图

（2）哥特复兴　对希腊复兴缺乏实用性的无法容忍，使得浪漫主义者的品位开始转向更多样和更灵活的方向，这就造成了另一个与哥特时代之间的联系。

图16-21　林德哈斯特府邸餐厅

纽约州塔里敦城附近俯瞰哈得逊河的林德哈斯特府邸是戴维斯著名的作品，它将哥特式的元素，包括巨大的塔楼，运用到一座乡村住宅设计中。这幢住宅最初建成时是对称的，但1864年戴维斯为新主人扩建时，将设计改成生动的不对称式，许多房间充满了哥特式细部，顶棚上粉饰出的肋条寓意哥特式的拱顶，尖券窗带花饰窗格，里面用着色玻璃镶嵌，还有许多雕刻装饰细部（图16-21）。戴维斯设计的家具也与住宅用的哥特形式相协调：雕刻靠背的椅子，暗示着哥特式教堂玫瑰窗的痕迹，此外，还有哥特式雕刻的八边形餐桌，大量哥特式尖券头和有着宽脚细部的床。

16.3　折衷主义

“折衷主义”的基本观念是：所有的设计都应当是选择一历史先例并对其做“令人信服”的模仿。在设计领域，它意味着从历史先例中挑选那些对某一特殊工程似乎适合或有吸引力的东西。折衷主义将整体的创造性都回避掉了。复古主义和维多利亚式尽管很多地方利用了历史先例，但他们的目的还是要设计一些新东西。折衷主义的本质，相对来说，其目的则是盲目重塑过去的东西。

16.3.1　美国的折衷主义

在美国，像其他地方一样，各种风格形成了一个大仓库，设计者可以从中选择任何看起来对一具体工程合适的样式。这其中唯一牢不可摧的原则就是禁止创新，而只能对过去的遗产加以模仿。

查理德·莫里斯·亨特是巴黎学院派建筑在美国传播的先锋。他典型的折衷主义观点使他有可能以任何一种风格进行设计，以满足特别工程的需要或特殊业主的喜好。亨特为柯尼利厄斯·范德比尔特二世设计了浪花府邸（图16-22），它是罗得岛纽波特市的另一座大型住宅。建筑采用了古典文艺复兴样式，房间环绕一两层高的中庭进行对称布置，中庭设计用来作为舞厅。墙面装饰着科林斯壁柱，此外，入口门廊还布置有4根独立的科林斯柱子。卧室在二层，奥格登·科德曼做了室内设计，将其布置成一种相对简洁的形式。

图16-22　浪花府邸餐厅

被称为比尔特莫尔住宅的大型乡村别墅是亨特为乔治·W.范德比尔特设计的，它坐落于北卡罗米纳州阿什维尔附近。建筑再次采用弗朗西斯一世时期的法国文艺复兴风格，细部可使人想起商堡府邸和布卢瓦府邸建筑的做法。在每一幢这样的住宅中，室内设计都遵循着住宅整体的风格特征，这使每个房间都好像是古代装饰风格的精美博物馆的有机组成部分（图16-23）。亨特在设计史中占据的位置并非主要依靠自己的作品确立，而是因为他是将美国设计的进程引向折衷主义的功臣。

图16-23　比尔特莫尔住宅餐厅

1872年，查尔斯·福伦·麦金创办了自己的事务所，之后，威廉·米德和斯坦福·怀特分别于1877年、1879年加入，三人成立了颇为成功又颇具影响的麦金-米德-怀特事务所。麦金-米德-怀特事务所从创办开始一直运营到1956年解体，前后将近90年。这期间事务所承接了许多当时最引人注目的项目：从哈佛大学到哥伦比亚大学的校园，从市政厅到各个城市里的博物馆、图书馆和银行，从银行家的海边别墅到大律师在纽约市里的住宅，几乎涵盖了所有建筑类型。麦金-米德-怀特事务所的作品彻底改变了欧洲建筑艺术历史学家对美国建筑艺术的偏见。

美国波士顿公共图书馆奠定了麦金-米德-怀特事务所在美国公共建筑设计领域中的卓越地位（图16-24、图16-25）。建筑的做法可使人想起巴黎拉布鲁斯特作的圣日内维夫图书馆，简单基座上有线性排列的券形窗，在室内，一部宽敞的大楼梯直通上层，上面一层是装饰精美的阅览室，阅览室向前伸展，穿越科普里广场前端。在这座富丽堂皇的借书大厅中，借阅者可在此等候要借阅的图书，图书取自书架，而书架是不对公众开放的，大厅细部采用了意大利文艺复兴式样，顶部是带彩画的木梁，室内还有一座大型壁炉和壁炉台，用大理石科林斯柱子装点着门洞，一条带状壁画布置在门洞和壁炉的上方（图16-26）。波士顿任何公民都可在此等候借书时享受着学院派风格室内的动人场景。

图16-24　波士顿公共图书馆外观

图16-25　波士顿公共图书馆阅览大厅

图16-26　波士顿公共图书馆借书大厅

麦金-米德-怀特事务所为纽约宾夕法尼亚铁路公司在纽约设计的方形火车站，是一座复杂庞大的建筑，整体上是以古罗马卡瑞卡拉浴场为设计模式。威严的拱形车站主要大厅内布置着巨大的科林斯柱子和镶板拱顶，它是20世纪最壮观的室内空间之一（图16-27）。毗邻的火车站月台屋顶采用了玻璃和铁组成的结构，尽管它被新罗马古典主义风格所包围，但屋顶效果依然令人印象深刻。

在主要城市中，高层建筑的重要性日渐明显，这是由于交易需要以及城市要素和商业噱头对高度的迫切渴望所导致的。对摩天楼的设计者来说，为找到一种恰当的风格所进行的长期努力导致了许多怪异，甚至是荒谬的尝试。1915年，由韦尔斯·波斯沃思设计的美国电报电话公司纽约总部大楼就是一例，该建筑由9排

图16-27　宾夕法尼亚火车站室内

罗马爱奥尼式柱列构成，柱子层层堆叠，每一柱列代表了建筑的三层高度。在建筑底层，公共门厅空间几乎成了百柱厅，成排布置着巨大的希腊多立克柱子，非常怪异，和建筑的功能与所属毫无关系。

多年来，世界最高建筑的头衔都非纽约沃尔华斯大厦莫属，这是卡斯·吉尔伯特的作品。吉尔伯特是一位杰出的折衷主义设计师。其室内公共部分包括了宽敞的电梯厅，以及拱廊、楼梯和阳台，细部处理成奇特的，而且是哥特与拜占庭风格混合的效果（图16-28）。大厅中有许多大理石和马赛克装饰。在公司高层办公室内陈列着各种令人惊讶的雕刻、挂毯和装饰性家具，可谓一种真正的折衷式融合作品。

折衷式建筑同时也向室内设计专家提出了新要求，即他们应具有相关的知识和技能，以使布置的房间风格与容纳该空间的建筑外观相契合。室内装饰专业的发展满足了这一要求。典型的装饰设计师经过训练知道各时期的风格，并能非常娴熟地将室内的多种元素加以排列布置。埃尔西·德·沃尔夫通常被认为是第一位成功的专业室内装饰师。在开始设计自己家住宅室内以前，她的职业是演员，她热衷于在室内空间中，通过运用油漆、明亮的色彩以及各种手法，将具有典型风格的复兴式房间布置成时尚的简洁样式。她为斯坦福·怀特设计的纽约侨民俱乐部（图16-29）室内装饰使她一夜成名，她的设计为那些贵客们所称道，随之而来的是不间断的邀请，之后她就再没离开过这个她热爱的事业。

a）

b）

图16-28　沃尔华斯大厦

a）外观　b）室内

图16-29　纽约侨民俱乐部室内

鲁比·罗斯·伍德起先是名记者，后来成为沃尔夫的助手，最后，她作为室内装饰师创办了自己的公司。在她自己的专著《诚实的住宅》中，她提倡简洁性和“大众化”。其作品因采用英国传统家具成为其显著特征，华丽的墙纸与浓重的色彩是她的惯用手法。麦克米伦公司成立于1924年，由埃莉诺·麦克米伦创立。他倾向于在室内布置法国传统家具，房间中混合各种风格的细部，是一种名副其实的折衷样式。由此，室内设计作为一个独立的行业开始真正走向了自己的商业之路。

在规模较大的公共官方及商业室内设计中，折衷主义成了范式。对一种特殊风格具有专门知识和技能的设计师开始闻名，并且受到公众景仰，这是因为他们有能力模仿出特定历史时期令人信服的仿制品。出生芬兰，毕业于耶鲁大学建筑系的埃罗·沙里宁在美国建筑和室内设计发展进程中发挥了巨大的影响作用。自1952年开始，他在一个克兰布鲁克的设计师团队中负责主导工作，使这些人的设计风格从折衷主义转向了一种现代语汇，但这种语汇又牢固植根于传统文化。克兰布鲁克男子学校、沙里宁自用住宅（图16-30）、克兰布鲁克科学研究所以及克兰布鲁克艺术学院等，这些建筑呈现了一个从20世纪20年代北欧折衷主义到接近于现代主义手法的清晰历程，而所有这些建筑的室内空间都充满了情调。

图16-30　沙里宁自用住宅起居室

16.3.2　欧洲的折衷主义

在欧洲，尽管折衷主义的实践已遍地开花，但却没有像美国那样得到普遍关注。可能真正历史性建筑和室内空间的存在导致了人们对仿制品兴趣的下降。

斯堪的那维亚半岛的折衷主义风格建立在当地的民间传统基础上，没有狭隘的模仿，因而从古典形式平稳过渡到了较简洁的形式，并逐渐成为现代设计的重要特征。典型案例是瑞典的斯德哥尔摩市政厅，设计师为拉格纳·奥斯伯格，该建筑具有浪漫的红色砖砌外墙，覆盖着绿色的铜屋顶，结合一座挺拔的大钟楼坐落在湖岸边（图16-31），里面的金色大厅由金色和彩色马赛克装饰墙面，富丽堂皇（图 16-32）。在芬兰，浪漫主义风格的发展带动了一种品质独特的折衷主义：室内的地毯、挂毯、金属制品以及家具都具有以传统手工为基础进行设计的精美工艺。

图16-31　斯德哥尔摩市政厅外观

英国最具创造性的折衷主义设计师是埃德温·勒琴斯爵士。在他的设计中，勒琴斯充分发挥了自己的个人才华，向自己的委托人提供了他们所需求的舒适环境。位于德文郡的德罗戈城堡在传统主义与现代设计感的方向之间找到了微妙的平衡，采用简洁的石头细部来营造空间，既具有传统的空间特征，又向20世纪的简洁手法迈出了步伐。

在大型海轮室内，折衷式设计达到了它的顶峰。室内装饰着折衷主义格调的轮船（图16-33）承载着殖民者对家乡的怀念和骄傲到达了世界上各个不发达地区，在那里，他们迫切渴望以折衷风格重建自己的家园。印度、澳大利亚以及其他殖民地区的西式建筑均表现为罗马古典主义、哥特式和文艺复兴的主题，折衷主义风格由此被散布到世界各地。

图16-32　斯德哥尔摩市政厅室内

图16-33　法国的海轮内景

16.4 各种建造新思潮的产生

工业革命的冲击，给城市与建筑空间带来了一系列新的问题。首先，大工业城市因生产集中而引起了人口的恶性膨胀，由于土地的私有制和房屋建设的无政府状态，造成了城市的混乱；其次，是住宅矛盾严重，虽然资产阶级不断大量地建造房屋，但他们的目的是为了牟利，或是出于政治上的原因，广大的无产阶级仍只能居住在简陋的贫民窟中，这已成为资本主义世界对广大劳动人民的巨大不公；第三，是由于科学技术的进步，新的社会生活的需要，新建筑类型的出现，已对空间形式问题提出了新的要求。因此，空间设计方面产生了探求建筑中新技术与新形势的多种倾向。

16.4.1 工艺美术运动

工艺美术运动是19世纪下半叶起源于英国的一场设计改良运动，又称作艺术与手工艺运动，其主要实践人物是艺术家、诗人威廉·莫里斯。在美国，“工艺美术运动”对芝加哥建筑学派产生了较大影响，特别是对其代表人物路易斯·沙利文。工艺美术运动是对当时工业化的巨大反思，并为之后的设计运动奠定了基础。它们的影响可以追踪到德国和奥地利的后期风格。

工艺美术运动最为知名和最富影响力的人物是威廉·莫里斯，他结婚时请好友菲利普·韦布一起设计了位于伦敦近郊贝克斯利希斯的一幢住宅，就是著名的红屋。红色砖墙，红色瓦屋顶，无装饰，平面布局、外部形式以及窗口和门的安排都严格遵守内部功能需要，洞口上的尖券是真实的砖券，烟囱服务于实际的壁炉，大窗户、小窗户都与内部空间相关，草地上的井屋服务于一口真实的水井，不规则的平面根据实际功能，而非哥特式奇想（图16-34）。古典主义形式和哥特式元素一起被放弃，换来了功能上的简洁。这间屋子还包含许多细部，白色粉刷的墙面，一个由莫里斯设计的大型书橱与长椅组合体，漆成白色，手工锻造的铁铰链漆成黑色。左侧的楼梯用于爬上阁楼。莫里斯的设计带有简洁、高贵和极富生机的品质（图16-35）。最终，红屋被视作迈向现代设计观念的第一步。同时，莫里斯的公司对室内设计也很热衷，他们运用工艺美术的相关主题，在设计中对所有房间进行统一处理。

图16-34 红屋的外观

a）

b）

图16-35 红屋室内

a）壁炉 b）楼梯

韦布设计的一些房子虽然很大，但是他希望获得某种朴素的东西，这是取自英国乡土建筑的经验，是他通过工艺美术运动的过程发展起来的。他的室内设计体现出极端的简洁和独创性。在工艺美术风格的室内设计中常充满许多细部，特别是当顶棚低矮时，这些细部有助于产生开敞和轻快的感觉。墙面通常用嵌板镶嵌成6~7ft（1ft=0.3048m）高的墙裙，而檐壁或水平饰带是浅色调的，采用涂料或墙纸，同时引入水平元素，暗示开阔。圆形的电灯和照明装置常常被方盒子状的形式替代，磨砂玻璃或彩色玻璃灯罩常被用来套在新型的灯泡外面。位于萨里郡的斯坦登住宅就是这种样式的典型代表（图16-36）。

工艺美术运动的影响传至美国，又得到进一步发展，并由此引发了美国的工匠运动。美国工匠运动的领袖人物是古斯塔夫·斯蒂克利。在世纪之交，那种维多利亚式的过分装饰设计风格开始失去市场，工匠运动显得越来越重要。

亨利·霍布森·理查森是第一位有国际影响的美国建筑师。他的第一个杰作是位于波士顿的圣三一教堂。教堂外部是粗琢的工艺，带有精致的细部，室内空间因使用彩色玻璃窗而使空间采光受到一些影响。顶棚的形式在室内占据了主要地位，由木头粉刷而成的三叶形拱顶内有铁质结构梁，外部包饰着木材（图16-37）。

在加利福尼亚，查尔斯·萨姆纳·格林和亨利·马瑟·格林兄弟的建筑实践则是极具个人风格的，他们吸收了手工艺传统，并采用适合单层别墅的地方语汇。如位于加利福尼亚州帕萨迪纳的布莱克住宅和甘布尔住宅（图16-38），与同一时期的加利福尼亚的其他作品迥然不同。精细、复杂的木工细部学习了东方先例，并结合了手工艺制品的工艺美术品质。通常会有装饰，但非常节制，而彩色玻璃面板，如灯笼状的灯具，悬挂的采光装置，布满手工艺细部的简洁而优雅的家具被陈设在宽敞的入口大厅或其他开阔的室内空间里。木材的红棕色调是空间的主要颜色，当采用桃花心木、柚木、红木、黑檀木和枫木时，就涂上清漆，表达自然色泽。彩色玻璃和地毯则以红色、蓝色、绿色为主。

图16-36　斯坦登住宅室内

图16-37　波士顿圣三一教堂室内

图16-38　甘布尔住宅室内

16.4.2　新艺术运动

新艺术运动是19世纪末20世纪初在欧洲和美国产生并发展的一次影响面相当大的“装饰艺术”运动，是一次内容广泛的、设计上的形式主义运动。涉及十多个国家，从建筑、家具、产品、首饰、服装、平面设计、书籍插画一直到雕塑和绘画艺术都受到其影响。在德国和斯堪的那维亚地区国家，

“新艺术运动”通常被称为德国青年风格派。在英格兰，新艺术运动最初被简单地看作是美学运动的一支。在西班牙、苏格兰和美国，一些受新艺术运动影响的作品同布鲁塞尔和巴黎的新艺术运动作品在表面上似乎并无直接的渊源关系，但本质却又有着一定的相似性。在维也纳出现了维也纳分离派，这可以看作是与新艺术运动相并行的流派，实际上也只是新艺术运动发展的分支。

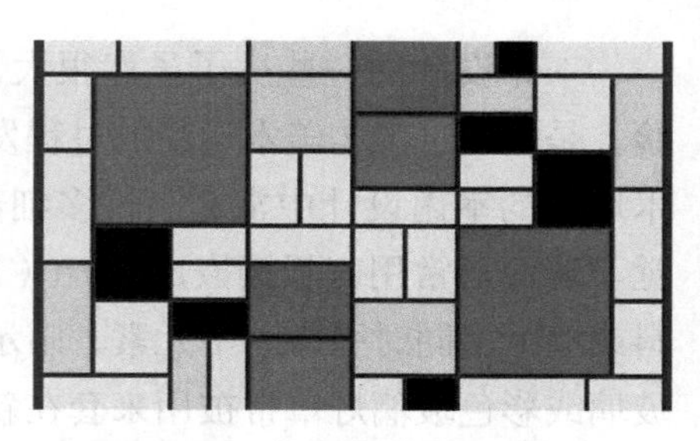

图16-39 蒙德里安的绘画作品

能够被称为新艺术的作品，其特征有：拒绝继承维多利亚式和历史复古主义或折衷主义组合的先例；要求采用现代材料、现代技术和一些新发明，如电灯；与各种美术类型紧密联系，把绘画、浅浮雕以及雕刻等艺术形式运用在建筑的室内外设计中；装饰主题来源于自然物，如花、葡萄藤、贝壳、鸟的羽毛、昆虫的翅膀等，并将这些自然物抽象成装饰构件的图像；以曲线形式为主题，体现在基本构件和装饰物中，将普通的曲线和自然形式的流线联系起来，称为“鞭绳曲线”，这种曲线形式被认为是新艺术运动最显著的基本主题纹样。

（1）德国——青年风格派 德国青年风格派主要关注绘画和雕刻艺术中的纯抽象概念。如皮特·科内利斯·蒙德里安的作品中，常将黑色条带布置在白色背景之上的规则网格中，同时，一些区域再用纯原色填充（图16-39）。虽然作品属于绘画范畴，但蒙德里安的作品在室内设计和建筑领域注定会产生一种巨大的影响。

a）

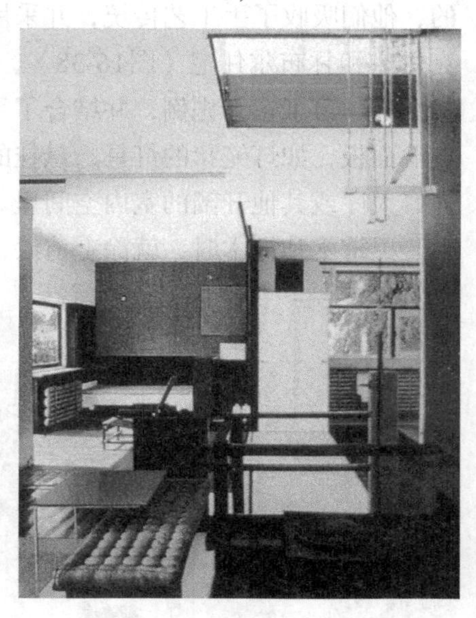

b）

图16-40 施罗德住宅

a）外观 b）室内

最著名的青年风格派作品由里特维尔德设计，是位于乌德勒支的施罗德住宅（图16-40），该住宅最完整地体现了该运动的理念。这是一个由墙板、屋顶、阳台等复杂的相互穿插的板构成的直线形体块，实体之间空的部分由金属窗框镶嵌的玻璃填充，主要生活楼层由一些滑板进行分割。该滑板系统可重新布置以获得不同的空间组合。里特维尔德设计的嵌入式和可移动家具在形式上也都为几何形和抽象体块。建筑表面大部分呈现出白灰色的总色调，其中间有原色和黑色。

青年风格派设计师奥古斯特·恩代尔在慕尼黑相对较少的设计作品中似乎集中体现了新艺术运动的特点。埃维拉照相馆是一幢小型的二层建筑，里面是一个照相馆。该建筑的立面上布置着一个门洞和一些不对称的小窗户。门窗奇形怪状，矩形洞口的上角设计成曲线状。该建筑没有参照任何历史的东西，具有压倒性统治地位的装饰就是一个巨大的、弯曲的、抽象的、象征着海浪或海洋生物的浅浮雕，占据了整个建筑物上部空白的墙面（图16-41）。窗框也呈不规则的曲线状，类似葡萄藤的茎秆。入口门厅和楼梯也采用了类似的奇异的装饰主题。

图16-41 埃维拉照相馆外立面

（2）比利时 作为比利时的建筑师、设计师维克托·霍尔塔设计了涉及领域广泛的作品。他于1892年在布鲁塞尔设计的塔塞尔住宅，其内部有一个复杂而且开敞的楼梯，楼梯上有曲线状的铁栏杆和支撑柱。同时还有带曲线形式的灯具装在有图案的墙上和有装饰的顶棚上，地面上铺着的马赛克花砖的图案也是扭动弯曲的（图16-42），整个空间呈现一种灵动柔和的气质。

图16-42 塔塞尔住宅的楼梯厅

霍尔塔设计的位于布鲁塞尔的自己的私宅以及与之相邻的事务所具有完全不对称的立面造型，在其立面中有扭曲的铁制阳台支撑和高大的玻璃窗，每一处细节，包括家具、灯具、彩色玻璃嵌板、门框和窗框，甚至包括金属器具，都体现着新艺术运动的曲线造型以及与自然密切联系的装饰细部。

（3）法国——现代风格 1903~1906年，欧仁·瓦林在南锡设计了马松住宅的室内，这座住宅的餐厅被认为是新艺术运动成就的典范，在其内部的木制品、顶棚线脚、墙面处理、地毯、灯具以及家具中，每一处细部都由瓦林设计。他创造出一种迷人的环境，这是一种非常协调的、新颖的、曲线状的、复杂的形式（图16-43）。

在巴黎，最引人注目的设计师是赫克托·吉马尔德。吉马尔德是一位建筑师，但他的工作还包括进行这些建筑的室内设计、家具设计、小器物设计，除此之外，还包括其他一些装饰物，诸如地砖、门窗上的装饰物以及壁炉台等。吉马尔德在巴黎的住宅是一幢建于1909~1912年的四层建筑，它位于街道拐角的一个难以处理的三角形地块上。该建筑的两个沿街立面都用石块砌筑，并有富于装饰性的铁制阳台栏杆，立面上布满了非常不对称的、流线型的、曲线状的雕花形式。就像在那个时代的照片中展现的那样，这种类型的室内是由许多形态异常的房间组成的，所有的家具和装饰细部都体现了吉马尔德高度个性化的设计风格。其设计的卡斯特尔大楼同样体现着这种强烈的个人风格（图16-44）。

吉马尔德在1900年前后还设计了巴黎地铁站入口处的亭子和一些装饰细部，不同入口的亭子尺寸和外形是不同的。其中一些设计成玻璃屋顶，大多数都设有固定招牌、灯光装置，并设立了一些平板用来张贴广告、招贴画或制成识别标志牌（图16-45）。吉马尔德通过设计一系列标准化的细部：金属栏板、招牌、标准灯具以及墙板来处理这项工程。这些构件都可大量预制，并可装配成不同形式以适应不同地铁车站的需要。其中一些较大的入口车站设计得非常独特，但是大多数还是采用这些典型的元素并以多种方式组合而成。

图16-43 马松住宅的餐厅

图16-44 卡斯特尔大楼局部外观

图16-45 巴黎地铁站入口亭子

（4）西班牙——现代主义者　在西班牙巴塞罗那的新艺术运动代表人物就是安东尼·高迪·克尔内特，他的与众不同之处在于创造了高度个性化的设计语汇，具有流动曲线状及不同寻常的装饰细部。他在1904~1906年间对旧建筑巴特洛公寓的改造中，设计了新颖复杂的类似骨架形式的新立面，和一条奇妙的屋脊线，以及一些出色的公寓室内。在板门上点缀着不规则形状的小镜子，顶棚上镶嵌着弯曲形状的灰泥装饰，一切仿佛在游走（图16-46）。

a）

b）

图16-46　巴特洛公寓

a）外观　b）室内

1883年，高迪成为巴塞罗那圣家族赎罪教堂的总建筑师，这是他最看重的，终身为之工作的一座建筑。新哥特式的有棱有角的形状被自然形态的雕刻层层包裹起来，建筑像钟石乳一样从地面生长起来，形成一种奇异的效果（图16-47）。这种具有高度有机性的、雕塑般的建筑特色完全属于20世纪，也体现着他个人创造力的迸发。

在巴塞罗那附近的古尔移民区，高迪还设计了塞维罗教堂的地下室，在这里，他进一步从新艺术走向原始主义和表现主义。室内外每一种建筑构件的形状都与自然界有着某种联系，包括陈设和长条椅，同时采用了从砖、石到铁几乎所有材料。就装饰而言，不但是有机的，甚至是随机的，它不是根据事务所图样作精确的施工，而是建筑师在现场的即兴创造（图16-48）。

图16-47　巴塞罗那圣家族大教堂

图16-48　塞维罗教堂的地下室

（5）英国　在苏格兰，20世纪90年代的一群建筑师和设计师，在地方传统的基础上也发展了一种与新艺术截然不同的风格，但却与新艺术运动同样激进，直指现代主义建筑的方向，他们的领袖人物是喀麦隆·麦金托什。1896年，麦金托什赢得了格拉斯哥艺术学院大楼的设计竞赛，这座建筑庄重典雅，他将巴洛克要素和当地城堡传统要素结合起来，两边是横向延展的明亮的工作室窗户，开阔的窗格和大面积的玻璃，预示着20世纪的功能主义，里面点缀的纤细优美的铁制栏杆和托座，是新艺术运动装饰的一种简约形式，在体量和材质上与坚硬的石墙面形成生动的对比。更重要的是，这座建筑体现了建筑外观是由室内功能所决定的理念，麦金托什用实墙与隔屏等多种手法，对室内空间作了巧妙处理，图书馆内部大块的深色木结构以极其严肃的几何形式穿插连接，与外立面在风格上形成高度统一（图16-49）。这也预示着20世纪空间设计上的一种突破。

图16-49　格拉斯哥艺术学院图书馆

（6）奥地利——维也纳分离派　1897年，一群艺术家和设计师从维也纳学院的展览会上退出，表示强烈抗议，原因是学院拒绝接受他们的现代主义设计作品。因此，维也纳分离派也就成为他们的代名词。

约瑟夫·奥尔布里奇在维也纳设计的分离派美术馆是分离派运动的展示空间和总部，该建筑采用对称的、直线形造型。同时，在建筑的檐口和其他细节上也暗示了古典主义风格，但此建筑仍然拥有着新艺术特征的装饰细部，这些细部以与自然相关的曲线形叶片为母题，并且还装饰有古希腊神话中美杜莎女怪的面部。在入口门厅的屋顶上，有一个中空的金属大穹顶，其外表面布满镀金的叶片状纹样（图16-50）。现在，此建筑的室内已经发生变化，但从一些旧照片中仍然可以看到其最初开放时的景象：大的中央画厅有着拱形的顶棚、高窗，以及带有流动的新艺术特征图像的墙面装饰。

图16-50　分离派美术馆外立面

奥托·瓦格纳原来的建筑生涯是从事于一种传统的复兴风格，在1895年出版的《现代建筑》一书中，他提出了一种新的方向，呼吁抛弃那种当时流行的作为设计主流的历史复古主义。瓦格纳最著名的设计作品是奥地利邮政储蓄银行总部，该建筑的室内大厅、楼梯以及走廊的金属构件、彩色玻璃都体现了分离派的装饰风格。作为银行主要空间的中央大厅，中间高大，两侧低矮。整个大厅覆盖着金属和玻璃，支撑的柱子都是钢的，带有暴露在外的铆钉头。这些金属都是白色的，光线透过框架下面的玻璃进入室内空间（图16-51）。电灯灯具、管状的通风口在发挥其使用功能的同时也充当着装饰角色。简洁的木制柜台和办公桌椅都体现出瓦格纳越来越洗练的设计风格，尽管这是一件维也纳分离派的设计作品，但同时它也被看作是第一个真正的现代室内设计作品。

图16-51　奥地利邮政储蓄银行大厅

约瑟夫·霍夫曼是瓦格纳的学生，在他长期的建筑设计生涯中，其风格从早期的分离派运动倾向逐渐转变向20世纪的现代主义。位于维也纳附近的普克斯多夫疗养院是其代表作。这是一处朴素的、对称体块造型的建筑，其墙面是白色的，并且运用了最少的外部装饰。建筑的室内也比较简洁，地面砖采用了黑白方块相间的图案，经过特别设计的室内家具，包括餐厅简洁的椅子，已呈现出了在其后出现的现代主义朴素的风格。霍夫曼最著名的设计作品位于布鲁塞尔，是比利时的阿道夫·斯托克莱特委托他设计的一座大型的、奢侈的住宅，通常称之为斯托克莱特宫（图16-52）。这是一幢卓越的建筑，建筑体量不对称，并带有一个顶上有雕塑的巨大的塔楼。墙面贴着薄薄的片状大理石，石块接缝用窄窄的镀金金属装饰条镶边。在室内的众多房间中，有一处两层高的大厅，大厅中有可供远眺的阳台，还有一间小剧场，称之为音乐室。所有这些房间都显得非常规整，并运用豪华的材料以及严谨的几何形状进行装饰。在建筑中有一间特别大的浴室，内部的浴缸、墙板和地面都是大理石材料的，霍夫曼甚至还设计了浴室化妆台隔板上布置的许多银质物品。

a）

b）

图16-52 斯托克莱特宫

a）起居室 b）餐厅

阿道夫·路斯作为建筑师和设计师，曾一度与分离派密切相关，但他逐渐不再着迷于与他曾经认为是至高无上的分离派运动相关的表面装饰。1908年，路斯发表《装饰与罪恶》一文来抨击那种大量运用装饰的风格。他认为这种装饰是毫无用处的衰退的表现，而这正是现代文明最好应该排除的。他的建筑作品非常奇特，没有运用任何的装饰物。1907年，他设计的位于维也纳的卡特勒酒吧，顶棚是矩形板状，地面瓷砖呈方形，只有家具用昂贵的木材、皮革来装饰。相对而言，路斯在1910年设计的自用住宅则将朴素的程度又发展到一个新的高度，其暴露的梁和砖墙展示了20世纪现代主义的语汇，嵌入式的壁柜、座位及厨具都表明了一种设计中的功能化倾向（图16-53）。

图16-53 路斯自用住宅室内

16.4.3 芝加哥学派

19世纪70年代，在美国兴起了芝加哥学派，它是现代建筑风格在美国的奠基者。南北战争以后，北部的芝加哥就取代了南部的圣路易斯城的位置，成为开发西部富源的前哨和东南航运与铁路的枢纽。随着城市人口的增加，特别是1873年的芝加哥大火，使得城市重建问题特别突出，为了在有限的市中心区内建造尽可能多的房屋，于是现代高层建筑便开始在芝加哥出现，“芝加哥学派”应运而生。

芝加哥学派在19世纪开始的建筑探新运动中起着一定的进步作用。首先，它突出了功能在建筑设计中的主要地位，明确了功能与形式的主从关系，力求摆脱以往形式的羁绊，为现代建筑摸索了道路。其次，它探讨了新技术在高层建筑中的应用，并取得了一定的成就，因此使芝加哥成了高层建筑的故乡。第三，它的建筑艺术反映了新技术的特点，简洁的立面非常符合新时代工业化的精神。

芝加哥学派在1883~1893年之间最为兴盛。它在工程技术上的重要贡献，是创造了高层金属框架结构和箱形基础。在建筑造型上趋向简洁与独创的风格。芝加哥学派的代表作品是荷拉伯特与罗许设计的马癸特大厦。这是一座20世纪90年代芝加哥典型的高层办公大楼，它的正立面极其简洁（图16-54），内部空间是不加以固定隔断的，以便将来按需要自由划分，这也是框架结构的优点之一。从街上看，马癸特大厦的外表像一个整体，但在背面却能看出它是"E"字形的平面。中间部分是电梯厅。

路易斯·沙利文常被看作是现代主义的先驱，他提出"形式总是追随功能 "的口号，是美国最早的现代主义建筑师。沙利文并不反对使用装饰，他的大多数作品也是以自然形式为基础，因此他也被看作是美国新艺术运动建筑和室内设计的成员之一。沙利文的主要贡献在于室内空间设计，他创造了十分美妙的作品。

在他设计的芝加哥大会堂的项目中，旅馆和大会堂部分的门厅、楼梯间、公共空间的设计都表现出沙利文是一位善于空间组织和装饰的卓越设计师。他设计的观众厅屋顶是横跨空间的拱券，上面排布着灯具，四周有他自己设计的轮廓鲜明的镀金植物浮雕装饰，这些装饰细部正是对新艺术运动有关词汇的应用（图16-55）。剧院的视线和音响设计非常理想，同时对于活动的顶棚也有很巧妙的处理，当演出不需要4200个座位时，顶棚可以放低后部以减少容量。旅馆的主餐厅位于屋顶层，是一个华丽的拱券形空间，透过窗户可以远眺阳光下的密歇根湖，室内的壁画和顶棚的镶边都运用了沙利文自己设计的精美装饰细部。

在沙利文后期的职业生涯中，其作品大部分是一些位于美国中西部城市的小型银行建筑。这些作品的设计概念简洁而富有独创性，同时也有华丽的外观和精细的室内细部（图16-56）。沙利文最主要的继承者是弗兰克·劳埃德·赖特。赖特非常尊重沙利文，在1887~1893年期间，赖特一直是沙利文事务所中的重要组成成员，直到他自己独立开设事务所。但是从许多赖特的早期作品中仍可以看到沙利文对他的影响。

1897年，路易斯·康福特·蒂法尼创建了名为路易斯·C.蒂法尼艺术协会室内装饰公司，该公司设计并制造了许多装饰产品，这些产品运用到了诸如1879年纽约第七军械库的老兵住房，以及纽约许多富裕家庭的室内。这些房间原倾向于满布富丽精致的维多利亚式装饰风格，但后来蒂法尼渐渐开始有意识地运用工艺美术运动的新标准来进行改造。1885年，蒂法尼重组了他的商业公司，命名为蒂法尼玻璃公司，表明他开始关注彩色玻璃艺术（图16-57）。在住宅、俱乐部和其他相似的场所中都有他设计的风景、植物以及半抽象的图案，这些都展示在了玻璃制品上，这与法国新艺术运动有着不断增长的相似性。蒂法尼也设计马赛克图案、地毯以及一些家具陈设。在第一次世界大战后，欣赏口味的变化导致蒂法尼大量的设计都不再那么受欢迎。但是，大多数近来对新艺术运动感兴趣的人都将蒂法尼看作是这次运动中的主要人物。

图16-54　马癸特大厦外立面

图16-55　芝加哥大会堂观众厅

图16-56　沙利文设计的装饰细部

图16-57　蒂法尼设计的彩色玻璃窗

第17章　20世纪至当代时期

20世纪开始，世界上发生了一系列重大事件，大众的生活状态和思想潮流完全被颠覆了。资本主义国家之间为争夺劳动力、生产资源和市场发动了第一次世界大战；空前残酷的第二次世界大战以及美苏霸权和冷战导致全球原有的运行体系被打乱；工业和科技发展给人类带来了福利，但也造成了新的问题；全面否定传统给人类文化带来的新的可能性及由此产生的危机；各种哲学和美学思潮活跃了人们的思维又带来了极大的混乱。在“革命”的旗号下美术创作空前活跃，同时也丧失了恒定的判断标准，现代主义在西方成为主流。

西方20世纪的现代建筑空间设计大致可以划分为两个阶段。第一个阶段是20世纪初至1945年第二次世界大战结束；第二阶段是自1945年之后至今天。前一阶段为现代主义占主流地位，兼有其他传统的、学院的流派。第二阶段，从20世纪50年代起，出现一种与现代主义既有联系又有区别的艺术思潮和流派，人们将其称之为后现代主义，在这一阶段，现代主义仍然很活跃，而传统的、学院的，以及其他被现代主义排斥的非主流艺术，也有复苏的迹象。

17.1　现代主义的产生

17.1.1　现代主义风格的主要特点

第一次世界大战之后，建筑科学技术有了很大的发展，主要特点是将19世纪以来出现的新材料、新技术加以完善并推广应用。钢筋混凝土结构的应用也更为普遍；铝材除了用于室内装饰外，还用作窗框和窗下墙的面层；不锈钢和搪瓷钢板也开始用作建筑饰面材料；玻璃产量迅速增加，质量改进，品种增多，玻璃砖也流行起来；塑料开始少量地用于楼梯扶手和桌面等部位；用橡胶和沥青材料制成的各种颜色的铺地砖逐渐推广；木材制品也有了很大的改进，1927年，开始出现蛋白胶黏结胶合板，产品质量显著改善；20世纪30年代又用酚树脂生产出防水的胶合板，是一种可以用作混凝土工程的模板。各种建筑设备的发展使房屋不再像过去那样只是一个空壳，建筑师不但需要同结构工程师还需要同各种设备工程师共同配合，才能设计出现代化的房屋建筑。建筑使用质量的提高是第一次世界大战后建筑发展中最重要的特点。

1923年，勒·柯布西耶出版《走向新建筑》，表明了新建筑运动的高潮已经到来。当时，建筑师们的设计思想并不完全一致，但是有一些共同的特点：第一，重视建筑物的使用功能并以此作为建筑设计的出发点，提高建筑设计的科学性，注重建筑使用时的方便和效率；第二，注重发挥新型建筑材料和建筑结构的性能特点，如框架结构中的墙是不承重的，在建筑设计中充分运用这个特点而绝不按传统承重墙的方式去对待它；第三，努力用最少的人力、物力、财力造出合用的房屋，将建筑建造的经济性提到了重要的高度；第四，要创时代之新，空间要有新功能、新技术，特别是新形式，坚决反对套用历史上的建筑样式，强调建筑形式与内容（功能、材料、结构、工艺）的一致性，主张灵活自由地处理建筑造型，突破传统的建筑构图格式；第五，认为建筑空间是建筑的主角，建筑设计实质上是空间的设计及表现，建筑空间比建筑平面或立面构图更重要，强调建筑艺术处理的重点应该从平面和立面构图转向空间和体量的总体构图，并且在处理立体构图时考虑到人观察建筑过程中的时间因素，产生了“空间——事件”的建筑构图理论；第六，在美学上反对外加装饰，提倡美应当和适用以及建造手段（如材料与结构）结合，美的基础在于建筑处理的合理性和逻辑性。这样一些设计观点被称为建筑及室内设计的“功能主义”，有时也称作“理性主义”，近来又有人将其称为“现代主义”。

17.1.2　现代主义的先驱和代表人物

20世纪初，设计领域最重要的发展是适应现代世界的一种设计语汇的出现，这种设计语汇实质同现代世界的先进技术和技术所带来的新的生活方式有关。设计领域有四位人物被认为是现代主义的先驱，他们清晰且肯定地指明了新的方向，因而被认为是“现代运动”的发起人。他们分别是欧洲的瓦尔特·格罗皮乌斯、路德维希·密斯·凡·德·罗、勒·柯布西耶和美国的弗兰克·劳埃德·赖特。

图17-1　瓦尔特·格罗皮乌斯

（1）瓦尔特·格罗皮乌斯　瓦尔特·格罗皮乌斯（图17-1）原籍德国， 1907~1910年在柏林建筑师彼得·贝伦斯的建筑事务所任职，1910~1914年自己创业。1911年，他与阿道夫·迈耶合作设计了他的成名作：法古斯鞋楦厂（图17-2），这是第一次世界大战以前欧洲最新颖的工业建筑之一。1914年在科隆展览会展出的示范工厂和办公楼同样是他的代表作（图17-3）。

图17-2　法古斯鞋楦厂外景

图17-3　科隆展览会的示范工厂和办公楼

格罗皮乌斯在建筑历史上的重要地位除了他的作品之外，更多是取决于他在设计教育中所起的作用。第一次世界大战之后，格罗皮乌斯被任命为魏玛造型艺术与工艺美术两所学校的校长。他将两所学校合并，取名“包豪斯”，包豪斯学校一经成立，立即成为西欧最激进的一个建筑和设计中心。包豪斯发展了新的教学纲领，该纲领试图在正在形成的现代主义造型艺术与设计及工艺领域的大范围内建立联系。包括建筑、城市规划、广告、展览设计、舞台设计、摄影、电影，以及用木、金属、陶瓷和纺织品为材料的物件设计（图17-4），即

a）

b）

图17-4　包豪斯的设计

a）纺织品设计　b）家具设计

今天所说的工业设计。包豪斯校舍于1926年竣工，是一组令人印象深刻的建筑群，无论平面布局还是外观的表现都体现了包豪斯的理念（图17-5）。包豪斯的室内非常简洁，并且功能如外观所示，格罗皮乌斯为校长办公室设计了非常简洁明快的室内（图17-6），是对线性几何形式进行的一种探索。学生和指导教师设计的家具和灯具随处可见，对白色、灰色的运用以及重点应用原色的格调可使人联想到风格派运动的设计风格。

a）

b）

图17-5 包豪斯校舍

a）鸟瞰 b）外景

图17-6 包豪斯校长办公室室内

在抽象艺术的影响下，包豪斯的教师和学生在设计实用美术品和建筑的时候，摒弃了附加的装饰，注重发挥结构本身的形式美，讲求材料自身的质地和色彩的搭配效果，发展了灵活多样的非对称结构手法。这些努力对于现代建筑形式的发展产生了重要意义。实际的工艺训练，灵活的构图能力，再加上同工业生产的紧密联系，这三者的结合在包豪斯产生了一种新的工艺美术风格和空间设计体系。概括而言就是：注重满足实用要求；发挥材料和新结构的技术性能和美学性能；造型整齐简洁，构图灵活多样。

图17-7 勒·柯布西耶

（2）勒·柯布西耶　勒·柯布西耶（图17-7）出生于瑞士西北靠近法国边界的一个小镇，父母从事钟表制造，少时曾在故乡的钟表技术学校学习，对美术感兴趣，1907年先后到布达佩斯和巴黎学习建筑，在巴黎时，曾到以善于运用钢筋混凝土著称的建筑师奥古斯特·贝瑞处学习，后来又到德国贝伦斯事务所工作，彼得·贝伦斯事务所以尝试用新的建筑处理手法设计新颖的工业建筑而闻名，在那里他遇到了当时在那里工作的格罗皮乌斯和密斯·凡·德·罗，他们彼此影响，一起开创了现代建筑思潮的新天地。

柯布西耶主张建筑走工业化的道路，甚至把住房比作机械，并且要求建筑师学习工程师的理性。但同时，又将建筑看作是纯粹精神的创造，一再说明建筑师是一种造型艺术家，并且将当时艺术界正在兴起的立体主义流派的观点移植到建筑中来。

位于瑞士拉绍德封的施沃布别墅（图17-8）是柯布西耶第一次独立运用钢筋混凝土技术，平屋顶、半圆柱体与大体块的组合，有点类似罗马的圣玛丽亚主教堂里的斯福尔扎礼拜堂，虽有着新古典主义对称、规整的感觉，但其材料和开敞的布局，大窗以及平屋顶均暗示着现代主义的倾向。施沃布别墅的美学设计来自一套几何控制系统，柯布西耶称之为“规则线”——具有直角关系的交叉斜线按一套系统的方法控制着元素的布局，这套方法使人想起文艺复兴时期大师们的实践。纵观他的职业生涯，柯布西耶总在运用这样的几何系统，并将其发展得越来越完善。

1925年，柯布西耶由新精神杂志资助为巴黎的一次展览会设计了一座展览馆。该建筑被认为是一种样板式的公寓（图17-9），在大型的公寓建筑中可成为一种模式，这种大型公寓接下来将成为新规划城市的一个元素。该建筑有一个两层高的起居空间，空间上层有一阳台。家具包括简单的、批量生产的曲木椅，柯布西耶亲自设计并模式化的储藏柜，以及简洁的、不知名的无坐垫椅子。光滑的白色粉刷墙上悬挂着纯粹主义的绘画作品。小地毯使用本地工艺生产的柏柏尔式的纺织品，实验室的玻璃瓶用来作为花瓶，石头和贝壳是唯一的装饰物。最终的室内效果清晰地表明了20世纪20年代现代主义的种种设计理念。

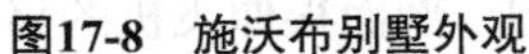
图17-8　施沃布别墅外观

图17-9　巴黎展览馆样板公寓

柯布西耶最著名也最有影响力的作品之一是萨伏伊别墅（图17-10）。住宅的主体部分接近方形，抬高到第二层楼板处支撑在底层纤细的管状钢柱上；建筑的墙是白色的，开着连续的带形窗；地面层的空间布置着一条曲线形车道通向车库、门厅，及几间服务用房；墙体从上层楼板开始后退，并以玻璃建造或是漆上暗绿色，这样可以减弱墙体的视觉感；一条坡道直通建筑主要生活楼层，坡道双折直抵空间中央（图17-11）；宽敞的起居就餐空间占据了建筑一层的一侧，上下贯通的玻璃面对着一座室内天井；室外带形长窗没安装玻璃的部分，为观赏周围的风景提供了视点；卧室、浴室均被布置在像方盒子一样的住宅体块中，创造了复杂、惊人并富有戏剧性的关系。当时的房间里是一套朴素的桌椅，几张设计独特却无法形容的带垫座椅，以及几块具有东方情调的小地毯装饰着空间；悬挂在顶棚上的一道连续的光源是空间中主要的人工照明；墙壁漆成明亮的蓝色或橙色；地面斜向铺砌着黄色方形地砖；主人浴室直接向毗邻的卧室开敞（图17-12），其卧室内也相当精彩：一条蓝灰色的瓷砖镶边勾勒出凹入的浴室以及一个嵌入式马车轮廓装饰的图案。

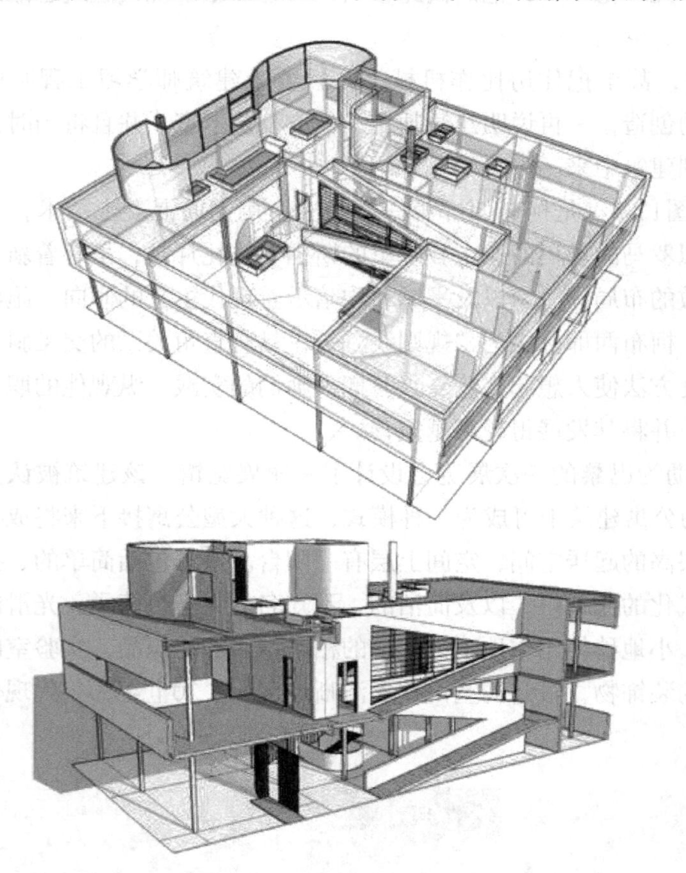

图17-10 萨伏伊别墅模型解析

图17-11 萨伏伊别墅中央坡道

图17-12 萨伏伊别墅主人浴室

在第二次世界大战结束以后，柯布西耶的建筑风格出现了明显的改变。在建筑艺术方面，鼓吹建筑与立体主义的美术潮流汇合，宣扬简单几何形体的美学价值。在那个时期，他以理性主义的建筑思想和立体主义的建筑风格著称。在建筑形式问题上，他从爱好基本几何形体转而趋向复杂自由的造型；从追求光洁平整的效果转向粗糙苍老的趣味。

朗香教堂有力地说明了柯布西耶建筑风格的转变（图17-13）。位于法国朗香镇的高山圣母教堂，也称朗香教堂，被誉为20世纪最具有表现力的建筑之一，其曲线形的混凝土墙体围蔽出一个不规则、晦暗的室内空间。建筑的屋顶是一个线性的钢筋混凝土结构，剖面很像飞机的翼部。教堂有三个礼拜堂，两个低矮，一处略高，其顶部卷曲伸出屋顶。室内空间非常黑，光自顶部暗窗投射到礼拜堂内部，屋顶架在两堵墙上的小窄柱上，屋顶与墙之间留下一道玻璃填充的缝隙，这使屋顶看起来好像飘浮在空中。其中，一堵墙很厚实，上面开着长方形的漏斗状孔洞，孔洞内侧较大，但越向外越小，直至在墙外侧形成小小的窗户，窗户上镶嵌着色彩缤纷的玻璃，尽管墙面是白色的，但透过玻璃的光线却使室内呈现在多彩的光芒中。圣坛后面，墙体上点缀着许多小的玻璃窗，当参观者在教堂里走动时，透过的光线若隐若现（图17-14）。色彩斑斓的窗户，礼仪性的彩饰入口，座椅以及祭坛设施都由建筑师设计，以创造一个神秘流动的空间。从朗香教堂的设计可以看出柯布西耶在战后时期的建筑创作中出现了神秘主义的成分，他离早期的理性主义方向越来越远了。同时，马赛公寓大楼也是这种转变的又一力证。

图17-13　朗香教堂外观

图17-14　朗香教堂室内

在其职业生涯逐步走向晚期时，柯布西耶参加了印度旁遮普邦新首府的规划，即印度昌迪加尔的规划，城市的基本布局和许多建筑都由柯布西耶设计。大型建筑粗犷、雕塑般的形式，以及建筑粗糙的混凝土表面和大胆的色彩，使这些建筑成为柯布西耶晚期作品中的典型代表，他的作品对现代主义设计产生了巨大影响，其作品的成功之处在于在美学价值和现代技术"机器时代"世界的现实之间建立了联系。

（3）路德维希·密斯·凡·德·罗　路德维希·密斯·凡·德·罗（图17-15）生于德国亚琛，石匠家庭出身的背景使密斯很早就娴熟地掌握了工具的使用，并养成了对材料的尊重，最初是石料，而后则是钢和玻璃这两种现代建筑材料。密斯15岁时被父亲认为有绘图才能因而交给几位当地建筑师训练，后又去柏林进入当时一位著名家具设计师布鲁诺·保罗的事务所学习，并于1907年通过满师考试。以后的5年是密斯设计生涯中最关键的时期，这段时间他先在当时最领先时代的建筑先驱彼得·贝伦斯事务所工作了3年，后又去荷兰海牙向荷兰的设计先驱汉德瑞克·彼图斯·伯拉吉学习设计思想和手法，这期间他还了解了美国建筑师赖特的先进建筑设计理念，所有这些形成了密斯设计哲学的基础来源。1913年，密斯在柏林创办了自己的事务所。第一次世界大战后，他设计了许多外部带有整体玻璃幕墙的高层建筑。

图17-15　路德维希·密斯·凡·德·罗

20世纪20年代末至20世纪30年代初，一些展览会为密斯提供了机会，使他可以阐明自己在室内设计方面的主张。室内简洁朴素的特征清楚地表明了密斯对自己的名言"少就是多"的信仰。在这些室内，色彩和各种材料的纹理是唯一的装饰。

1929年巴塞罗那博览会中设计的德国展览馆（图17-16），为密斯赢得了广泛的国际声誉。巴塞罗那博览会德国展览馆布置在一块宽阔的大理石平板上，有两个明净的水池，结构简单，由8根钢柱组成，柱上支撑着一个平板屋顶。建筑没有封闭的墙体，像隔屏一样的玻璃和大理石墙呈不规则的直线形，布置成抽象形式，其中一部分墙体延伸到室外，参观者可在开敞的空间中散步，欣赏建筑富丽的材质、抽象的平板组合以及其中的几件现代雕塑。色彩表现为钢柱上闪烁的镀铬光泽，浓艳的绿色和橙红色的大理石墙体，鲜红色的布面以及明亮的淡白色玻璃，这一切使展览馆本身成为一件抽象的艺术品，简洁的椅子，用镀铬钢架和皮革垫子构成的无靠背凳子，以及配套的玻璃面桌子已成为现代经典，直到现在仍在制造中。巴塞罗那展览馆似乎是第一座充分发挥钢和混凝土现代结构实力的建筑，这些结构使墙成为非限定的元素，它们不起支撑屋顶的作用，所以室内空间可以自由设计，没有分隔墙，同时，室内可设计成任意开敞的形式，以满足一定的特殊功能。

1930年，密斯得到机会将他的建筑手法运用于一个捷克银行家的豪华住所吐根哈特住宅（图17-17）。其起居室、餐室和书房部分之间只有一些钢柱和两三片孤立的隔断，有一片外墙是活动的大玻璃，形成了和巴塞罗那展览馆类似的流通空间。

a）

b）

图17-16 巴塞罗那博览会德国展览馆

a）外观 b）室内

图17-17 吐根哈特住宅

1937年，密斯移居美国，成为芝加哥伊利诺伊理工美学院建筑系主任。他在美国的作品克朗楼（图17-18）被视为简洁建筑形式的巨作，其室内空间开敞，四面全是玻璃幕墙。由于屋顶由钢梁支撑，因而室内不设柱，钢梁凸出屋面。室内分隔物为可移动的隔屏和储物柜，楼梯通向地下室，部分在地面之上（半地下室），此外完全是封闭的房间。从外观看，结构元素被漆成黑色，因此，在玻璃体中不引人注意。所谓的“极少主义者”常用此类设计方法，在这些建筑中，对建构简洁的细部表现出特别的关注，同时，微妙的比例使建筑具有一种宁静、古典的韵味，如同古希腊建筑那样。

密斯最著名的晚期住宅设计是位于伊利诺伊州普兰诺镇的范思沃斯住宅。该住宅建在开阔的郊外，与外界隔绝，邻近福克斯河。其室内地面高出地坪几英尺（1ft=0.3048m），在地板之下形成开敞的空间（图17-19）。同样，这幢住宅也有8根钢柱支撑着屋面，柱子的尺寸和形状完全相同。屋顶与地面之间约2/3的空间都被四面环绕的玻璃围合，剩下的1/3空间是一处室外阳台，通过5级宽敞的踏步可到达，踏步起自一处宽敞的平台，这一平台也与下面的踏步相连，柱子和地面、屋顶、平台的钢筋都漆成白色。这座开敞的玻璃盒子的内部空间仅被一封闭的“岛”形成空间分割，这个岛内是浴室和其他一些设备，与此同时，这个岛还形成一面靠背，以便为开放性厨房进行设备布置。

图17-18　克朗楼外观及室内

a）

b）

图17-19　范思沃斯住宅

a）外观　b）室内

（4）弗兰克·劳埃德·赖特　弗兰克·劳埃德·赖特（图17-20）生于美国威斯康星州的里奇兰中心。赖特的母亲是当地的一位乡村教师，她从小生活在威斯康星峡谷的自然环境之中，那里的壮丽山林给她以强烈的感染，这种对自然的爱和崇敬也给赖特造成了决定性的影响。赖特童年的很长一段时间是在他舅舅的农场中度过的，那里是一种日出而作、日落而歇的庄园耕作生活，这样的生活基础正是他有机建筑思想的育婴床。

图17-20　弗兰克·劳埃德·赖特

赖特将自己的建筑称作有机建筑，也就是“自然的建筑”。他说自然界是有机的，建筑师应该从自然中得到启示，房屋应当像植物一样，是“地面上一个基本的和谐的要素，从属于自然环境，从地里长出来，迎着太阳”。在建筑艺术范围内，赖特有其独到之处，他比别人更早地突破了盒子式的建筑。它的建筑空间灵活多样，既有内外空间的交融流通，又具有幽静隐蔽的特色。它既运用新材料和新结构，又始终重视和发挥传统建筑材料的优点，并善于把两者结合起来。同自然环境的紧密配合是他建筑作品的最大特点。

1886年，年轻的赖特进入威斯康星大学，3年后，眼看着就可以得到令人羡慕的大学文凭，赖特却越来越不满他在这所大学的学习，于是放弃学业，只身一人去芝加哥从一名普通绘图员做起。年轻的赖特深得芝加哥学派创始人沙利文的赏识，在他的教诲与提拔下迅速成长，1893年赖特开办了自己的第一个设计事务所。

1893年，赖特在森林河畔设计的温斯洛住宅可说是其向创造性设计迈进的重要一步（图17-21）。其建筑平面极为复杂，由各种空间组合而成，各个房间环绕一个中央烟囱布置。门厅处有一连拱廊凹室，门厅内壁炉两侧有座位。中央烟囱另一侧是餐厅，建筑后部以半圆形温室形式向外延伸出去。建筑中的一些细部，包括镶嵌在一些窗户上的彩色玻璃都可使人想起沙利文的设计语汇，但这些细部却转向一种更几何化的方向，赖特将这种方向作为自己职业生涯前进的目标而逐渐加以发展起来。

a）

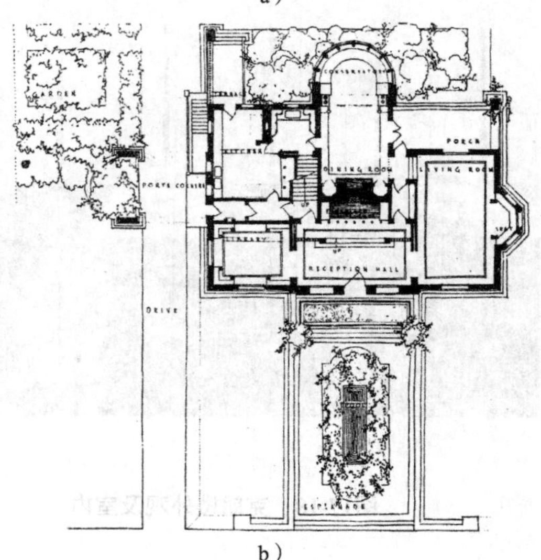

b）

图17-21　温斯洛住宅

a）外观　b）平面图

位于伊利诺伊州橡树园的联合教堂是赖特第一座钢筋混凝土建筑。它由两个体块连接而成，一部分是宗教区，一部分是相关的教区住宅，入口布置在两者的相连处。教堂大厅墙壁顶端的条形窗上有凸出的屋顶板，教堂室内有凸出的挑台，带有方格形的采光顶棚，沿白墙布置的木制线性装饰带，悬挂的灯具以及几何图案的彩色玻璃窗，这一切创造了一种抽象而复杂的室内空间形态，预示着数年之后欧洲艺术设计的发展方向。

位于芝加哥南部为弗雷德里克·罗比设计的大型住宅是赖特设计的所有住宅中最为成功的一个（图17-22）。其低矮围墙环绕的花园，平台和四坡屋顶围绕着起居空间互相贯穿。主起居室和餐厅是一连续的空间，其窗户沿房前主街形成一条连续的带形窗。壁炉和烟囱背靠一部开敞的楼梯，不用墙或门就将室内划分成两个空间。窗户上的彩色玻璃、顶棚上交叉形的木条及嵌入式的木制构件和灯具使室内具有一种和谐统一的舒适感。最初，家具、地毯和纺织品都是由赖特设计的。高背餐椅试图使那些围桌而坐的人产生一种围合的感觉，餐桌本身非常低矮，以角部的立柱支撑。

图17-22　弗雷德里克·罗比住宅

在20世纪20年代和20世纪30年代，赖特的建筑风格经常出现变化。他一度喜欢用许多图案来装饰建筑物，随后又用得很有节制。房屋的体形时而极其复杂，时而又很简单，木和砖石是他常用的材料。1936年为考夫曼家庭而建的流水别墅，位于宾夕尼亚的熊跑林地，其混凝土阳台伸于溪流瀑布之上，它是所有现代建筑形式中最浪漫的案例之一（图17-23）。未装饰的挑台和有薄金属框的带形窗暗示着对欧洲国际式现代主义的认识。室内部分的自然石块、原木家具与其他家具和物品的交混，形成了与周围户外环境景观的联系，具有迷人的魅力。其空间全部敞向周围的树林风光，但又围合着私密

图17-23　流水别墅外观

用途和流线的范围（图17-24）。

S.C.约翰逊制蜡公司1939年完工后，成了赖特最有名的非居住建筑工程之一。该建筑大部分用单独的“大房间”作为普通办公空间。结构为一组“蘑菇”状混凝土柱，由细杆自下而上逐渐扩大直到顶部变成大圆盘，圆盘顶部之间的空间用玻璃管填充，做成天窗，使日光可以射入内部空间（图17-25）。周围使用红棕色的砖，墙上不开窗，但玻璃在墙顶和屋顶之间形成一条玻璃带，室内采光通透。围绕主要空间有一包厢夹层，某些私人办公室和相关空间在顶楼房间里。赖特为该建筑设计了独特的家具，他采用圆形主题设计了椅座和椅背，以及桌面和书架的端部，甚至还有不能抽出但可绕轴翻出的书桌抽屉，这些都属于赖特最成功的家具设计。

a）

b）

图17-24 流水别墅

a）起居室 b）室内壁炉

图17-25 约翰逊制蜡公司室内

（5）阿尔托 阿尔托（图17-26）是芬兰著名的建筑设计大师，同时也是一位享誉世界的家具设计师，他从1921年开始涉足建筑设计直至1976年，设计生涯历经55年。这期间，他设计了近100座独立的一家一户式的住房，其中一半以上的设计方案被采用。

图17-26 阿尔托

阿尔托的国际声望是通过一所大型医院建筑确立起来的，这就是帕米欧结核病疗养院（图17-27），建于1930~1933年之间，这座建筑长向的部分用作病房，所有的房间都朝南以接受日照，建筑较短的部分带有室外长廊，一个中央入口门厅以及用作公共餐厅和服务用房的建筑单元。内部空间开敞、简洁并具逻辑性，但细部却格外精致。接待办公室、楼梯、电梯以及一些小的元素，如照明设施和时钟都经过精确细致的特别设计。

位于诺尔马库的玛丽亚别墅是为古利申家庭而建的，这座建筑非常成功，它审慎地将国际式风格的思想逻辑和秩序融合在一起，几乎是浪漫地运用了自然材料和比较自由的形式。柱廊、工作室以及休闲空间采用随意和流动的方式布置，这样使用起来比较灵活，并且空间看起来也不单调（图17-28）。

1939年，纽约世界博览会上的芬兰展览馆像盒子一样的室内空间设计得相当有趣，这是因为采用了流动的、自由移动的墙体（图17-29）。一道木板条墙体向上倾斜在主要的展示空间中，上面一层隔出一个附加的展示空间，空间末端是一座平台餐厅，该餐厅还用于放映电影。波浪形木条构成的倾斜墙体以及挑台构成一处令人兴奋的空间，其中可见在精彩的布置中陈列着芬兰的工业产品。尽管尺寸很小，在博览会中的位置也不显著，但阿尔托的设计却赢得了高度的评价。

图17-27　帕米欧结核病疗养院

图17-28　玛丽亚别墅

图17-29　纽约世界博览会上的芬兰展览馆

位于伊马特拉的武奥克森尼斯卡教堂是现代主义在教堂建筑空间上的又一力作，其创造了一个宽敞的室内空间，该空间可被曲线形滑动墙体分割，以满足不同规模组团的使用需求。日光流淌进空间，空间主色为白色，地板和家具呈现出原木的本色，安静而平和。阿尔托同样设计了圣坛设施、大窗户上彩色玻璃的细小嵌入物，以及侧边挑台上大型管风琴的陈列布置等。

17.1.3　现代主义的室内装饰和家具陈设

现代主义的风尚深刻影响了室内空间设计的面貌，这不仅反映在一种统一、整体的空间概念里，同时由于室内装饰和家具陈设都受到这一潮流的冲击而面貌大变。

现代主义推动了一种艺术装饰设计风潮的兴起，它起初只是一种流行风格，并不强烈关注功能和技术，人们只是希望在过去历史风格的延续中拥有自己的位置。米歇尔·鲁·施皮茨设计的巴黎艺术装饰家的客厅集中表现了艺术装饰设计的特点（图17-30）：地毯图案表现了立体派艺术的意识；

折叠的屏风带有源于非洲部落特征的图案；家具的阶梯形式暗示了摩天楼；而大镜子和凸出的照明灯具引起了人们对现代材料和电灯照明的关注。整体效果与过去完全不同，而且也和国际式的室内功能毫无关系，只是一种流行的、强烈的装饰。

图17-30　巴黎艺术装饰家的客厅

尽管有很多部分一致，但艺术装饰设计相对于现代建筑开始日益热衷于国际式风格的范式，装饰设计只是一种流行的古怪式样的表达，开始被称为“摩登式”，即所谓的表面装饰。而“现代”一词则留给了有理论支持的比较清晰的作品。如1933~1934年的芝加哥博览会建筑，是一组艺术装饰建筑，其中很多建筑的外部色彩明快，而内部和陈设却带有艺术装饰风格的特征。

艺术装饰在英国有限范围内兴起，常常是剧院、旅馆和餐厅室内的表面。欧文·威廉与艾丽斯、克拉克的事务所共同设计了伦敦《每日快报》大厦，这座大厦是艺术装饰设计的绝佳案例。由R.阿特金森设计的该大厦的入口大厅，是在英国出现的艺术装饰风格的早期例子（图17-31），黑色玻璃、镀铬的装饰风格壁饰和引人注目的顶棚灯具，形成了20世纪30年代期间的经典场景。

这时期，纺织品和地毯制造公司为满足艺术装饰设计的需要而极大地丰富了产品式样，有些制造公司甚至雇用了领先的设计师，也有些公司只是单纯地要求无名设计师用色彩装饰的立体主义主题、曲折形、条纹和格子在室内设计中发展新风格图案。随着这些图案被广泛应用，艺术装饰风格也更为大众化，并开始应用于餐厅、宾馆以及20世纪20年代和20世纪30年代的大海轮内部（图17-32）。

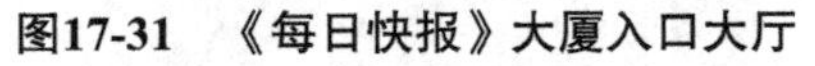

图17-31　《每日快报》大厦入口大厅

图17-32　诺曼底号轮船的大厅

由于工业设计与艺术装饰有着密切的关联，以及它们对流线的共同偏爱，工业设计师首先通过厨房和浴室而不是正规的起居空间进入了20世纪中产阶级的家庭（图17-33），最终导致在其他方面仍富有情感地重复着历史模式的住宅也不得不采用现代厨房和浴室。同时，油和煤气照明向电力照明的转变，给照明设计带来了新生。20世纪30年代出现的艺术装饰特点的灯具和照明设备声称具有“保护视力”的优点。间接照明，即光源隐藏在凹处或房间其他地方，通过顶棚反射照明，也就是今天常说的“光槽”，也逐渐得到了广泛应用（图17-34）。20世纪30年代，又出现了管状光源，它最初为白炽灯，然后，随着荧光灯的发展，管状灯成为公共、商业和传统室内的标准灯源，最初只用作招牌的霓虹灯也逐渐成为具有装饰照明效果的特殊光源。

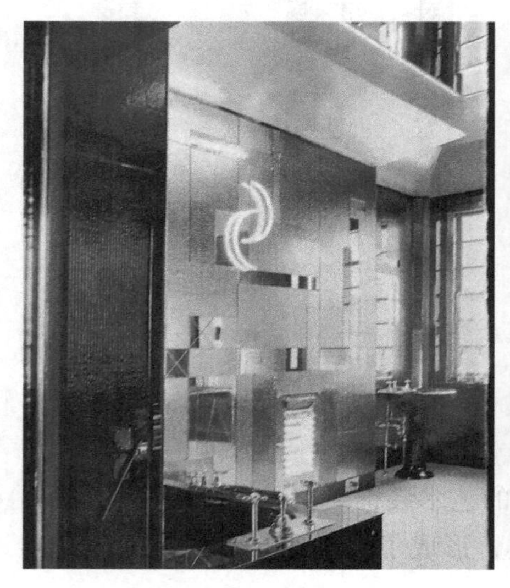

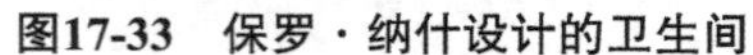

图17-33　保罗·纳什设计的卫生间

图17-34　光槽在纽约无线电城音乐厅的应用

这一时期，艺术装饰风格在家具上也被广泛运用，主要表现为镶嵌有象牙、龟壳和皮革的马卡萨乌木与斑马木之类的名贵木材大量出现，很多设计中还出现了光亮的金属、玻璃和镜面。

一些熟知的现代主义大师，他们的思想和实践常常不仅体现在建筑设计和室内设计上，而且其还活跃于家具和陈设品的设计领域，使室内家具和陈设的装饰元素也表现出具有20世纪现代主义的特征。

图17-35　柯布西耶设计的沙发椅

柯布西耶的才华主要在建筑上得到了淋漓尽致的发挥，在家具设计上数量并不多，但每一件都有其独创的设计思想。被柯布西耶称为“豪华舒适”的沙发椅典型地体现了他追求家具设计以人为本的倾向（图17-35）。这件沙发椅被看作是对法国古典沙发所进行的现代诠释：以新材料、新结构来设计新的沙发椅；简化与暴露结构最直接地表现了现代设计的手法，几块立方体皮垫依次嵌入钢管框中，直截了当又便于清洁换洗。

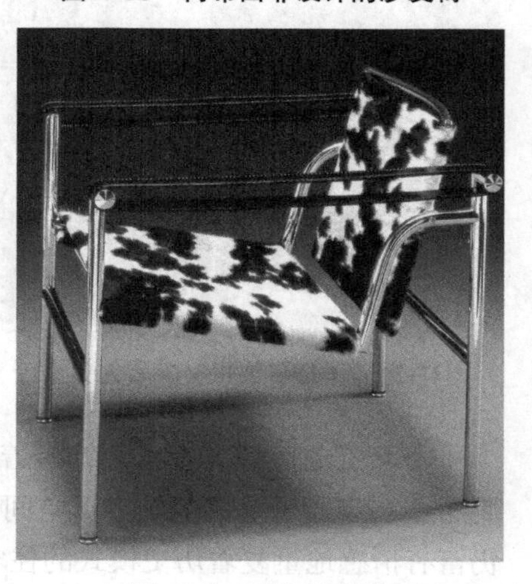

图17-36　巴斯库兰椅

为了使室内桌椅避免太重，而更适用于普通办公或居家室内。柯布西耶又设计出“巴斯库兰椅”（图17-36），它在视觉上和实际上都很轻便，成为普通休闲场所很受欢迎的家具。这件椅子的上下两部分，即支撑部分和主体部分是融为一体的。主体构架的材料是钢管，用焊接方式形成的主体构架使这件作品更接近机器形象，这正是柯布西耶一贯的倡导，尤其是用作扶手的皮带完全类似于机器上的传送带，而靠背悬固在一根横轴上更增加了一种机器上的运动感。

尽管密斯主要被看作是一位建筑大师，但其充满创新意识和设计活力的家具设计也使他成为第一代现代家具设计大师。其家具中精美的比例，精心推敲的细部工艺，材料的纯粹与完整，以及设计观念的直截了当，都典型地体现了现代设计的理念。1927年，在密斯自己设计的4层公寓中，他首次使用了刚完成的“先生椅”，这件以弯曲钢管制成的悬挑椅显然受到一两年前布劳耶和斯坦作品的启发，但却以弧形表现了对材料弹性的利用（图17-37）。这件“先生椅”后来又被密斯以同样的构图手法直截了当地加上了扶手，显得天衣无缝，更加高雅。

图17-37　密斯设计的“先生椅”

著名的“巴塞罗那椅”是现代家具设计的经典之作，为多家博物馆收藏，是密斯为1929年巴塞罗那博览会中的德国馆而设计的（图17-38），同著名的德国馆相协调。这件体量超大的椅子也明确显示出高贵而庄重的身份，椅子的不锈钢构架成弧形交叉状，非常优美又功能化，只是这些构件都很昂贵地用手工磨制而成。两块长方形皮垫组成坐面及靠背。

图17-38　密斯设计的巴塞罗那椅

阿尔托也涉足了家具和其他室内元素的设计，这些设计后来成为工厂化的产品，其中一些至今仍在生产。阿尔托第一件重要的家具设计“帕米奥椅”是为他早期的成名建筑作品帕米奥疗养院设计的（图17-39），这件简洁、轻便又充满雕塑美的家具，使用的材料全部是阿尔托3年多来研制的层压胶合板，在充分考虑功能、方便使用的前提下，整体造型非常优美，其具有明显特征的圆弧形转折并非出于装饰，而完全是结构和使用功能的需要，靠背上部的三条开口也不是装饰，而是为了给使用者提供通气口。这件杰出的家具已明显表露出北欧学派对过于冷漠的“国际式”的修正，开始让人们感到“国际式”也可以产生温暖的感觉。

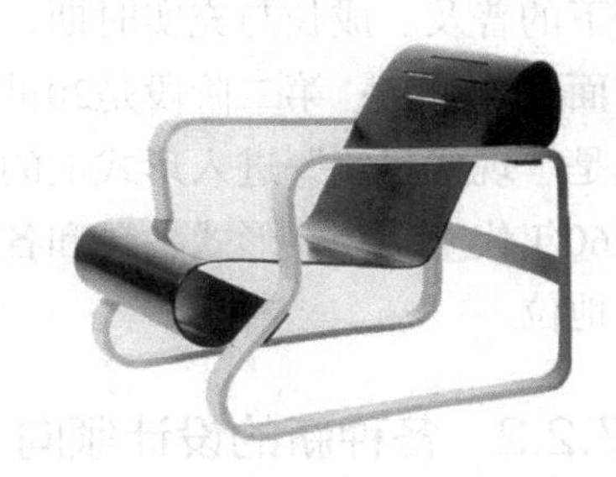

图17-39　阿尔托设计的帕米奥椅

1930年起，阿尔托开始为维堡图书馆设计一种叠摞式圆凳，其最显著的特点就是后来被称作“阿尔托凳腿”的面板与承足的连接，这种以层压板条在顶部弯曲后用螺钉固定于坐面板上的结合方法非常干净利落，面板与承足的连接本是一个古老的难题，却被阿尔托如此轻而易举地解决了（图17-40）。阿尔托为此于1935年获得专利。

图17-40　阿尔托设计的叠摞式圆凳

阿尔托为20世纪家具设计的另一杰出贡献是用层压胶合板设计出悬挑椅（图17-41）。1929年，经反复实验，阿尔托开始确信层压板亦有足够的强度用作悬挑椅。他另辟蹊径，并于1933年大获成功，制成全木制悬挑椅，并首次用在帕米奥疗养院。阿尔托对这种结构兴趣很大，在以后许多年里都在这种结构基础上不断翻新设计，而后阿尔托又用不同色彩、不同材料给各种设计以多姿多彩的面貌。

这一时期的家具已经完全摆脱了传统家具的繁复厚重，以轻巧灵动、实用舒适为其主要特征，而室内陈设也基本显现着这样的特征。

图17-41　用层压胶合板制成的悬挑椅

17.2 第二次世界大战后的设计思潮

第二次世界大战从世界范围来说始于1939年，结束于1945年，即从德国入侵波兰起到德国和日本投降为止。在此期间，各国政治与经济条件的不同，思潮和文化传统的不同和对于建筑目的性的不同，使各地建筑发展极不平衡，建造活动和建造思潮也极不一致。其中，西欧继续为建筑现代化做着新贡献，美国有时会在某些方面领先，日本在现代建筑中的崛起和第三世界建筑趋于现代化，均为建筑和室内设计的历史提供了新篇章。

17.2.1 第二次世界大战后设计思潮的主要特点

第二次世界大战后建筑和室内设计思潮的主要特点是：第一，现代主义设计原则已经大范围被接受并普及；第二，建筑形式变得五花八门，丰富多彩；第三，美国改变了它在两次世界大战之间的被动地位，成为设计思潮发展的主要阵地之一。

战后的思潮不妨把它概括为三个阶段：第一阶段是20世纪40年代末至20世纪50年代下半期，这是欧洲的“理性主义”在新形势下的普及、成长与充实时期，也是其中某些方面的片面突出与片面发展时期；第二阶段是20世纪50年代末至20世纪60年代末，这是“现代建筑”进入形式上的五花八门时期；第三阶段是20世纪60年代末至今，形式各异和各有千秋的“现代建筑”仍然占主导地位。

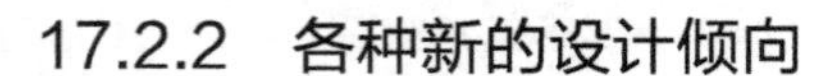

17.2.2 各种新的设计倾向

（1）理性主义　理性主义是指形成于两次世界大战之间的以格罗皮乌斯和他的包豪斯派及以勒·柯布西耶等人为代表的欧洲的“现代建筑”。它因讲究功能而有“功能主义”之称；它因不论在何处均以一色的方盒子、平屋顶、白粉墙、横向长条窗的形式出现，而又被称为“国际式”。其讲求技术精美的倾向是战后第一个阶段（20世纪40年代末至20世纪50年代下半期）占主导地位的设计倾向。它最先流行于美国，在设计方法上属于比较“重理性”的，人们常把以密斯为代表的纯净、透明与施工精确的钢和玻璃方盒子作为这一倾向的代表。第二次世界大战后，这种风格依然具有一定的主流地位。

（2）粗野主义　粗野主义（也译为“野性主义”）是20世纪50年代下半期到20世纪60年代中期喧噪一时的建筑设计倾向，其美学根源是战前现代建筑中对材料与结构的“真实”表现，主要特征在于追求材质本身粗糙狂野的趣味性。

a）

b）

图17-42　马赛公寓

a）外观　b）室内

粗野主义最主要的代表是第二次世界大战后风格特征有所转型的柯布西耶，马赛公寓可被看作是这种风格的典型案例（图17-42）。1952年，柯布西耶理想中的“联合公寓”落成，这是一座长165m、宽24m、18层56m高的大型钢筋混凝土建筑体，可容337户1600名工人居住。它完全按照“新建筑五要点（独立基础的柱子架空底层；平屋顶花园；自由平面，墙无须支撑上层楼板；横向的长窗于两柱之间展开；自由立面，可以独立于主结构）。”和“不动产别墅（即在每一个跃层的住宅单元里，都有一个挑高的、人造的自然空中花园，这也就是‘可以呼吸’的细胞核概念）”的精神建造。它的底部高高架起，可用于停车；屋顶是空中花园，设有幼儿园、托儿所、儿童游戏场、游泳池、健身房和一条300m长的环形跑道；第8层和第9层还有商店、餐馆、邮局等公共服务设施。20世纪30年代后，柯布西耶逐渐调整了追求机器般简洁、精致的纯粹主义设计观，日益增强感情在设计中的应用。这座大楼的外观直接将带有模板印迹的混凝土粗犷表面暴露在外，许多地方还凿毛处理，这是粗野主义美学观在建筑领域最早的体现。

（3）典雅主义　典雅主义主要表现在美国，其致力于运用传统的美学法则来使现代的材料与结构产生规整、端庄与典雅的庄严感。它的代表人物主要为美国的菲利普·约翰逊、斯东和雅马萨基等一些第二代建筑师。可能他们的作品使人联想到古典主义或古代的建筑形式，所以“典雅主义”又称“新古典主义”“新帕拉蒂奥主义”或“新复古主义”。

由斯东设计的美国在新德里的大使馆庄严、雄伟，豪华而辉煌，同时又采用了新材料和新技术，集中体现出斯东“需要创造一种华丽、茂盛而又非常纯洁与新颖的建筑”的观念。这个长方形的建筑建在一个大平台上，前面是一个圆形水池，平台下面是车库，水池上方悬挂着铝制的网片用以遮阳，其端庄典雅的外观成功地体现了当时美国想在国际上表现出的既富有又技术先进的形象（图17-43）。

美籍日裔建筑师雅马萨基主张创造“亲切与文雅”的建筑，他受到日本建筑的启发，又结合美国的现实情况为美国韦恩州立大学设计了麦格拉格纪念会议中心，该建筑的外廊采用了与折板结构一致的尖券，形式典雅，尺度宜人。至此，雅马萨基在创造“典雅主义”风格中开始特别倾向于尖券，1973年建造的纽约世界贸易中心的底层处理在这一点上极具代表性（图17-44）。

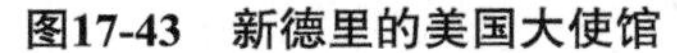

图17-43　新德里的美国大使馆

图17-44　纽约世界贸易中心底层

雅典主义在某些方面很讲究技术精美的倾向，但它更关注追求钢筋混凝土梁柱在形式上的精美。20世纪60年代下半期，典雅主义的潮流开始降温，但它毕竟是比较容易被接受的，所以至今仍有出现。

（4）工业主义　工业主义是指一种具有高度工业技术倾向的设计，它不仅在建筑中坚持采用新技术，而且在美学上极力鼓吹表现新技术。广义来说，它包括战后“现代建筑”在设计方法中所有“重理”的方面，特别是以路德维希·密斯·凡·德·罗为代表的讲求技术精美的倾向和以勒·柯布西耶为代表的“粗野主义”倾向；较确切地是指在20世纪50年代末才活跃起来的，把注意力集中在创新地采用与表现预制的装配化标准构件方面的倾向。

图17-45 黑川纪章的实验性房屋

1970年在大阪世界博览会里展出的一幢称为Takara Beautilion的实验性房屋，由日本建筑师黑川纪章设计（图17-45）。整幢房屋的结构是由一种构件重复地使用了200次构成的，这是一根按常规弧度弯成的钢管，每12根组成一个单元，它的末端可以继续连接新的构件与新的单元，因而，这个结构事实上是可以无限延伸的。在单元中可以插入由工厂预制的不同功能的可供居住、生产或工作用的座舱，或插入交通系统、机械设备等。这幢房屋的装配只用了一个星期，把它拆除也只需要这么多的时间。

a）

b）

图17-46 珊纳特塞罗市政厅
a）外观 b）室内

（5）多元论 战后讲究人情化与地方性的倾向同各种追求“个性”与“象征”的尝试，常被统称为“有机的”建筑或“多元论”建筑。其设计作品中表现出的是战后现代建筑中比较“偏情”的一面。这是一种既要讲技术又要讲形式，在形式上又强调自己特点的倾向。它们开始活跃于20世纪50年代末，到20世纪60年代盛行。其动机和人性化与地方性一样，是对两次世界大战之间的现代建筑在建筑风格上只允许千篇一律、客观共性的一种反抗。讲求“象征”的倾向是要使每一幢房屋与每一处场地都具有不同于他人的个性和特征，其目的是要使人一见之后难以忘记。

芬兰的阿尔托被认为是北欧“人情化”和地方性的代表。他有时用砖、木等传统建筑材料，有时用新材料和新结构。但在采用新材料、新结构和机械化施工时，总是尽量把它们处理得“柔和些”和“多样些”，就像阿尔托在战前曾为了消除钢筋混凝土的冰凉感，在上面缠上藤条，或为了使机器生产的门把手没有生硬感，而将其造成像人手捏出来的样子那样。在建筑造型上，他不限于直线和直角，喜欢用曲线和波浪形；在空间布局上，他主张不要一目了然，而是多层次、有变化，让人在进入的过程中逐步发现；在房屋体量上，他强调人体尺度，反对“不合人情的庞大体积”。珊纳特塞罗市政厅的主楼就是体现阿尔托在这些方面的代表作（图17-46）。

同时，美国的有机建筑也因它浪漫主义的情调、丰富的功能与能为业主增加生活兴趣和威望的超凡出众的形式，而受到了广泛注意。

17.3 20世纪晚期的空间设计

20世纪70年代，欧美建筑工业化进入了一个新阶段。特点之一是现浇和预制相结合的体系取得了较大发展，特别体现在大模板广泛应用于兴建的多层住宅中，如1975年，巴黎地区就有82%的新建住宅采用了大模板。大模板现浇工艺的模板投资仅为大型制板厂的1/8，适应性大，对起重设备要求低（大板构件重达10t，大模板不大于1.5t），又无笨重构件的运输、堆放等问题，而且结构整体性好，对高层建筑和地震区建筑非常适用；而缺点就是现场用工较多。于是，主体承重结构现浇，外墙预制（由于装修、隔热、保温和门窗安装等施工较复杂）的现浇和预制相结合的体系被广泛采用。这时期的另一特点是全装配体系从专用体系向通用体系的发展。随着生活水平的提高，人们对一般工业化住宅的单调呆板、灵活性差和不适应家庭组合变化的需要等问题开始不满。英国、法国等西欧国家及北欧和日本、美国都在酝酿着如何向建筑工业化第二代过渡。

17.3.1　未来主义设计

未来主义者认为，20世纪的工业、科学、交通发展的突飞猛进，使人类世界的精神面貌也发生了根本性变化，机器和技术、速度和竞争已成为时代的主要特征。因此，他们宣称追求未来，主张和过去截然分开，否定以往的一切文化成果和文学传统，鼓吹在主题、风格等方面采取新形式，以符合机器和技术、速度和竞争的时代精神。未来主义者强调自我，非理性、杂乱无章和混乱是其设计风格的基本特征（图17-47）。

图17-47　巴拉作品《未来城市构图》

两位建筑师的设计案例有助于对这一观点的理解。路易斯·I.康是一位国际知名且受人尊敬的人物。西萨·佩利是在南北半球均有作品的活跃的实践者。他们的作品中都有独特的室内空间，但两人有时又很难被归类于某种特定的风格方向。

1947年康开始在耶鲁大学任教，在设计行业内，他作为一名突出的理论哲学家，比起他创造的作品更为出名。他设计的第一个重要建筑是耶鲁大学美术馆（图17-48），美术馆楼面都是开敞的空间，顶棚做得很特殊，是用混凝土结构板做成的三角形格子状网架，四层楼有一个封闭体内的电梯和楼梯进行连接。从中可以看到康深深地关注着材料的表现和光的展示形式以及创造室内空间自然状态的方式。

a）

b）

图17-48　耶鲁大学美术馆

a）外景　b）室内

另一案例是纽约州罗切斯特的唯一神教教堂，一组多用途房间围绕着教堂中央圣殿，光线从圣殿顶部凸出的高窗射进（图17-49）。从教堂内多数位置都看不见窗，光线仿佛是从神秘的不可见的地方进入，空间是朴素的，简单灰色的石墙，因有明亮色彩编织的挂毯而令人感到愉悦，有限的色彩和神秘的光创造出了强烈的运动气氛。

西萨·佩利是一位世界级人物、大工程的创造者，其设计的建筑中，室内似乎是大建筑物的副产品。1972年，他设计了东京的美国大使馆，这是一座用镜面玻璃和铝整体外包的长方体建筑。1984年，他作为纽约现代艺术博物馆的建筑师，增加了一个相邻的公寓塔楼，采用玻璃围合的中庭空间形式，里面用自动扶梯联系各展览层。在纽约巴特里公园城的世界金融中心（图17-50），佩利也设计了一组相似的塔式建筑。而“冬季花园”的内部则让人联想到了著名的1851年建造的水晶宫。

图17-49 纽约唯一的神教教堂室内

图17-50 巴特里公园“冬季花园”

17.3.2 高技派

高技派设计师声称，所有现代工程50%以上的费用都应是由供电、电话、管道和空气质量服务系统产生的，若加上基本结构和机械运输（电梯、自动扶梯和活动人行道），技术可以被看作是所有建筑和室内的支配部分，使这些系统在视觉上更加明显和最大限度地扩大它们影响的倾向，导致了高技派设计在形式上的特别之处。

美国建筑师理查德·巴克敏斯特·富勒在高技派的领域不断尝试，虽然他的每一个方案都能引起人们的兴趣，但没有一个能得到他所设想的那样批量生产。不管怎样，他对几何概念的发展，使三角形单元构成的短线穹顶进一步发展成半球穹顶结构成为可能，这种构想后来被证明对于很多不同材料和不同尺度来说都是切实可行的。1967年蒙特利尔世界博览会的美国展览馆建成（图17-51），巨大的穹顶结构（超过半球）由塑料板封闭，允许光线透入，并由机械控制其明暗。室内展览设在通过自动扶梯可以到达的平台上，而围合的结构形成一个独立的薄膜位于建筑上空，最终室内被普遍认为是既具有

图17-51 美国展览馆的巨大穹顶

戏剧性又具有美观性的高技派建筑代表作。

最著名和最容易参观到的高技派建筑是巴黎的蓬皮杜中心（图17-52），它由意大利建筑师伦佐·皮亚诺和英国建筑师理查德·罗杰斯的班子合作设计。这座巨大的多层建筑在外部暴露并展示了其结构、机械系统和垂直交通（自动电梯），西边象征了正在施工的建筑脚手架，而东边象征了一炼油厂或化工厂的管道。内部空间同样坦率地显示了头顶的设备管道、照明设备和通风管道系统，而这些设备管道过去都是习惯于隐藏在结构中的。

a）

b）

图17-52　巴黎蓬皮杜中心

a）外观　b）室内

英国建筑师诺曼·福斯特因完成了英国诺里奇东安吉拉大学的赛恩斯伯里中心而广为人知（图17-53）。该建筑拥有由管状桁架结构和每边设置并于头顶交叉的一系列框架构筑的畅通的内部空间，矩形室内每端的玻璃墙上均开有通向室外的大门，边墙和屋顶由氯丁（二烯）橡胶衬垫固定的方形波纹铝板构成，部分玻璃墙板和门板是作为划分统一的外表皮而出现的，所有的板块都易于更换，主要的底层室内空间为展厅，第二层是在美术学院宿舍区的上部用作休息室和研究区的，建筑尽端远离展厅的开阔空间则是一间餐馆。

图17-53　赛恩斯伯里中心室内

詹姆斯·斯特林也被认为是高技派倾向的英国建筑师。剑桥大学历史系大楼是他的代表作品（图17-54），该楼大部分面积用作图书馆，里面容纳有一大型的回廊式中庭，顶部设玻璃天窗，其机械性的结构烘托出巨大而震撼的室内空间特征。这幢主要用作图书馆的建筑，有几层能俯瞰开敞的中庭，外墙用玻璃围合，凸出的封闭窗能让人直接向下看到展厅空间。

图17-54　剑桥大学历史系大楼中庭

17.3.3　后现代主义

后现代主义是20世纪50年代以来欧美各国（主要是美国）继现代主义之后前卫艺术思潮的总称，其概念最早出现在建筑领域。后现代主义也可以看作是现代主义连续发展后的一个最新方向。

罗伯特·文丘里在《建筑的复杂性和矛盾性》一书中发展了后现代主义的理论基础。书中指出现代主义运动所热衷的简单与逻辑是后现代运动的基石，也是一种限制，它将导致最后的乏味与令人厌倦。文丘里1964年为母亲范娜·文丘里在费城郊区的栗子山设计的住宅是第一个具有后现代主义思想特征的重要案例（图17-55），其基本的对称布局被突然的不对称所改变；室内空间有着出人意料的各种夹角，打乱了常规方形的转角形式；家具是传统的和难以形容的，而非意料中的现代派经典。费城老人住宅基尔德公寓和1970年在康涅狄格州格林威治城建的布兰特住宅，也都体现了类似的复杂性。

a）

b）

图17-55　范娜·文丘里住宅

a）外观　b）室内

随着他职业生涯的发展，文丘里开始接受重大建筑工程任务，其中，他的室内设计普遍显示出后现代主义古怪、矛盾的特征。宾夕法尼亚州立大学的一个教工餐厅，有着带装饰孔的幕墙，在室内挑台上有缩短了的拱券形的洞，一盏装饰丰富的灯俯瞰着平静的餐厅，里面的椅子却是用传统方式设计的。

美国建筑师、建筑教育家迈克尔·格雷夫斯后期也转向了较为明显的后现代主义方向，主张细部的装饰，强烈的色彩以及随心所欲，甚至是古怪的形式。格雷夫斯比较有代表性的室内设计出现在1979年为桑纳家具公司设计的几个陈列室中（图17-56），一组形式怪异的家具放置在空间中，空间中既有柔和的色彩，也有鲜艳的色彩，相互穿插成为背景，其中部分家具是他自己设计的。格雷夫斯使用了一些出人意料的因素，诸如双柱支撑着的方形柱头，上面又支撑着间接采光窗，并且应用了强烈的辅助色彩，这些都表现出了后现代主义室内设计的基本特点。

查尔斯·摩尔是最知名的美国后现代主义设计大师之一，他的代表作品是1977~1978年与佩里兹合作为路易斯安那州新奥尔良市的意大利移民而建的意大利广场（图17-57），这是一个像从周围建筑中琢刻出来的圆形广场，一股清泉从“阿尔卑斯山”流下，浸湿了“意大利半岛”的长靴，流入到“地中海”，而移民们的故乡“西西里岛”位于广场的正中心，一系列环状图案由中心向四周发散，寓意鲜明。广场周围有色泽鲜明的柱廊，用不锈钢，甚至是喷水的方式进行造型，虚虚实实。《纽约时报》曾评论其是“打在古典派脸上的一记庸俗的耳光”，是“一种欢欣，几乎是对古典传统歇斯底里般兴奋的拥抱”。

图17-56　桑纳家具公司陈列室

图17-57　新奥尔良市的意大利广场

后现代主义似乎在刻意避免逻辑和秩序，可能是反映现代世界中的逻辑已在20世纪80年代末和20世纪90年代消失在了富裕的无节制之中，怪僻和贫乏已成为设计的工具，过分装饰和平庸被视为合理的形式表现手段。

17.3.4　晚期现代主义

在近代的设计中还有另一种主题是拒绝后现代主义特征而继续忠于早期现代主义理念的，即晚期现代主义。晚期现代主义的作品并不模仿现代先驱，而是以发展的方式在继续前进。

图17-58　国家美术馆东馆中庭

贝聿铭的作品可以被看作是晚期现代主义的典型案例。他设计的华盛顿特区国家美术馆东馆以控制主要中庭空间的三角形为基础，天窗顶由三角形格子结构形成，几层挑台俯瞰着主要的开敞空间，并为七层的画廊和其他次要空间提供通道，一个由亚历山大·考尔德设计的巨大活动雕塑将鲜艳的红色引入由大理石面形成的无色彩的空间中，形成强烈的视觉冲击（图17-58）。

晚期现代主义大师查尔斯·格瓦思米和理查德·迈耶都倾向于在设计作品中坚持现代主题中的简洁性、几何形式和整体上不装饰细部。迈耶的工程项目逐渐国际化，德国乌尔姆市政厅（图17-59），是组织在旧城空间内的一所综合性建筑，它位于一个广场上，其弧形和白色形式与对面的中世纪大教堂塔楼产生明显的对比，开敞空间穿过建筑中央，为办公室、公共空间及顶层展廊空间提供了通道。室内充满了从三角形山墙天窗上射入的光线，透过窗户可以看见大教堂塔楼，从而保持了古典建筑和现代建筑之间的关联性。

图17-59　乌尔姆市政厅中庭

17.3.5 解构主义

图17-60 米勒住宅室内

解构主义主要体现在一些未建成作品的图和模型中，其典型特征是断裂、松散、撕开后混乱地重新组合起来的形象，它旨在将任何文本打碎成部分以提示叙述中表面上并不明显的意义。这一理念被应用于建筑设计中，便形成了建筑空间范畴内的解构特征。

比较有代表性的建筑师有彼得·埃森曼，他常常根据复杂的解构主义几何学发展他的设计思路。其设计的一系列住宅，都使用了格子形的布局方法，有些格子是重叠的，室内外都保持白色。如康涅狄格州莱克维尔的米勒住宅（图17-60），由两个互成45°角的相互交叉和叠合的立方体组成，室内空间直接由全白色具有直线形雕塑感的抽象形体构建，只要再加一些简单的家具便可适应居民的生活需要。

图17-61 “人工挖掘的城市”作品

埃森曼有一个完整的室内方案，是一个被称为“人工挖掘的城市”的作品展，由加拿大建筑中心组织，放置在蒙特利尔现有的展览馆中，展品位于传统老建筑的新展廊内，该展廊的设计是在重叠的希腊十字形基础上进行的，四壁采用强烈的色彩以强调方案中分离的主题。绿色代表加利福尼亚长滩，玫瑰色代表柏林，蓝色代表巴黎，金色代表威尼斯，复杂的形式和强烈的色彩使这一作品成为展览中最重要的部分（图17-61）。

瑞士建筑师伯纳德·屈米1982年设计的巴黎拉维莱特公园也是解构主义风格的代表作之一（图17-62）。点、线、面三套独立体系并列、交叉、重叠是设计的主要构想，其中，最引人注目的是“点”，屈米将一系列红色建筑间距120m排成规则的矩形阵列，而完全不考虑其功能性。

美国建筑大师弗兰克·盖里是解构主义建筑师中最突出的一位。其解构主义的成名作是1978年建成的位于加利福尼亚州圣莫尼卡的自用住宅（图17-63）。他有意将构成房屋的一些元素分散，再随意重组。比如门口的台阶，一级级踏步都被仔细区分开，再漫不经心却恰到好处地堆在门口，最上面一块还“不小心”插进了大门。这座标新立异的建筑确立了盖里的风格，“将一个工程尽可能多地拆散成分离的部分”，这就是解构主义建筑共有的基本特征。

图17-62 拉维莱特公园展览馆

图17-63 盖里自用住宅一角

17.4　当代建筑与室内空间的发展

进入21世纪以来，随着世界政治、经济、文化、科技的协同发展，全球呈现出相互依存、共同发展的局面，其作用范围之广、影响强度之大是以往任何一个时代所无法比拟的，各种艺术思潮更是相互渗透，彼此影响，当代西方建筑美学最显著的特征之一，就是审美思维的变化。在西方当代哲学与科学思想的双重影响和推动下，当代建筑空间审美思维发生了历史性的变革，迈向了一种更富有当代特性的新思维之路，并表现为更加丰富多元的空间设计倾向。

与此同时，建筑空间设计案例不仅在数量上呈现出井喷式的状态，各种空间形态的更迭速度之快也让人眼花缭乱，本书内容仅就当代建筑及室内空间设计的整体发展取向结合案例进行解析，至此，已很难以地域特征或风格特点来对空间形态进行划分。

17.4.1　以人为本的基本理念

对人本身的关注几乎成为一切建筑和室内空间设计的基本原则，随着人机工学的深入研究和发展，这种“以人为本”的理念也越来越被系统、科学地运用到建筑空间设计中，尤其是与人本身关系更为密切的室内设计，从整体布局到细部推敲都在追求一种极致的对空间活动主体的关怀，并将这种关怀推进到与认知感受息息相关的多个维度（图17-64）。

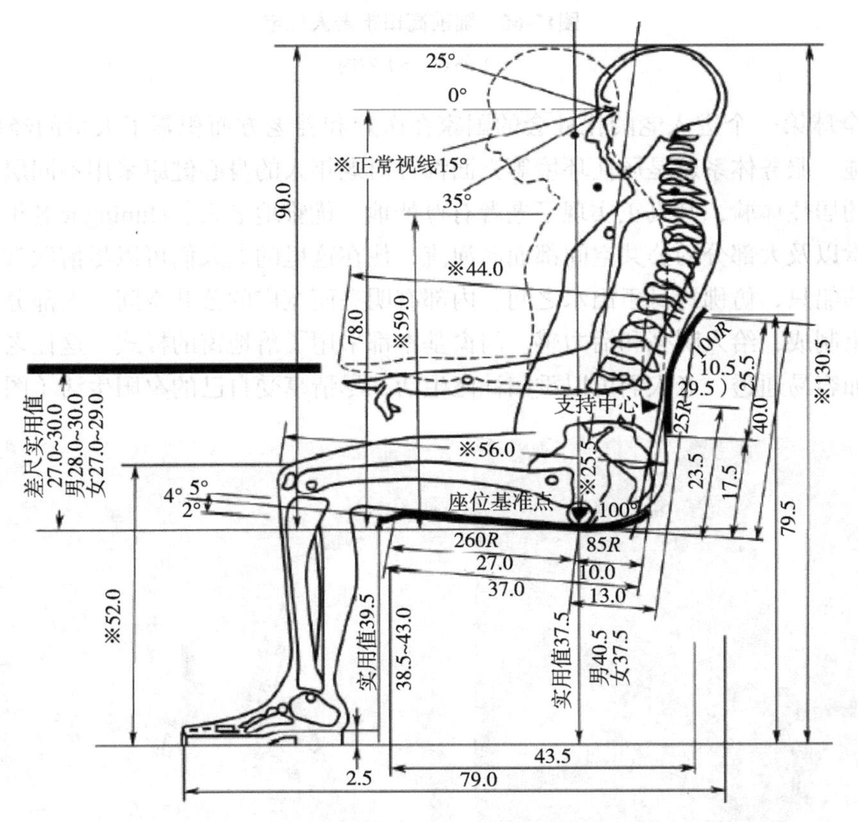

图17-64　人机工学对人体尺度的精细化研究

本着“以人为本”的基本原则，在各种建筑空间尺度中追求着符合人体尺度的最优化，包括对于儿童、老年人、轮椅使用人群等特殊群体在尺度需求上的特定要求都一一得到尊重和体现。尤其在室内家具的设计中，合理、便捷、舒适等已成为对家具最基础层面的要求。除了功能性的要求外，空间对人形成的归属感也越来越被提升至重要的位置。通过色彩、灯光、材质和形式的合理搭配在不同的空间中营造最符合该空间活动人群所需的氛围已成为当代建筑和室内空间设计的基本共识。

“养老空间设计更重要的是呈现一种家的氛围，通过技术和设计帮助老年人拥有理想的生活状态，而不仅仅是医院或护理中心，这样才会让老人感觉到由衷的幸福。”日本设计师青山周平对养老院空间设计的阐述清晰地表明了这种在功能和心理需求多层次的以人为本的理念。日本陆前高田市老人住宅是一处针对海啸发生后，提供老人服务的住宅，它是民间建筑师与大学合作的住宅重建项目，建筑低调且质朴，低矮的屋顶，大开窗引进充分的采光，为老人带来温暖。室内空间设计采用一贯的原木色，纯粹、自然，为老人创造了一个温馨宁静的居住氛围（图17-65）。

a）

b）

图17-65　陆前高田市老人住宅

a）外观　b）室内

法国作为全球第一个进入老龄化社会的国家在医疗和养老方面积累了大量的经验和先进技术，无论是福利设施、服务体系还是居住环境等方面都针对老年人的身心健康采用不同层次和类别的设计以改善使用者的居住体验，其真正实现了老者有尊严地、优雅地老去。Huningue老年之家位于法国莱茵河岸，其大堂以及大部分的公共空间都面向河流，住在这里的老人们可以尽情欣赏河面上的风景，以及来来往往的船只，仿佛置身于山水之间。内部有明亮而宽广的公共空间，大部分的建筑都由红色的混凝土和陶土制成，给人明亮和活力感。门窗基本都采用了落地窗的样式，这让老人们之间的交流和接触变得更加容易通透，老人们可以重归社区生活，尽情享受自己的夕阳生活（图17-66）。

a）

b）

图17-66　Huningue老年之家

a）大厅　b）室内

西班牙巴塞罗那政府为老年人修建的高达17层的公寓成为城市北部一个突出的标志。建筑共分为三个社区，每个社区配以不同的明亮色彩，并有相应的宽敞集体活动场所。宽大而充满阳光的室外走廊可以俯瞰全城风景并促进老人们交流（图17-67）。

与此同时，对孩子的关注也越发细致入微，鉴于他们身高尺度和内心需求的特殊性，“以人为本”的设计理念也在针对他们的空间中给予了充分考量。如新加坡樟宜机场，经过十年努力，已成功摆脱了传统乏味的候机楼形象，通过植入花园、画廊等趣味主题设施，让机场变成了一个更具亲和力，更有本土特色，更有趣的“儿童游乐场”（图17-68）。

a）

b）

图17-67　巴塞罗那老人公寓

a）外观　b）室内

图17-68　樟宜机场候机大厅

17.4.2　科学技术的综合运用

随着社会的发展，科学技术的进步，人们对新的建造技术和新的建筑材料的运用也不断拓展和深化，原有的建筑风格和建筑形式被新的设计技术改进，而新材料的出现又为之提供了可实施性的支持。建筑与室内设计师可以将自己的设计理念更加充分地表现在自己的设计蓝图中，从而表达不同的建筑个性与风格，尤其是计算机技术在建筑空间设计领域的广泛普及几乎颠覆了传统的设计手法，也带动了各种新形式的产生。

巴西明日博物馆的灵感来自于里约热内卢植物园的凤梨花。独特的悬挑屋顶、反射水池和骨骼结构是里约热内卢的明日博物馆对科幻、未来主题的最好的体现。建筑的造型有着典型的卡拉特拉瓦风格，它的高科技设计特色包括可调节的鳍状太阳能电池板和抽水系统，可以从附近的瓜纳巴拉湾底部抽取冷水用于空调系统的运转（图17-69）。

a）

b）

图17-69　明日博物馆

a）外观　b）室内

CopenHill，又名Amager Bakke，是一家总部位于哥本哈根的热能和废物发电厂，由Bjarke Ingels集团设计，于2017年建成。这里也是当地人们游玩的地方，而且它还推出了最新的景点：一个人造滑雪板和滑雪板斜坡。所以它既是一个燃烧废物发电的发电厂，也是一个可以挑战世界上最高的攀岩塔之一的体育设施。据《建筑师杂志》报道，在冬季每年有44万t垃圾通过熔炉、蒸汽和涡轮机转化为清洁电力和供暖，供附近15万户家庭使用。丹麦的冬天很冷，但是没有山，所以在这个地区增加一个滑雪区也给这个国家带来了一些地形的多样性（图17-70）。

a）

b）

图17-70　CopenHill建筑

a）外观　b）室内

建筑师L.Benjamín Romano 设计Torre Reforma（雷福马之塔）比墨西哥首都的任何其他建筑都高。负责该项目的工程公司奥雅纳表示，这座塔的轻薄最大化了自然光的进入，从而减少了对电灯的需求，当天气允许时，控制器可以在黎明前自动打开窗户，让冷空气进入，作为一种自然通风的形式。如今，越来越多的住宅塔楼拔地而起，高层综合体项目越做越大，已经成为国际趋势统治城市建设多年。而 Torre Reforma 办公楼独树一帜，向传统办公建筑学习，又不是简单地复古，实际上该项目只是在使用功能的布局方面与那些经典高层建筑类似。墨西哥城是一个经常发生地震的城市，这座246m高的办公大楼不仅拥有独特的外观，而且在支撑结构的设计上很有新意，可以承受住大地震的考验，Torre Reforma 办公楼已成为墨西哥首都的新地标，为全世界所瞩目（图17-71）。

a）

b）

图17-71　Torre Reforma建筑

a）建筑外观　b）建筑平台

17.4.3　空间形态的单纯追求

随着全球化的进一步深化，世界各地的文化也随着经济和贸易的流通产生了激烈的相互碰撞。曾经一度非常地域化的风格得到了全球性的传播、接纳、提炼、融合，成为新时代建筑和室内空间风格的普遍倾向，从而也拓宽、创新了各种风格体系。

一方面，各种具有强烈地域化特征的风格倾向被广泛接触、了解，极大丰富了大众对室内形式多样性的认知，不管是设计师还是业主，对建筑和室内空间样式的眼界都前所未有地开阔；另一方面，建筑及室内的设计不再受制于风格体系的束缚，在满足功能性需求的基础上，有时候仅表现为对色彩、光线、材质等元素的搭配组合，追求单纯的形式美感。

著名日本建筑师安藤忠雄有“清水混凝土诗人”的美誉，他善于利用抽象简约的造型将光与影的艺术发挥到极致。安藤的建筑空间从简单的几何形状与复杂的三维循环对比得出其形式，反映了他渴望其建筑拥有一个身临其境的物理体验。他对自己的设计之道做了如下解释：“当我设计建筑时，我认为他是整体的组成，就像身体的部分会结合在一起一样。重要的是，我常常思考人们怎样去接触一个建筑并且去感受这个空间。如果你给人们一片虚无，他们会去思考能从虚无里得到什么。”可靠真实的材料、完全的几何形式、人工化的自然是安藤对空间进行设计的三个基本要素。位于大阪茨木市北春日丘居民住宅区的“光之教堂”，以一个素混凝土矩形体量为主体，包含了三个直径为5.9m的球体，同时被一片完全独立的墙体切成大小两部分，大的为教堂，小的则为主要入口空间。地面处理成台阶状，由后向前下降直到牧师讲坛，讲坛后面便是在墙体上留出的垂直和水平方向的开口，阳光从这里渗透进来，从而形成著名的“光的十字”。白天的阳光和夜晚的灯光从教堂外面透过这个十字形开口射进来，在墙上、地上拉出长长的阴影，身处其中祈祷，面对这个光十字架，仿佛看到了天堂的光辉（图17-72）。

a）

b）

图17-72　“光之教堂”

a）外观　b）室内

让·努维尔是法国当代著名建筑师之一，他采用钢和玻璃，熟练地运用光作为造型要素，使作品充满魅力。位于阿拉伯阿布扎比Saadiyat岛的卢浮宫在建筑形制上是遵循传统阿拉伯穹顶结构建造的，穹顶用铝编织成类似蜂巢的孔隙结构，这一结构为了适应岛上独特的气候特征而设计，一方面孔隙可以调节馆内气候，透过孔隙的光线进入展厅中，营造出独特的“光之雨”的视觉景观；另一方面孔隙的形态又带有阿拉伯的文化符号特征。到了晚上，透过孔隙还能看到星空。而且，这栋建筑引入水流于其中，夏季的时候还可为室内降温，节约能耗（图17-73）。

图17-73　阿布扎比卢浮宫

Markthal是荷兰的第一家室内市场，耗资12亿打造，是鹿特丹最知名的地标之一。这是一栋开放式建筑，建筑外立面的墙和房顶由228个公寓构成一个大拱形。拱形两头采用“网球拍”式单层网格玻璃幕墙，保证了建筑最大程度的视觉通透，地板和周围的公共空间全部采用灰色天然石材。建筑内拱面印着由艺术家Arno Coenen和Iris Roskam创作的“丰饶之角”大型壁画，壁画面积达11000m^2，可以说是目前荷兰最大的艺术品了。“丰饶之角”采用超大图像显示市场上出售的产品，花朵和昆虫展示出了荷兰自17世纪开始闻名于世的静物画特色。图像是由计算机软件进行渲染并印刷在穿孔铝合金面板上，再贴覆吸声板控制噪声，壁画的分辨率相当于时尚杂志。大型拱廊市场通透的玻璃幕墙反射着对面的蓝天及城市，市场内部的拱形穹顶上缤纷绚丽的壁画，隐隐透出玻璃幕墙，两者形成鲜明的对比，构成了一幅光影交汇的印象画派，极具视觉冲击（图17-74）。

图17-74　荷兰Markthal市场内景

17.4.4　新异独特的形式变化

21世纪是一个追求个性化表达的时代，加之建造施工技术的成熟，计算机技术在建筑设计领域的深入应用，各种之前不可能实现的新异的建筑造型孕育而生，仿佛是迫不及待地想要尝试这些新型技术手段的非凡能量，形形色色的拥有独特造型的建筑体犹如雨后春笋般在世界各地冒了出来。

戴帆与DESTROY建筑事务所以设计具有深刻的哲思、复杂的工程结构与震撼的效果享誉世界，用极具独创性的建筑形态来向世人展示其非凡的艺术创造力和空间想象力，其致力于探求与时代精神相呼应的建筑表达新形式。他设计的建筑充满深奥、宏伟、怪诞、神圣、科幻的感觉，其建筑语言的丰富、构思的独创以及建筑风格的特殊使他在当今瞬息万变的建筑潮流中始终成为全球关注的焦点。马来西亚吉隆坡的东方运营中心体现了戴帆在建筑空间设计中对最尖端、最不可捉摸、最遥远、最疯狂、最不可预测、最复杂的未知进行的再编码，极其独特，超乎常规，其建筑形式大胆奇异、造型丰富、构思巧妙，可以说是惊世之奇迹（图17-75）。戴帆善于通过构造宇宙与空间的关系让整个建筑呈现出一种不稳定性，那些形式似乎交替地存在于过去、现在和未来，努力地在时空中寻找着自己的位置。空间壮丽而无穷无尽地纠缠在一起，闪闪发光，又永远幻术般地交替变换，彻底搅动着城市的天际线。

图17-75　吉隆坡东方运营中心

扎哈·哈迪德的设计一向以大胆的造型出名，被称为建筑界的“解构主义大师”。这一光环主要源于她独特的创作方式，她的作品看似平凡，却大胆运用空间和几何结构，反映出都市建筑繁复的特质。位于沙特阿拉伯利雅得的阿卜杜拉国王石油研究中心（ KAPSARC）由扎哈·哈迪德建筑事务所设计完成，2014年首次亮相，向公众开放了其面积达7万m^{2}的园区（图17-76）。研究中心由五座建筑组成：能源知识中心、能源计算中心、会议中心（配有展览厅和可容纳300人的礼堂）、有10万册文献的图书馆，以及供教徒在校园内做礼拜的场所。建筑师将研究中心设计为细胞状的、部分模块化的系统，将不同的楼整合在一起，通过互通的公共空间连为一体。六边棱形的蜂巢状结构得以使用最少的材料在限定的体量下创造单元个体，这也是对于当地环境条件和内部规划的最佳解决方案。蜂巢的格子向它们的中轴压缩，调动了所有的元素，六边形的单元提供了更多的连接可能，如需额外增加单元，也可通过扩展研究中心的蜂巢格子轻易实现，以应对未来可能的扩张。另外，研究中心建筑群的特定布局和形态也有利于缓和利雅得高原强烈的阳光和酷热的天气，建筑表层还大面积覆盖着沙漠中具有隔热功能的钢制材料。

a）

b）

图17-76 KAPSARC建筑

a）外观 b）室内

在城市环境中，造型特异的建筑大多自出生起就备受争议，建成过程也一直在聚光灯下。经过8个月的施工，新锐建筑事务所（Heatherwick）设计的标志性建筑物“容器（Vessel）”终于于2019年在纽约哈德逊广场封顶了。Heatherwick事务所自公布“容器”的设计方案开始就面对着众多质疑之声。这个近50m高的楼梯雕塑包含了154段首尾连接的楼梯、2500多级台阶和80多处平台，并将提供约1600m长的城市立体公园路线，游客可以通过它来俯瞰哈德逊广场6万m^2的公园和广场。整个项目被划分为75个预制独立单元，它们将由意大利的工厂制作，之后再船运至纽约进行现场组装（图17-77）。Heatherwick事务所表示：“在纽约这个充满了各色特征建筑群的城市，我们不想再设计一个纯粹吸引眼球的构筑物，而是设计一个每个人都可以使用、触摸并参与其中的建筑物。设计过程中，我们参考了印度阶梯井的形式，这是一个将井下的人通过上千级台阶引向地面的人流引导方式。”

图17-77 纽约哈德逊的Vessel

17.4.5 绿色环保的可持续发展

进入21世纪以来，工业的发展为人类带来突飞猛进的繁荣的同时，也导致了自然资源前所未有的被破坏和污染，人们越来越意识到与地球共生的重要意义，“绿色环保”作为一个世界性主题被提上重要议程，而建筑建造作为一项对自然资源有着显著消耗的人类活动，必然被要求在“绿色环保”的可持续发展理念贯彻上更先一步。

像素大厦位于前CUB Brewery，是澳大利亚和墨尔本最重要、最雄心勃勃的项目之一（图17-78）。

像素大厦是澳大利亚第一座碳中和型办公楼，获得了理想的105点Green Star得分和105个 LEED得分。其在日常运行中可生产维持大楼运转所需的全部电能和水，从根本上突破了绿色建筑所能达到的极限。其实施了许多新的可持续型建筑技术，包括复杂的集水系统，太阳能和风能利用，热冷却等。可回收的彩色面板外墙包裹着建筑物的西侧和北侧，为像素大厦赋予标识性的同时，也可以提供遮阳并在需要时间内最大限度地利用日光或控制炫光；屋顶覆盖有固定和可跟踪的光伏面板、垂直风力涡轮机和宽广的绿色屋顶，旨在通过其绿色屋顶和蓄水系统捕获、过滤和处理雨水，根据墨尔本的年平均降雨量，该水量足以满足建筑物的所有非饮用水需求，包括真空坐便器、洗手盆和淋浴用水；然后，来自这些装置的中性水再穿过芦苇床，得到被动的中性废水处理。

a）

b）

图17-78　墨尔本像素大厦

a）外观　b）室内

建筑师Stefano Boeri在意大利米兰设计了Bosco Verticale公寓，Bosco Verticale，字面意思是“垂直森林”，它拥有有史以来最密集的绿色建筑立面。它利用了一种建筑概念，用植被屏障代替了传统的覆层材料，创造了一个独特的微气候，以改善城市生活的可持续性。这种类型的设计创建了一个城市生态系统，鼓励动植物与公寓居民之间的互动。该公寓大楼是一个拥有480棵大中型树木，250棵小尺寸树木，11000株地被植物和5000株灌木的家园，相当于整公顷的森林覆盖面。这也是建筑师Stefano Boeri眼中的“未来乌托邦”建筑，他在一份声明中说：“这是一种拒绝死板机械技术的生态建筑，符合环境的可持续发展要求。” 所有这些绿色植物有助于改善Bosco Verticale和整个城市的空气质量，这种园林建筑所宣称的好处已经超越了美学本身，公寓中的绿色植物可以为公寓提供阴凉，也可以为野生动物提供家园（图17-79）。

绿色环保的可持续发展理念不仅在公共建筑空间设计中得到了重视，住宅空间设计领域同样进行着多样化的探索和尝试。方位分东西南北，建筑也不可避免地分阳面和阴面，阴面的住户往往会担心采光不够，或视觉效果不好，针对这种情况，伊朗首都德黑兰的设计团队Nextoffice很巧妙地设计出一个可以90° 旋转的Sharifi-ha House。房子内置嵌入式系统，可以使每个房间旋转90° ，房间的窗户根据个人需要或者天气情况来调整，向外或者向内。伊朗的传统房屋一般通过提供冬季和夏季客厅来为所有季节提供服务，而通过这种现代设计，房屋既可以使用带有大露台的开放式穿孔立面来满足夏天的需要，也可以在德黑兰漫长而寒冷多雪的冬天关闭实现保暖。整个建筑的所有房间分布在7个楼层中，面积约为1400m^2，地下两个楼层提供健身设施和健康区，地下一层则提供停车场和客房清洁室。地上第一层和第二层专门用于公共活动，第三层和第四层提供家庭的私人空间。在空间中心建有一个空隙，可帮助保持每个楼层的开放和明亮，房间可以根据居民的需求进行更换，使居住更加舒适（图17-80）。

a）

b）

图17-79　Bosco Verticale公寓

a）外观　b）近景

a）

b）

图17-80　Sharifi-ha House

a）外观　b）室内

当代，建筑与室内空间设计的国家地域限制逐渐被打破，国际化已成为空间设计领域的基本状态，大量国外设计师涌入中国市场，留下经典作品的同时也实现着个人的建造梦想；大量优秀的中国本土设计师也开始走向国际舞台，留下令人瞩目的设计作品，得到国际市场的接受和肯定。无论是建筑还是室内空间设计发展史，已然在今天走向了“世界大同”。

参考文献

[1] 陈志华. 外国建筑史（19世纪末叶以前）[M]. 4版.北京：中国建筑工业出版社，2010.
[2] 同济大学，清华大学. 外国近现代建筑史 [M]. 北京：中国建筑工业出版社，1982.
[3] 刘敦桢. 中国古代建筑史 [M]. 2版. 北京：中国建筑工业出版社，1984.
[4] 陈从周. 说园 [M]. 上海：同济大学出版社，1984.
[5] 查尔斯・詹克斯. 后现代建筑语言 [M]. 李大夏，译. 北京：中国建筑工业出版社，1986.
[6] 戈德伯格. 后现代时期的建筑设计 [M]. 黄新范，曾昭范，译. 天津：天津科学技术出版社，1987.
[7] 市川政宪，松本透，近藤幸夫. 后现代建筑佳作图集 [M]. 胡惠琴，译. 天津：天津大学出版社，1990.
[8] 中央美术学院美术史系. 外国美术简史 [M]. 北京：高等教育出版社，1990.
[9]《中国建筑史》编写组. 中国建筑史 [M]. 2版.北京：中国建筑工业出版社，1986.
[10] 约翰・萨莫森. 建筑的古典语言 [M]. 张欣玮，译. 杭州：中国美术学院出版社，1994.
[11] 刘先觉，武云霞. 历史・建筑・历史——外国古代建筑史简编 [M]. 北京：中国矿业大学出版社，1994.
[12] 杨鸿勋. 杨鸿勋建筑考古学论文集（增订版）[M]. 北京：清华大学出版社，2008.
[13] 张绮曼，郑曙旸. 室内设计资料集 [M]. 北京：中国建筑工业出版社，1991.
[14] 吴焕加. 20世纪西方建筑名作 [M]. 郑州：河南科学技术出版社，1996.
[15] 楼庆西. 中国古代建筑 [M]. 北京：商务印书馆，1997.
[16] 王受之. 世界现代建筑史 [M]. 2版.北京：中国建筑工业出版社，2012.
[17] 李泽厚. 美的历程 [M]. 北京：人民文学出版社，2021.
[18] 陈志华. 外国造园艺术 [M]. 郑州：河南科学技术出版社，2001.
[19] 詹和平. 后现代主义设计 [M]. 南京：江苏美术出版社，2001.
[20] 约翰・派尔. 世界室内设计史（原著第二版）[M]. 刘先觉，陈宇琳，等译. 北京：中国建筑工业出版社，2007.
[21] 邹德侬. 中国现代建筑史 [M]. 北京：机械工业出版社，2003.
[22] 王世襄. 明式家具珍赏 [M]. 2版. 北京：文物出版社，2003.
[23] 陈文婕. 世界建筑艺术史 [M]. 长沙：湖南美术出版社，2004.
[24] 赵农. 中国艺术设计史 [M]. 北京：高等教育出版社，2009.
[25] 高祥生. 室内陈设设计 [M]. 南京：江苏科学技术出版社，2004.
[26] 刘先觉. 中国近现代建筑艺术 [M]. 武汉：湖北教育出版社，2004.
[27] 王其钧，谈一评. 民间住宅 [M]. 北京：中国水利水电出版社，2005.
[28] 梁思成. 中国建筑史 [M]. 北京：生活・读书・新知三联书店，2011.
[29] 张道森. 中外美术对比发展史 [M]. 3版. 沈阳：辽宁美术出版社，2007.
[30] 李龙生. 中外设计史 [M]. 合肥：安徽美术出版社，2005.
[31] 殷智贤. 我们如何居住 [M]. 北京：中国人民大学出版社，2006.
[32] 陈平. 外国建筑史：从远古到19世纪 [M]. 南京：东南大学出版社，2006.
[33] 霍为国，霍光. 中国室内设计史 [M]. 2版. 北京：中国建筑工业出版社，2007.
[34] 潘谷西. 中国建筑史 [M]. 6版. 北京：中国建筑工业出版社，2009.
[35] 中央美术学院美术史系中国美术史教研室. 中国美术简史（新修订本）[M]. 北京：中国青年出版社，2010.
[36] 陈冀峻. 中国当代室内设计史（上）[M]. 北京：中国建筑工业出版社，2013.
[37] 朱忠翠. 中国当代室内设计史（下）[M]. 北京：中国建筑工业出版社，2013.
[38] 金宜久. 伊斯兰教辞典 [M]. 上海：上海辞书出版社，1997.